Ein Integralgleichungszugang zu den
Minimalvektoren von Marx und Shiffman

Ein Integralgleichungszugang zu den Minimalvektoren von Marx und Shiffman

Von der Fakultät für Mathematik, Naturwissenschaften und Informatik
der Brandenburgischen Technischen Universität Cottbus - Senftenberg
zur Erlangung des akademischen Grades eines

Doctor rerum naturalium
(Dr. rer. nat.)

genehmigte

Dissertation

von

Herrn Diplom-Mathematiker
Michael Hilschenz

geboren am 23. Mai 1982 in Altdöbern

Gutachter: Herr Prof. Dr. rer. nat. habil. Friedrich Sauvigny
Gutachter: Herr Prof. Dr. rer. nat. habil. Dr. h. c. mult. Stefan Hildebrandt
Gutachter: Herr Prof. Dr. rer. nat. habil. Frank Müller

Tag des Promotionskolloquiums: 19. Juli 2013

Bibliografische Information der Deutschen Nationalbibliothek
Die Deutsche Nationalbibliothek verzeichnet diese Publikation in der Deutschen Nationalbibliografie; detaillierte bibliografische Daten sind im Internet über http://dnb.d-nb.de abrufbar.

1. Aufl. - Göttingen: Cuvillier, 2013
Zugl.: (TU) Cottbus, Univ., Diss., 2013

978-3-95404-509-9

Nonnenstieg 8, 37075 Göttingen
Telefon: 0551-54724-0
Telefax: 0551-54724-21
www.cuvillier.de

1. Auflage, 2013
Gedruckt auf umweltfreundlichem, säurefreiem Papier aus nachhaltiger Forstwirtschaft

978-3-95404-509-9

Zusammenfassung

Ausgangspunkt unserer Betrachtungen ist das sogenannte Variationsproblem von Marx und Shiffman: Die Minimierung des Dirichlet-Integrals unter gewissen halbfreien, affin linearen Randbedingungen, welches in der Theorie der polygonal berandeten Minimalflächen seinen Ursprung hat. In der vorliegenden Arbeit etablieren wir einen konstruktiven Zugang zu jenen Marx-Shiffman'schen Minimalvektoren (Lösungen des obigen Variationsproblems). Dies gelingt durch einen von E. Heinz entdeckten Zusammenhang zum sog. Riemann'schen Problem der Funktionentheorie, das seinerseits in klassischen Arbeiten von David Hilbert und Josip Plemelj behandelt wurde. Wir greifen die alten Ideen auf und entwickeln eine vollständige Lösungstheorie für das Riemann'sche Problem. Es stellt sich heraus, dass dessen Lösungsgesamtheit auf einfache Weise darstellbar ist durch endlich viele Fundamentallösungen, welche im Prinzip mittels gewisser Ansatzfunktionen und Lösungen Fredholm'scher Integralgleichungen bestimmt werden können. Wir erhalten schließlich einen Satz über die Darstellung des Marx-Shiffman'schen Minimalvektors durch die Fundamentallösungen des zugehörigen Riemann'schen Problems.

Inhaltsverzeichnis

0 Einleitung

Sei mit

$$B := \{w = (u, v) \in \mathbb{C} : \ |w| < 1\}$$

die offene Einheitskreisscheibe in der komplexen Ebene bezeichnet. Auf deren Rand geben wir eine endliche Anzahl $m \geq 3$ von Punkten $e^{i\tau_j}$ vor, welche wir gemäß

$$0 \leq \tau_1 < \ldots < \tau_m < 2\pi$$

angeordnet voraussetzen. Wir geben ferner im d-dimensionalen reellen Raum dieselbe Anzahl m von Punkten $Q^{(j)} \in \mathbb{R}^d$ vor. Die Aufgabe des Marx-Shiffman'schen Variationsproblems besteht nun darin, unter all jenen Vektorfunktionen

$$y \colon B \longrightarrow \mathbb{R}^d \quad \text{mit} \quad y \in C^2(B) \cap C^0(\overline{B}),$$

welche für $j = 1, \ldots, m$ jeweils das Kreisbogenstück zwischen $e^{i\tau_{j-1}}$ und $e^{i\tau_j}$ auf die Gerade durch $Q^{(j-1)}$ und $Q^{(j)}$ abbilden, diejenige herauszufinden, welche minimales Dirichlet-Integral

$$D(y) = D_B(y) := \iint\limits_{(u,v)\in B} |y_u(u,v)|^2 + |y_v(u,v)|^2 \, dudv \tag{1}$$

besitzt. Eine Lösung dieses Problems nennen wir Marx-Shiffman'schen Minimalvektor. Erhard Heinz löst dieses Problem in [H] mittels direkter Variationsmethoden im Zusammenhang mit einem gewissen elliptischen Randwertproblem, welches wir das Heinz'sche Randwertproblem nennen. Für eine präzise Definition der Probleme von Marx-Shiffman und Heinz verweisen wir auf die Definition 89 im Kapitel 4. Durch den Zusammenhang zwischen Variations- und Randwertproblem gelingt es Heinz in [H], tiefliegende Aussagen vor allem über die Parameterabhängigkeit der Marx-Shiffman'schen Minimalvektoren zu beweisen. Dabei taucht ein weiteres bedeutendes Problem auf, welches als das Riemann'sche Problem der Funktionentheorie bekannt ist. In der Tat zeigt Heinz in [H], dass die Wirtinger-Ableitung einer ins Außengebiet gespiegelten Heinz-Lösung x ein gewisses Riemann'sches Problem löst, auf das wir weiter unten in dieser Einleitung näher eingehen, bevor wir uns im Kapitel 3 ausführlich diesem Problem widmen. Das Riemann'sche Problem wurde von Josip Plemelj in der klassischen Arbeit [P] weitgehend vollständig mit Ansätzen behandelt, die auf David Hilbert zurückgehen und auf ein lineares Integralgleichungssystem zweiter Art führen. Wir verwenden diesen Zusammenhang schließlich, um einen Integralgleichungszugang zu den Marx-Shiffman'schen Minimalvektoren zu etablieren. Dafür werden wir uns ausführlich mit dem Riemann'schen Problem der Funktionentheorie befassen, was für sich bereits eine hochlohnende Angelegenheit ist.

Die ersten beiden Kapitel dieser Arbeit dienen der Vorbereitung und sind aus den Erfordernissen des Hauptkapitels entstanden. In Kapitel 1 bringen wir die Sätze und Bezeichnungsweisen aus der Funktionentheorie in einer Veränderlichen zusammen, von denen wir im Laufe der Arbeit Gebrauch machen werden, insbesondere über die Laurent-Reihenentwicklung holomorpher Funktionen und Aussagen über die Größe der Konvergenzradien von Haupt- und Nebenteil (Abschnitt 1.1 und 1.2). Im Abschnitt 1.4 über die

Darstellung holomorpher Funktionen durch ihre Randwerte (Satz 20) taucht bei der Darstellung holomorpher Außenfunktionen f eines Gebiets G durch ihre Randwerte der vom Autor sogenannte Hauptteiloperator $X_{\mathbb{C}}^{+} f$ aus (33) auf, welcher im Abschnitt 3.4 über die Integralgleichungsmethode zur Lösung des Hilbert-Plemelj-Problems eine Rolle spielen wird. Wichtig ist auch der Abschnitt 1.5 über die Randwerte des Cauchy-Integrals (Satz 21), der nicht unbedingt zum Standard einer Vorlesung über Funktionentheorie gehört. Satz 21 wurde erstmalig von Josip Plemelj in [P2] zur Vorbereitung seiner Arbeit [P] über das Riemann'sche Problem gezeigt und finden wir auch in [S2]. Ferner führen wir in Abschnitt 1.3 das Linienwertkonzept ein, welches sich durch das gesamte Hauptkapitel (Kapitel 3) zieht.

Die Quintessenz des Kapitels 2 ist ein Auflösbarkeitssatz für Fredholm'sche Integralgleichungssysteme über einer (geschlossenen) Kurve in der komplexen Ebene (Satz 45 bzw. Satz 46). Wir erhalten diese Sätze durch Anwendung einer abstrakten Lösbarkeitstheorie für Operatorenpaare (L, L') auf einem Banachraum $(B, \|\cdot\|, b)$ mit einer symmetrischen Bilinearform b als zusätzlicher algebraischer Struktur. Das Paar (L, L') der Operatoren auf B muss dabei b-geometrisch kompakt (eine vom Autor gewählte Bezeichnung) sein im Sinne von Definition 38. Für solche Paare gilt insbesondere

$$b(Lu, v) = b(u, L'v).$$

Der abstrakte Teil von Kapitel 2 mündet schließlich in den Satz 39, welcher besagt, dass die Fredholm-Gleichung

$$(I - L)u = v$$

genau dann eine Lösung u besitzt, wenn für alle Lösungen w der homogenen Gleichung

$$(I - L')w = 0,$$

welche in ihrer Gesamtheit einen endlichdimensionalen Unterraum bilden, die Relation

$$b(w, v) = 0$$

richtig ist. Dies ist ein typischer Satz in Form einer Fredholm-Alternative, hier allerdings nicht im Hilbertraum mit seinem hermiteschen Skalarprodukt, sondern in einem komplexen Banachraum mit symmetrischer Bilinearform. Man findet ähnlich anmutende Aussagen auch in manchen Büchern über Funktionalanalysis (z.B. [Heu]).

Im letzten Abschnitt 2.6 betrachten wir den konkreten Banachraum, der von der Menge der stetigen komplexen Vektorfunktionen auf einer regulären C^1-Kurve W in der komplexen Ebene und der Supremumsnorm gebildet wird, und statten diesen zusätzlich mit der symmetrischen Bilinearform

$$b(f, g) := \int_{z \in W} f(z)^T \cdot g(z)\, dz$$

aus. Wenn nun K ein stetiger Matrixkern und $K^\dagger$ dessen gemäß (80) transponierter Kern sind, so stellen sich das Paar der zugehörigen Integraloperatoren

$$(\textstyle\int_W K, \int_W K^\dagger)$$

gemäß (75) als b-geometrisch kompakt heraus. Der Lösbarkeitssatz 45 erweist sich dann als Spezialfall von Satz 39. Mit Satz 45 wird es in Kapitel 3 gelingen, den Zusammenhang von Hilbert-Plemelj- und Fredholm-Lösungen aufzuzeigen sowie die Existenz nichttrivialer Lösungen des Hilbert-Plemelj-Problems und des Riemann'schen Problems nachzuweisen.

Das Hauptkapitel dieser Arbeit ist das Kapitel 3 über ein klassisches funktionentheoretisches Problem. Mit den Ideen David Hilberts und Josip Plemeljs behandeln wir dort das Riemann'sche Problem und folgen dem Pfad, den Plemelj in der Arbeit [P] von 1908 eingeschlagen hat. [P] selbst ist eine Vereinfachung einer Arbeit Hilberts über das funktionentheoretische Riemann'sche Problem in den Göttinger Nachrichten von 1905, die man im Kapitel zehn des Bandes [Hil] finden kann. Wir geben hier eine präzisere, z.T. erheblich erweiterte Neufassung der alten Ideen.

Das Riemann'sche Problem zu einem festen beschränkten Gebiet $G \subset \mathbb{C}$ verlangt nach holomorphen vektorwertigen Innen- und Außenfunktionen, deren Randwerte auf den Bögen $c_j \subset \partial G$ zwischen einer endlichen Zahl $m \in \mathbb{N}$ singulärer Punkte

$$\zeta_1, \ldots, \zeta_m \in \partial G$$

jeweils durch Multiplikation mit einer jedem Bogen c_j zugeordneten konstanten, nichtsingulären Matrix $U^{(j)} \in \mathbb{C}^{d\times d}$ ineinander übergehen. Eine präzise Fassung des Riemann'schen Problems geben wir in Definition 49. Der Ursprung dieses Problems liegt in der Theorie der linearen gewöhnlichen Differentialgleichungssysteme in einer komplexen Variablen und der Aufgabe begründet, ein Differentialgleichungssystem zu finden, dessen Lösungen ein vorgegebenes Verzweigungsverhalten aufweisen. Den Ursprung des Problems lassen wir jedoch unberührt. Für uns wird eine Riemann-Lösung eine holomorphe Außenfunktion des Gebiets G sein, zu der eine entsprechende Innenfunktion existiert, so dass die gewünschten Übergangsrelationen erfüllt sind. Dies ist sinnvoll, da die mit der Außenfunktion korrespondierende Innenfunktion eindeutig bestimmt ist. Wir verwenden die Außenfunktion als Lösungsrepräsentantin, da das Verhalten der Lösungen im unendlich fernen Punkt eine bedeutende Rolle spielen wird, welches mit der Innenfunktion schwer zu rekonstruieren ist. Sämtliche Lösungen eines festen Riemann'schen Problems werden wir in der Menge

$$\mathrm{Rie}_G(\zeta, U)$$

zusammenfassen. Diese Menge wird sich als Vektorraum mit gewissen weiteren Eigenschaften herausstellen (Satz 55). Plemelj verlangt C^1-Regularität von G. Uns genügt es, wenn ∂G regulär ist außerhalb der Punkte $\zeta_1, \ldots, \zeta_m$, auf denen die Übergangssubstitutionen wechseln.

Im Abschnitt 3.2 stellen wir ein dem Riemann'schen ähnliches Problem, welches wir hier als das Hilbert-Plemelj-Problem bezeichnen, nicht zuletzt auch um es vom Riemann'schen Problem zu unterscheiden, da bei aller Gemeinsamkeit auch gravierende Unterschiede zwischen beiden bestehen. Die Bezeichnung als Hilbert-Plemelj-Problem ist historisch auch durchaus vertretbar, da Hilbert und Plemelj bedeutende Beiträge zu dessen Behandlung geleistet haben. Das Hilbert-Plemelj-Problem sucht ebenfalls nach holomorphen Innen- und Außenfunktionen eines Gebiets G, im Unterschied zum Riemann'schen Problem sollen deren Randwerte jedoch durch eine auf ∂G variierende Matrixfunktion

$$A\colon \partial G \longrightarrow \mathbb{C}^{d\times d}$$

ineinander übergehen. Dabei fordern wir die volle C^1-Regularität der Randkurve sowie Differenzierbarkeit von A auf ∂G. Auch hier verstehen wir unter einer Hilbert-Plemelj-Lösung eine Außenfunktion, zu der eine entsprechend korrespondierende Innenfunktion existiert. Diese Innenfunktion ist wieder eindeutig durch die Außenfunktion bestimmt. Alle Lösungen desselben Hilbert-Plemelj-Problems fassen wir in der Lösungsmenge

$$\mathrm{HiP}_G(A)$$

zusammen. Diese bildet wiederum einen Vektorraum. Der bedeutende Unterschied zwischen Riemann-Lösungen und Hilbert-Plemelj-Lösungen ist nun der, dass letztere stetig von außen auf den ganzen Rand ∂G fortgesetzt werden können. Riemann-Lösungen dagegen können Unstetigkeiten in den singulären Punkten $\zeta_1, \dots, \zeta_m$ haben, wo die Übergangssubstitutionen wechseln. Aus diesem Grund können wir die Darstellungssätze für holomorphe Funktionen aus Abschnitt 1.4 auf Hilbert-Plemelj-Lösungen anwenden, auf Riemann-Lösungen dagegen nicht. Die Darstellung der Randwerte einer gegebenen Hilbert-Plemelj-Lösung durch den Hauptwert ihres Cauchy-Integrals bildet dann die Grundlage für die Erkenntnis, dass diese Randwerte einer Fredholm'schen Integralgleichung mit stetigem Matrixkern genügen, auf den wir die Lösungstheorie aus Kapitel 2, d.h. insbesondere den Satz 46 anwenden können. Wir leiten im Unterschied zu Plemelj eine Fredholm-Gleichung für beliebige Hilbert-Plemelj-Lösungen ab, Plemelj tut dies nur für solche, die im unendlich fernen Punkt einen endlichen Wert, d.h. konstanten Hauptteil der Laurent-Reihe um ∞ haben (Hauptsatz 73). Dabei wird der Hauptteiloperator $\mathrm{X}_{\mathbb{C}}^{+}$ aus (33) eine bedeutende Rolle spielen. Die Integralgleichung liefert u.a. die Endlichdimensionalität des Raumes derjenigen Hilbert-Plemelj-Lösungen, die im unendlich fernen Punkt verschwinden. Damit werden wir schließlich auch die Existenz nichttrivialer Hilbert-Plemelj-Lösungen nachweisen. All dies tun wir in Abschnitt 3.4.

Vorher führen wir das Riemann'sche Problem auf das Hilbert-Plemelj-Problem zurück durch Multiplikation mit gewissen matrixwertigen holomorphen Ansatzfunktionen, die bereits eine geeignete Unstetigkeit in den singulären Punkten $\zeta_1, \dots, \zeta_m$ besitzen. Diese Ansatzfunktionen werden aus Potenzen der Form

$$\left(\frac{z-\zeta_j}{z-\zeta_{j-1}}\right)^{\varrho}$$

zusammengesetzt sein gemäß (102), wobei $\varrho \in \mathbb{C}$, und tauchen bereits in Hilberts Arbeit auf. Dies sind im Allgemeinen mehrdeutige Funktionen, welche in ζ_j und ζ_{j-1} verzweigen. Wir werden zunächst präzise fassen, wie diese Potenzen zu verstehen sind und deren wesentliche Eigenschaften herausarbeiten. Interessant ist der Satz 67 über die Darstellbarkeit von Riemann-Lösungen durch Potenzfunktionen. Im großen Hauptsatz 68 werden wir sehen, wie diese Funktionen einen Zusammenhang zwischen Riemann'schem und Hilbert-Plemelj-Problem liefern, zumindest dann, wenn die Übergangsmatrizen $U^{(1)}, \dots, U^{(m)}$ allesamt diagonalisierbar sind. Dabei taucht die Menge

$$\mathrm{Rie}_G^r(\zeta, U)$$

von Riemann-Lösungen auf, welche in den singulären Punkten in einer beschränkten Größenordnung $|z-\zeta_j|^r$ wachsen (Definition 66). Damit bilden obige Potenzfunktionen letztlich auch das Bindeglied zwischen den Marx-Shiffman'schen Minimalvektoren und

Fredholm'schen Integralgleichungen. Über diesen Zusammenhang wird es schließlich gelingen, unabhängig von den Marx-Shiffman'schen Minimalvektoren, die Existenz nichttrivialer Riemann-Lösungen nachzuweisen, sowie die Endlichdimensionalität des Raumes derjenigen Riemann-Lösungen, die in den singulären Punkten höchstens mit der Ordnung $|z - \zeta_j|^{-1}$ wachsen und im unendlich fernen Punkt verschwinden.

Aufgrund ihrer Struktur können wir aus den Lösungsräumen sowohl des Hilbert-Plemelj- als auch des Riemann'schen Problems ein gewisses Lösungssystem auswählen, mittels dessen sich alle Lösungen, die im unendlich fernen Punkt nicht wesentlich singulär werden, in einfacher Weise durch polynomielle Linearkombination darstellen lassen. Ein solches ausgezeichnetes System nennen wir ein Plemelj'sches Fundamentalsystem, da Plemelj solche Systeme konkret für die jeweiligen Lösungsräume konstruiert hat. Wir gehen hier abstrakter vor. Im Abschnitt 3.5 fassen wir überhaupt erst präzise den Begriff eines solchen Fundamentalsystems in allgemeiner, von allem Nebensächlichen freier Form (Definition 82) und zeigen auf, unter welchen Strukturbedingungen ein Raum $\mathcal{F}$ von holomorphen Außenfunktionen ein solches Fundamentalsystem besitzt und dieses alle Elemente von $\mathcal{F}$, sofern sie in ∞ höchstens polar unendlich werden, durch polynomielle Linearkombination erzeugt. Dies mündet in den Hauptsatz 84, den wir allgemeinen Plemelj'schen Darstellungssatz genannt haben. Sowohl der Begriff des allgemeinen Plemelj'schen Fundamentalsystems gemäß Definition 82 als auch der allgemeine Plemelj'sche Darstellungssatz stammen in dieser Form von Autor. In den Abschnitten 3.6 und 3.7 werden wir sehen, dass der Hilbert-Plemelj'sche und der Riemann'sche Lösungsraum die allgemeinen Bedingungen von Hauptsatz 84 erfüllen und damit Plemelj'sche Fundamentalsysteme besitzen, was wir im Schlusskapitel verwenden.

In Kapitel 4 zeigen wir den Zusammenhang zwischen dem Heinz'schen Randwertproblem und dem Riemann'schen Problem auf (Hauptsatz 91). Hauptsatz 91 i) wurde bereits von Erhard Heinz entdeckt (bis auf die Gleichungen (157)) und besagt, dass die Ableitung der über den Einheitskreis gespiegelten Heinz- bzw. Marx-Shiffman-Lösung (deren Existenz in [H] gesichert wurde) ein gewisses Riemann'sches Problem löst. Neu sind die Aussagen ii) und iii) von Hauptsatz 91. Aussage ii) gibt die Bedingungen, die eine Riemann-Lösung (unter den vielen) erfüllen muss, damit sie die Ableitung der nach außen gespiegelten Heinz-Lösung ist. Aussage iii) liefert ein Plemelj'sches Fundamentalsystem für das zugehörige Riemann'sche Problem und damit einen Darstellungsansatz für die Ableitung der gespiegelten Heinz-Lösung als polynomielle Linearkombination der Basislösungen des Fundamentalsystems mit im Grad beschränkten Polynomen. Mit ii) können wir dann durch ein lineares Gleichungssystem unter allen so darstellbaren Riemann-Lösungen diejenige herausfinden, welche durch die Heinz-Lösung (bzw. den Marx-Shiffman'schen Minimalvektor) erzeugt wird.

Diese Arbeit ist weitgehend klassisch und elementar in dem Sinn, dass sie mit mäßigem Abstraktionsgrad und ohne Verweise auf tiefliegende Ergebnisse auskommt. Vielmehr wird ihr Tiefgang, der den Ideen großer Mathematiker geschuldet ist, im Laufe der Darstellung entwickelt. Lediglich im Anwendungskapitel 4 verweisen wir im Hinblick auf die Identität von Marx-Shiffman'scher und Heinz'scher Lösungsmenge auf die Arbeit [H]. So hofft der Autor, dem geneigten und ein wenig mit linearer Algebra und Funktionentheorie vertrauten Leser eine nachvollziehbare Arbeit vorgelegt zu haben.

Mein ganz herzlicher Dank gilt meinem akademischen Lehrer Herrn Prof. Dr. rer. nat. habil. Friedrich Sauvigny, der es mir ermöglicht hat, in Freiheit diese Arbeit schreiben zu dürfen. Ich danke ferner den Gutachtern Herrn Prof. Dr. rer. nat. habil. Dr. h. c. mult. Stefan Hildebrandt sowie Herrn Prof. Dr. rer. nat. habil. Frank Müller für Zeit und Aufmerksamkeit, welche sie dem Studium meiner Arbeit gewidmet haben.

Cottbus, im August 2013 Michael Hilschenz

1 Funktionentheoretische Grundlagen

In diesem einführenden Kapitel legen wir grundlegende funktionentheoretische Tatsachen und Bezeichnungsweisen dar, von denen wir im Kapitel 3 Gebrauch machen werden. Von Interesse sind Laurent-Entwicklungen holomorpher Funktionen um den unendlich fernen Punkt, die Darstellung holomorpher Innen- und Außenfunktionen eines (einfach zusammenhängenden, regulären) Gebietes G durch ihre Randwerte sowie das Randverhalten des Cauchy-Integrals.

Dieses Kapitel ist parallel zu den Erfordernissen des Hauptkapitels 3 gewachsen. Es enthält in konzentrierter Form sämtliche funktionentheoretische Zutaten für unsere Behandlung von Riemann- und Hilbert-Plemelj-Problem. Die meisten der dort gemachten Aussagen kann man in irgendeiner Form auch Büchern über Funktionentheorie, wie [BS] oder [K] entnehmen.

1.1 Potenzreihen und assoziierte Konvergenzradien

In diesem Abschnitt leiten wir einen alternativen, für funktionentheoretische Zwecke günstigen Ausdruck für den Konvergenzradius einer Potenzreihe her.

Wenn M_1, M_2 zwei beliebige abstrakte Mengen sind, so sei

$$\mathrm{Abb}(M_1, M_2) := \{f :\ M_1 \longrightarrow M_2\} \tag{2}$$

die Menge aller eindeutigen Abbildungen von der Menge M_1 in die Menge M_2.

Wie üblich bezeichne

$$\mathbb{N}_0 := \mathbb{N} \cup \{0\}.$$

Zur Vektorenfolge $a \in \mathrm{Abb}(\mathbb{N}_0, \mathbb{C}^d)$, $d \in \mathbb{N}$, erklären wir die folgende Teilmenge des Intervalls $[0, +\infty)$:

$$R(a) := \left\{ r \in [0, +\infty) : \begin{array}{l} \text{es gibt eine Zahl } M \in [0, +\infty), \\ \text{so dass } \|a_k\| r^k \leq M \text{ für alle } k \in \mathbb{N}_0 \end{array} \right\}. \tag{3}$$

$\|\cdot\|$ bedeute hier eine beliebige Norm im $\mathbb{C}^d$.

Offenbar gelten für jede Folge $a \in \mathrm{Abb}(\mathbb{N}_0, \mathbb{C}^d)$ die Relation

$$0 \in R(a)$$

sowie die Implikation

$$r \in R(a) \quad \Longrightarrow \quad s \in R(a) \text{ für jedes } s \in [0, r]. \tag{4}$$

Demnach ist $R(a)$ nichtleer und es existiert die Zahl

$$\varrho(a) := \sup R(a) \in [0, +\infty]. \tag{5}$$

Offenbar gelten

$$r \in R(a) \quad \Longrightarrow \quad r \in [0_n, \varrho(a)],$$

sowie

$$r \in [0, \varrho(a)) \quad \Longrightarrow \quad r \in R(a). \tag{6}$$

Es gibt nämlich eine Folge $(s_k)_{k\in\mathbb{N}}$ mit $s_k \in R(a)$ für alle $k \in \mathbb{N}$ und

$$s_k \to \sup R(a) = \varrho(a) \quad (k \to \infty).$$

Unter der Annahme, (6) wäre falsch, finden wir ein $\tilde{r} \in [0, \varrho(a))$ mit $\tilde{r} \notin R(a)$. Wegen $s_k \to \varrho(a)$ $(k \to \infty)$ gibt es aber einen Index $N \in \mathbb{N}$ mit $\tilde{r} \leq s_N$. Da $s_N \in R(a)$, so müsste nach (4) doch $\tilde{r} \in R(a)$ gelten.

Hilfssatz 1. *Sei $a \in \mathrm{Abb}(\mathbb{N}_0, \mathbb{C}^d)$ eine Vektorenfolge. Zu beliebigen Zahlen $r, M \in [0, +\infty)$ erklären wir die Indexmenge*

$$I = I_{r,M} := \Big\{ k \in \mathbb{N}_0 : \ \|a_k\| r^k > M \Big\}.$$

Falls nun $\varrho(a) < +\infty$ ausfällt und $r > \varrho(a)$ und $M \geq 0$ ist, so enthält $I_{r,M}$ unendlich viele Elemente.

Beweis: Wenn $r > \varrho(a)$, so gilt $r \notin R(a)$, und gemäß (3) ist

$$I_{r,M} \neq \varnothing \quad \text{für alle } M \in [0, +\infty). \tag{7}$$

Fänden wir eine Zahl $\tilde{M} \in [0, +\infty)$, so dass $I_{r,\tilde{M}}$ nur endlich viele Elemente $k_1, \ldots, k_m \in \mathbb{N}_0$, $m \in \mathbb{N}$, enthält, also

$$K := I_{r,\tilde{M}} = \{k_1, \ldots, k_m\},$$

so folgte

$$\|a_k\| r^k \leq \tilde{M} \quad \text{für alle } k \in \mathbb{N}_0 \backslash K.$$

Bilden wir dann die Zahl

$$M := \max_{k\in K} \|a_k\| r^k \in [0, +\infty),$$

so haben wir $M > \tilde{M}$ und

$$\|a_k\| r^k \leq M \quad \text{für alle } k \in \mathbb{N}_0,$$

was gleichbedeutend ist mit $I_{r,M} = \varnothing$, im Widerspruch zu (7). Q.e.d.

Wir werden jetzt sehen, dass $\varrho(a) \in [0, +\infty]$ aus (5) ein anderer Ausdruck für den Konvergenzradius der mit der Folge a assoziierten Potenzreihe darstellt:

Satz 2. *Sei* $a \in \mathrm{Abb}(\mathbb{N}_0, \mathbb{C}^d)$ *eine Folge mit* $\varrho(a) > 0$. *Wir betrachten die mit* a *assoziierte Potenzreihe*

$$\sum_{k=0}^{\infty} a_k z^k. \tag{8}$$

i) Wenn $z \in \mathbb{C}$ *ist mit* $|z| \in [0, \varrho(a))$, *so ist die Reihe (8) absolut konvergent.*

ii) Wenn $z \in \mathbb{C}$ *ist mit* $|z| > \varrho(a)$, *so ist die Reihe (8) divergent.*

Beweis i): Für $z \in \mathbb{C}$ mit $|z| \in [0, \varrho(a))$ finden wir eine reelle Zahl r mit $r \in (|z|, \varrho(a))$. Dann gilt zum Einen die Abschätzung

$$\frac{|z|}{r} < 1,$$

zum Anderen liefert (6) die Relation $r \in R(a)$. Damit existiert eine Konstante $M \in [0, +\infty)$ mit

$$\|a_k\| r^k \leq M \quad \text{für alle } k \in \mathbb{N}_0.$$

Es folgt

$$\|a_k z^k\| = \|a_k\| |z|^k = \|a_k\| \frac{|z|^k}{r^k} r^k = \|a_k\| r^k \left(\frac{|z|}{r}\right)^k \leq M \left(\frac{|z|}{r}\right)^k \quad \text{für alle } k \in \mathbb{N}_0,$$

und damit für alle $n \in \mathbb{N}_0$ die Abschätzung

$$\sum_{k=0}^{n} \|a_k z\|^k \leq M \sum_{k=0}^{n} \left(\frac{|z|}{r}\right)^k \leq M \sum_{k=0}^{\infty} \left(\frac{|z|}{r}\right)^k = M \frac{1}{1 - \frac{|z|}{r}} =: C \in [0, +\infty).$$

Die Reihe $\sum_{k=0}^{\infty} \|a_k z^k\|$ ist demnach beschränkt, was absolute Konvergenz von $\sum_{k=0}^{\infty} a_k z^k$ bedeutet.

ii): Für $z \in \mathbb{C}^n$ mit $|z| > \varrho(a)$ gibt es ein $r \in \mathbb{R}$ mit $r \in (\varrho(a), |z|)$, d.h. es ist

$$\frac{|z|}{r} > 1.$$

Nach Hilfssatz 1 gibt es eine Teilfolge $(k_p)_{p \in \mathbb{N}_0} \in \mathrm{Abb}(\mathbb{N}_0, \mathbb{N}_0)$ mit $k_p < k_{p+1}$ für alle $p \in \mathbb{N}_0$, so dass

$$\|a_{k_p}\| r^{k_p} > 1 \quad \text{für alle } p \in \mathbb{N}_0$$

richtig ist. Dann folgt

$$\|a_{k_p} z^{k_p}\| = \|a_{k_p}\| |z|^{k_p} = \|a_{k_p}\| r^{k_p} \left(\frac{|z|}{r}\right)^{k_p} > \left(\frac{|z|}{r}\right)^{k_p} > 1 \quad \text{für alle } p \in \mathbb{N}_0,$$

und somit kann $(a_k z^k)_{k \in \mathbb{N}_0}$ keine Nullfolge sein. Folglich ist $\sum_{k \in \mathbb{N}_0^n} a_k z^k$ nicht konvergent.

Q.e.d.

Definition 3. *Wir nennen den Ausdruck $\varrho(a)$ aus (5) den assoziierten Konvergenzradius der Vektorenfolge $a \in \mathrm{Abb}(\mathbb{N}_0, \mathbb{C}^d)$ und bezeichnen die Menge aller Vektorenfolgen mit positivem assoziierten Konvergenzradius*

$$\mathcal{R}^d := \Big\{ a \in \mathrm{Abb}(\mathbb{N}_0, \mathbb{C}^d) : \ \varrho(a) > 0 \Big\}.$$

Für $d = 1$ lassen wir den Index weg und schreiben $\mathcal{R} := \mathcal{R}^1$.

Die Konvergenz von $\sum_{k=0}^{\infty} a_k z^k$ ist für alle z gleichmäßig in jedem Kompaktum $K \subset B_{\varrho(a)}(w)$ und die Zuordnung

$$z \mapsto \sum_{k=0}^{\infty} a_k z^k$$

eine stetige, sogar eine holomorphe Funktion.

Hilfssatz 4. *Sind $a, b \in \mathrm{Abb}(\mathbb{N}_0, \mathbb{C}^d)$ und $\lambda, \mu \in \mathbb{C}$, so gilt*

$$\varrho(\lambda a + \mu b) \geq \min\{\varrho(a), \varrho(b)\}.$$

Dabei sind Addition und Vervielfachung gliedweise zu verstehen.

Beweis: Im uninteressanten Fall $\varrho(a) = 0$ oder $\varrho(b) = 0$ sehen wir obige Relation sofort. Wir gehen also von $\varrho(a) > 0$ und $\varrho(b) > 0$ aus. Dann ist

$$t := \min\{\varrho(a), \varrho(b)\} > 0.$$

Sei nun r beliebig mit $r \in [0, t)$. Dann haben wir die Relationen $r \in [0, \varrho(a))$ und $r \in [0, \varrho(b))$ und Implikation (6) liefert

$$r \in R(a) \quad \text{und} \quad r \in R(b).$$

Demnach gibt es eine Konstante $M \in [0, +\infty)$, so dass

$$\|a_k\| r^k \leq M \quad \text{und} \quad \|b_k\| r^k \leq M \quad \text{für alle } k \in \mathbb{N}_0$$

richtig ist. Es folgt für alle Indizes $k \in \mathbb{N}_0$ die Abschätzung

$$\begin{aligned}\big\|(\lambda a + \mu b)_k\big\| r^k &= \|\lambda a_k + \mu b_k\| r^k \leq |\lambda| \|a_k\| r^k + |\mu| \|b_k\| r^k \leq |\lambda| M + |\mu| M \\ &= (|\lambda| + |\mu|) M,\end{aligned}$$

d.h. es ist $r \in R(\lambda a + \mu b)$, und zwar für alle $r \in [0, t)$. Somit muss

$$\varrho(\lambda a + \mu b) = \sup R(\lambda a + \mu b) \geq t = \min\{\varrho(a), \varrho(b)\}$$

sein. Q.e.d.

Mit Hilfssatz 4 erhalten wir auch die Vektorraumeigenschaft der Menge $\mathcal{R}^d$.

Wir können den assoziierten Konvergenzradius von a auch mit der bekannten Formel nach Cauchy und Hadamard

$$\varrho(a) = \begin{cases} +\infty, & \text{falls } \sigma(a) = 0 \\ \dfrac{1}{\sigma(a)}, & \text{falls } \sigma(a) \in (0, +\infty) \\ 0, & \text{falls } \sigma(a) = +\infty \end{cases}, \quad \text{wobei } \sigma(a) := \limsup_{k \to \infty} \sqrt[k]{\|a_k\|} \in [0, +\infty],$$

ausdrücken. Der Vorteil des Ausdrucks (5) ist, dass man diesen ohne Schwierigkeiten auf Multipotenzreihen übertragen kann.

1.2 Spezifische Aspekte Laurent-Reihen betreffend

In diesem Abschnitt interessieren wir uns für Laurent-Reihenentwicklungen holomorpher Funktionen, auch und insbesondere für Laurent-Entwicklungen um den unendlich fernen Punkt. Besonderes Augenmerk richten wir auf Aussagen über die Konvergenzradien von Haupt- und Nebenteil dieser Reihen, welche im Fortgang der Arbeit eine Rolle spielen werden. Ähnliche Aussagen kann man auch dem §3 in Kapitel III des Buches [BS] entnehmen. Die folgende Darstellung ist von der dortigen unabhängig entstanden.

Definition 5. (Reguläre C^k-Gebiete) *Es sei $k \in \mathbb{N}$. Wir nennen ein beschränktes Gebiet $G \subset \mathbb{C}$ mit dem topologischen Rand ∂G ein reguläres C^k-Gebiet und schreiben*

$$G \in \mathcal{C}^k,$$

falls folgendes richtig ist:

i) Es gibt einen Homöomorphismus, d.h. eine bijektive und beiderseits stetige Abbildung

$$c: \ [0,1) \longrightarrow \partial G.$$

ii) c besitzt eine 1-periodische Fortsetzung $\hat{c} \in C^k(\mathbb{R}, \partial G)$ mit

$$\hat{c}(t) = c(t) \quad \text{für alle } t \in [0,1),$$

sowie

$$\hat{c}(t+1) = \hat{c}(t) \text{ und } \hat{c}'(t) \neq 0 \quad \text{für alle } t \in \mathbb{R}.$$

iii) Zu jedem $t \in \mathbb{R}$ gibt es eine Zahl $\eta = \eta(t) \in (0, +\infty)$ mit

$$\hat{c}(t) + \lambda \cdot i \frac{\hat{c}'(t)}{|\hat{c}'(t)|} \in G \quad \text{und} \quad \hat{c}(t) - \lambda \cdot i \frac{\hat{c}'(t)}{|\hat{c}'(t)|} \in \mathbb{C} \backslash \overline{G} \quad \text{für alle } \lambda \in (0, \eta).$$

In Zukunft wollen wir den Rand eines regulären C^k-Gebietes G mit seiner Randkurve identifizieren. Wir verwenden das Symbol ∂G also je nach Zusammenhang als Bezeichner sowohl für die Menge der Randpunkte von G als auch für eine orientierte Kurve c mit i), ii), iii).

Im Sinne von Definition 5 verstandene reguläre C^1-Gebiete sind offenbar einfach zusammenhängend.

Für Funktionen $f = f(z)$ in der komplexen Variablen $z = x + iy = (x, y)$ erklären wir die Wirtinger'schen Differentialoperatoren

$$\frac{\partial}{\partial z} := \frac{1}{2}\left(\frac{\partial}{\partial x} - i\frac{\partial}{\partial y}\right) \quad \text{und} \quad \frac{\partial}{\partial \overline{z}} := \frac{1}{2}\left(\frac{\partial}{\partial x} + i\frac{\partial}{\partial y}\right). \tag{9}$$

In jeder offenen Menge $\Omega \subseteq \mathbb{C}$ sind dies offenbar lineare Operatoren

$$\frac{\partial}{\partial z}, \frac{\partial}{\partial \overline{z}} \in \mathrm{Hom}\big[C^1(\Omega), C^0(\Omega)\big].$$

Es gilt nun die folgende komplexe Version des allgemeinen Gauß'schen Integralsatzes, die wir dem Buch [S1] entnehmen:

Satz 6. *Für $N \in \mathbb{N}_0$ seien $G_0, G_1, \ldots, G_N \in \mathcal{C}^1$ reguläre C^1-Gebiete gemäß Definition 5 mit*

$$\overline{G}_k \subset G_0 \quad \text{und} \quad \overline{G}_k \cap \overline{G}_l = \varnothing \quad \text{für alle } k, l = 1, \ldots, N \text{ mit } k \neq l. \tag{10}$$

Wir setzen

$$G := G_0 \backslash \left(\bigcup_{k=1}^{N} \overline{G}_k \right). \tag{11}$$

Dann gilt für jede Vektorfunktion

$$f \in C^1(G, \mathbb{C}^d) \cap C^0(\overline{G}, \mathbb{C}^d),$$

die die Bedingung

$$\int\limits_{(x,y)\in G} \left| \frac{\partial}{\partial \overline{z}} f(x,y) \right| \, dxdy < +\infty$$

erfüllt, die Gleichung

$$2i \int\limits_{(x,y)\in G} \frac{\partial}{\partial \overline{z}} f(x,y)\, dxdy = \int\limits_{z\in\partial G_0} f(z)\, dz - \sum_{k-1}^{N} \int\limits_{z\in\partial G_k} f(z)\, dz.$$

Dabei sind Integrale von Vektorfunktionen komponentenweise, Wegintegrale positiv orientiert zu verstehen.

Zur offenen Menge $\Omega \subseteq \mathbb{C}$ erklären wir den komplexen Vektorraum

$$H^d(\Omega) := \left\{ f \in C^1(\Omega, \mathbb{C}^d) : \frac{\partial}{\partial \overline{z}} f \equiv 0 \text{ auf } \Omega \right\}. \tag{12}$$

Für $d = 1$ schreiben wir wieder

$$H(\Omega) := H^1(\Omega).$$

Gemäß der Cauchy-Riemann-Gleichungen gibt $H^d(\Omega)$ genau die Menge der auf Ω holomorphen, d.h. stetig komplex differenzierbaren Vektorfunktionen. Entsprechend ist der $d_1 \times d_2$-Matrixfunktionenraum $H^{d_1 \times d_2}(A)$ zu verstehen.

Für $f \in H^d(G) \cap C^0(\overline{G}, \mathbb{C}^d)$ wird Satz 6 zum

Satz 7. (Allgemeiner Cauchy'scher Integralsatz) *Genügen die regulären C^1-Gebiete*

$$G_0, G_1, \ldots, G_N \in \mathcal{C}^1$$

der Bedingung (10) und sei G wie in (11) bezeichnet. Dann gilt für alle Funktionen

$$f \in H^d(G) \cap C^0(\overline{G}, \mathbb{C}^d)$$

die Gleichung

$$\int\limits_{z\in\partial G_0} f(z)\, dz = \sum_{k=1}^{N} \int\limits_{z\in\partial G_k} f(z)\, dz.$$

Bemerkung: Für $N = 0$ erhalten wir

$$\int\limits_{z\in\partial G} f(z)\,dz = 0.$$

Bilden die C^1-Gebiete $G_0, G_1, \ldots, G_N \in \mathcal{C}^1$ eine Konfiguration gemäß (10), und ist

$$f \in H^d(G) \cap C^0(\overline{G}, \mathbb{C}^d),$$

mit G aus (11), so liefert Satz 6 für alle $w \in G$ und alle genügend kleinen $\varepsilon > 0$ die Identität

$$\begin{aligned}\int\limits_{z\in\partial G_0} \frac{f(z)}{z-w}\,dz &= \sum_{k=1}^{N} \int\limits_{z\in\partial G_k} \frac{f(z)}{z-w}\,dz + \int\limits_{z\in\partial B_\varepsilon(w)} \frac{f(z)}{z-w}\,dz \\ &= \sum_{k=1}^{N} \int\limits_{z\in\partial G_k} \frac{f(z)}{z-w}\,dz + \int\limits_{t=0}^{2\pi} f(w+\varepsilon e^{it})\,i dt.\end{aligned}$$

Es folgt

$$\begin{aligned}2\pi i f(w) &= \lim_{\varepsilon\to 0+} \int\limits_{t=0}^{2\pi} f(w+\varepsilon e^{it})\,i dt = \lim_{\varepsilon\to 0+}\left[\int\limits_{z\in\partial G_0} \frac{f(z)}{z-w}\,dz - \sum_{k=1}^{N} \int\limits_{z\in\partial G_k} \frac{f(z)}{z-w}\,dz\right] \\ &= \int\limits_{z\in\partial G_0} \frac{f(z)}{z-w}\,dz - \sum_{k=1}^{N} \int\limits_{z\in\partial G_k} \frac{f(z)}{z-w}\,dz.\end{aligned}$$

Wir erhalten damit den

Satz 8. (Allgemeine Cauchy'sche Integralformel) *Seien für $N \in \mathbb{N}_0$ die regulären C^1-Gebiete $G_0, G_1, \ldots, G_N \in \mathcal{C}^1$ mit Eigenschaft (10) gegeben und das Gebiet G wie in (11) erklärt. Dann gilt für jede Funktion*

$$f \in H^d(G) \cap C^0(\overline{G}, \mathbb{C}^d)$$

die Integraldarstellung

$$f(w) = \frac{1}{2\pi i} \int\limits_{z\in\partial G_0} \frac{f(z)}{z-w}\,dz - \sum_{k=1}^{N} \frac{1}{2\pi i} \int\limits_{z\in\partial G_k} \frac{f(z)}{z-w}\,dz, \quad w \in G.$$

Bemerkung: Im Fall $N = 0$ haben wir

$$f(w) = \frac{1}{2\pi i} \int\limits_{z\in\partial G} \frac{f(z)}{z-w}\,dz, \quad w \in G.$$

Definition 9. *Bezeichne wieder $\Omega \subseteq \mathbb{C}$ eine offene Menge in der komplexen Ebene. Wir nennen*

$$\dot{H}^d(\Omega) := \left\{ f: \begin{array}{l} \text{es gibt eine endliche Punktmenge } Z = \{w_1, \dots, w_n\} \subset \Omega, \\ \text{so dass } f \in H^d(\Omega \backslash Z) \end{array} \right\}$$

die Menge der in Ω punktiert holomorphen Funktionen. Wir nennen ferner

$$H^d(w) := \Big\{ f: \text{ es gibt ein } r \in (0, +\infty), \text{ so dass } f \in H^d\big(B_r(w)\big) \Big\} \tag{13}$$

die Menge der im Punkt $w \in \mathbb{C}$ holomorphen Vektorfunktionen, sowie

$$\dot{H}^d(w) := \Big\{ f: \text{ es gibt ein } r \in (0, +\infty), \text{ so dass } f \in H^d\big(B_r(w) \backslash \{w\}\big) \Big\} \tag{13'}$$

die in w punktiert holomorphen Vektorfunktionen. Wie üblich deuten wir durch Weglassen der Dimensionszahl d an, dass $d = 1$ ist.

$H^d(w)$ und $\dot{H}^d(w)$ werden mit kanonisch erklärter Addition und skalarer Multiplikation zu Vektorräumen. Außerdem ist stets

$$H^d(\Omega) \subset \dot{H}^d(\Omega) \quad \text{bzw.} \quad H^d(w) \subset \dot{H}^d(w).$$

Zum Punkt $w \in \mathbb{C}$ und zur Zahl $r \in (0, +\infty)$ bezeichne das Symbol $B_r(w)$ in dieser Arbeit stets die offene Kugel

$$B_r(w) := \big\{ z \in \mathbb{C}: \ |z - w| < r \big\}. \tag{14}$$

Für $w = 0 \in \mathbb{C}$ schreiben wir $B_r := B_r(0)$; wenn zusätzlich $r = 1$, dann $B := B_1 = B_1(0)$.

Sei nun $w \in \mathbb{C}$ ein Punkt und

$$f \in H^d\big(B_r(w) \backslash \{w\}\big) \cap C^0\big(\overline{B_r(w)} \backslash \{w\}, \mathbb{C}^d\big)$$

für ein $r \in (0, +\infty)$. Für beliebiges $z \in B_r(w) \backslash \{w\}$ gibt es dann eine Zahl $\delta \in (0, r)$, so dass $z \in B_r(w) \backslash \overline{B_\delta(w)}$ ist, und mit Satz 8 erhalten wir die Integraldarstellung

$$f(z) = \frac{1}{2\pi i} \int\limits_{\zeta \in \partial B_r(w)} \frac{f(\zeta)}{\zeta - z}\, d\zeta + \frac{1}{2\pi i} \int\limits_{\zeta \in \partial B_\delta(w)} -\frac{f(\zeta)}{\zeta - z}\, d\zeta \tag{15}$$

Dabei gilt für alle $\zeta \in \partial B_r(w)$ die Entwicklung

$$\frac{f(\zeta)}{\zeta - z} = \frac{f(\zeta)}{(\zeta - w) - (z - w)} = \frac{f(\zeta)}{\zeta - w} \frac{1}{1 - \frac{z - w}{\zeta - w}} = \frac{f(\zeta)}{\zeta - w} \sum_{k=0}^{\infty} \Big(\frac{z - w}{\zeta - w} \Big)^k, \tag{16}$$

und für alle $\zeta \in \partial B_\delta(w)$ haben wir

$$-\frac{f(\zeta)}{\zeta - z} = \frac{f(\zeta)}{(z - w) - (\zeta - w)} = \frac{f(\zeta)}{z - w} \frac{1}{1 - \frac{\zeta - w}{z - w}} = \frac{f(\zeta)}{z - w} \sum_{k=0}^{\infty} \Big(\frac{\zeta - w}{z - w} \Big)^k. \tag{16'}$$

Dabei konvergieren die Reihen auf der rechten Seite jeweils gleichmäßig für $\zeta \in \partial B_r(w)$ bzw. $\zeta \in \partial B_\delta(w)$, so dass wir in Darstellung (15) das Integral mit der Reihensumme aus (16) bzw. (16') vertauschen können. Zusammen mit Satz 7 ergibt sich die Laurent-Entwicklung

$$f(z) = \sum_{k\in\mathbb{Z}} \Big[\frac{1}{2\pi i} \int\limits_{\zeta\in\partial B_s(w)} \frac{f(\zeta)}{(\zeta-w)^{k+1}}\, d\zeta\Big](z-w)^k, \quad z \in B_r(w)\backslash\{w\},$$

wo $s \in (0, r]$ beliebig gewählt werden kann.

Definition 10. *Für eine beliebige Folge $a = (a_k)_{k\in\mathbb{Z}} \in \operatorname{Abb}(\mathbb{Z}, X)$ mit Werten in einer abstrakten Menge X definieren wir die Folgen $a^+ \in \operatorname{Abb}(\mathbb{N}_0, X)$ und $a^- \in \operatorname{Abb}(\mathbb{N}_0, X)$ sowie die Folge $a^\times \in \operatorname{Abb}(\mathbb{Z}, X)$ gemäß den Vorschriften*

$$i)\ a^\pm := (a_{\pm k})_{k\in\mathbb{N}_0} \quad \text{und} \quad ii)\ a^\times := (a_{-k})_{k\in\mathbb{Z}}. \tag{17}$$

Sei

$$f \in \dot{H}^d(w)$$

eine in $w \in \mathbb{C}$ punktiert holomorphe Vektorfunktion gemäß (13'). Für genügend kleines $s > 0$ bezeichne $[f]_w := (a_k)_{k\in\mathbb{Z}} \in \operatorname{Abb}(\mathbb{Z}, \mathbb{C}^d)$ mit

$$a_k := \frac{1}{2\pi i} \int\limits_{\zeta\in\partial B_s(w)} \frac{f(\zeta)}{(\zeta-w)^{k+1}}\, d\zeta = \frac{1}{2\pi} \int\limits_{t=0}^{2\pi} \frac{f(w+se^{it})}{(se^{it})^k}\, dt, \quad k \in \mathbb{Z}, \tag{18}$$

die Folge der Laurent-Koeffizienten im Punkt w. Wir nennen weiter

$$[f]_w^+ \in \operatorname{Abb}(\mathbb{N}_0, \mathbb{C}^d)$$

die Nebenfolge, sowie

$$[f]_w^- \in \operatorname{Abb}(\mathbb{N}_0, \mathbb{C}^d)$$

die Hauptfolge der Laurent-Koeffizienten von f in w.

Die Definition von $[f]_w$ ist von der Größe s unabhängig, solange

$$f \in H^d(B_s(w)\backslash\{w\}) \cap C^0\big(\overline{B_s(w)}\backslash\{w\}, \mathbb{C}^d\big).$$

Wir führen die oben begonnene Betrachtung von

$$f \in H^d\big(B_r(w)\backslash\{w\}\big) \cap C^0\big(\overline{B_r(w)}\backslash\{w\}, \mathbb{C}^d\big)$$

fort und bezeichnen

$$a := [f]_w.$$

Wegen $f \in C^0(\overline{B_r(w)}\backslash\{w\}, \mathbb{C}^d)$ gibt es eine Zahl $M \in [0, +\infty)$ mit

$$\|f(w+re^{it})\| \le M \quad \text{für alle } t \in \mathbb{R}.$$

($\|\cdot\|$ sei wieder eine beliebige Norm auf $\mathbb{C}^d$.) Daraus schätzen wir für alle $k \in \mathbb{N}_0$

$$\|a_k^+\| \le \frac{1}{2\pi} \int\limits_{t=0}^{2\pi} \frac{\|f(w+re^{it})\|}{|re^{it}|^k}\, dt \le \frac{1}{2\pi} \int\limits_{t=0}^{2\pi} \frac{M}{r^k}\, dt = \frac{M}{r^k}$$

ab. Gemäß (3) bedeutet dies $r \in R(a^+)$, d.h. es ist

$$\varrho(a^+) = \sup R(a^+) \geq r.$$

Wenn nun $s \in (0, +\infty)$ eine hinreichend große Zahl ist, die $\frac{1}{s} \in (0, r]$ erfüllt, dann gilt

$$\left\| f\left(w + \frac{1}{s}e^{it}\right) \right\| \leq K \quad \text{für alle } t \in \mathbb{R},$$

mit einer Konstanten $K \in [0, +\infty)$, und wir erhalten für alle $k \in \mathbb{N}_0$ die Ungleichung

$$\|a_k^-\| \leq \frac{1}{2\pi} \int\limits_{t=0}^{2\pi} \frac{\|f(w + \frac{1}{s}e^{it})\|}{|\frac{1}{s}e^{it}|^{-k}}\, dt \leq \frac{1}{2\pi} \int\limits_{t=0}^{2\pi} \frac{K}{s^k}\, dt = \frac{K}{s^k},$$

was wiederum $s \in R(a^-)$ bedeutet. Wir haben also $s \in R(a^-)$ für alle hinreichend großen $s \in (0, +\infty)$, woraus

$$\varrho(a^-) = \sup R(a^-) = +\infty$$

folgt.

Es seien zu den Folgen $a \in \mathrm{Abb}(\mathbb{Z}, \mathbb{C}^d)$, $b \in \mathrm{Abb}(\mathbb{N}_0, \mathbb{C}^d)$ und zum Punkt $w \in \mathbb{C}$ die formalen Reihen

$$\mathrm{Lau}_{w,a}(z) := \sum_{k \in \mathbb{Z}} a_k (z - w)^k \tag{19}$$

und

$$\mathrm{Lau}_{w,b}^{\pm} := \sum_{k=0}^{\infty} b_k (z - w)^{\pm k} \tag{19'}$$

bezeichnet. Für $w = 0$ schreiben wir

$$\mathrm{Lau}_a(z) := \mathrm{Lau}_{w,a}(z) = \sum_{k \in \mathbb{Z}} a_k z^k \quad \text{bzw.} \quad \mathrm{Lau}_b^{\pm}(z) := \mathrm{Lau}_{w,b}^{\pm}(z) = \sum_{k=0}^{\infty} b_k z^{\pm k}.$$

Damit fassen wir das oben Gesagte zusammen im

Satz 11. *Wenn für eine Funktion f die Relation*

$$f \in H^d\big(B_r(w) \backslash \{w\}\big) \cap C^0\big(\overline{B_r(w)} \backslash \{w\}, \mathbb{C}^d\big)$$

mit einer Zahl $r > 0$ richtig ist, so gelten für die gemäß (17 i) gebildete Haupt- bzw. Nebenfolge a^- bzw. a^+ ihrer Laurent-Koeffizienten

$$a := [f]_w \in \mathrm{Abb}(\mathbb{Z}, \mathbb{C}^d)$$

aus (18) die Beziehungen

$$a^+ \in \mathcal{R}^d \text{ mit } \varrho(a^+) \geq r \quad \text{und} \quad a^- \in \mathcal{R}^d \text{ mit } \varrho(a^-) = +\infty,$$

und f hat eine Darstellung durch die Reihe

$$f(z) = \mathrm{Lau}_{w,a}(z) = \sum_{k \in \mathbb{Z}} a_k (z - w)^k, \quad z \in B_r(w) \backslash \{w\},$$

wobei ihr Hauptteil

$$\mathrm{Lau}_{w,a^-}^-(z) = \sum_{k=0}^{\infty} \frac{a_k^-}{(z-w)^k} = \sum_{k=0}^{\infty} \frac{a_{-k}}{(z-w)^k}$$

gleichmäßig in jedem Kompaktum $K \subset \mathbb{C}\backslash\{w\}$, *ihr Nebenteil*

$$\mathrm{Lau}_{w,a^+}^+(z) = \sum_{k=0}^{\infty} a_k^+(z-w)^k = \sum_{k=0}^{\infty} a_k(z-w)^k$$

gleichmäßig in jedem Kompaktum $K \subset B_r(w)$ *konvergiert.*

Definition 12. *Über die Indexmenge*

$$\mathcal{N}_w(f) := \Big\{k \in \mathbb{Z} : \ \big([f]_w\big)_k \neq 0\Big\} \subseteq \mathbb{Z}$$

erklären wir die Ordnung von $f \in \dot{H}^d(w)$ *im Punkt* w *als*

$$\mathrm{Ord}_w(f) := \begin{cases} +\infty, & \text{falls } \mathcal{N}_w(f) = \varnothing \\ \min \mathcal{N}_w(f), & \text{falls } \mathcal{N}_w(f) \text{ nach unten beschränkt} \\ -\infty, & \text{falls } \mathcal{N}_w(f) \text{ nach unten unbeschränkt} \end{cases} . \tag{20}$$

Hat $f \in \dot{H}^d(w)$ *in* w *die Ordnung*

$$\mathrm{Ord}_w(f) = -n,$$

mit einer natürlichen Zahl $n \in \mathbb{N}$, *so nennen wir* w *einen Pol von der Ordnung* n. *Wir definieren die Klasse der auf einer offenen Menge* $\Omega \subseteq \mathbb{C}$ *meromorphen Vektorfunktionen*

$$M^d(\Omega) := \Big\{f \in \dot{H}^d(\Omega) : \ \mathrm{Ord}_w(f) \neq -\infty \text{ für alle } w \in \Omega\Big\}$$

sowie die im Punkt $w \in \mathbb{C}$ *meromorphen Vektorfunktionen*

$$M^d(w) := \Big\{f \in \dot{H}^d(w) : \ \mathrm{Ord}_w(f) \neq -\infty\Big\}.$$

Im Fall $f \in H^d(w)$ liefert der Cauchy'sche Integralsatz

$$\big([f]_w\big)_k = 0 \quad \text{für alle } k \in \mathbb{Z}\backslash\mathbb{N}_0,$$

so dass die Implikation

$$f \in H^d(w) \quad \Longrightarrow \quad \mathrm{Ord}_w(f) \geq 0 \tag{21}$$

gilt. Eine auf der offenen Menge $\Omega \subseteq \mathbb{C}$ meromorphe Funktion besitzt dort höchstens endlich viele singuläre Punkte, die zusätzlich allesamt außerwesentlich (d.h. Pole) sind.

Von einem besonderen Interesse werden die Klassen der im unendlich fernen Punkt holomorphen bzw. dort punktiert holomorphen Funktionen sein.

Definition 13. *Setzen wir* $\sigma \in H(\mathbb{C}\backslash\{0\})$ *als*

$$\sigma(z) := \frac{1}{z}, \tag{22}$$

so nennen wir

$$H^d(\infty) := \left\{f : \; f \circ \sigma \in H^d(0)\right\} \tag{23}$$

die Menge der im unendlich fernen Punkt holomorphen Funktionen, sowie

$$\dot{H}^d(\infty) := \left\{f : \; f \circ \sigma \in \dot{H}^d(0)\right\} \tag{23'}$$

die Menge der in ∞ *punktiert holomorphen Funktionen.*

Es gilt

$$H^d(\infty) \subset \dot{H}^d(\infty),$$

ferner bilden $H^d(\infty)$ bzw. $\dot{H}^d(\infty)$ Vektorräume.

Sei für ein $r > 0$ eine Funktion

$$f \in H^d(\mathbb{C}\backslash\overline{B_{\frac{1}{r}}}) \cap C^0(\mathbb{C}\backslash B_{\frac{1}{r}}, \mathbb{C}^d),$$

gegeben, so erhalten wir für

$$\tilde{f} := f \circ \sigma \in H^d(B_r\backslash\{0\}) \cap C^0(\overline{B_r}\backslash\{0\}, \mathbb{C}^d)$$

die Entwicklung

$$\tilde{f}(w) := \sum_{k\in\mathbb{Z}} a_k w^k, \quad w \in B_r\backslash\{0\},$$

wobei a die Folge der Laurent-Koeffizienten von $\tilde{f}$ im Nullpunkt

$$a := [\tilde{f}]_0 = [f \circ \sigma]_0 \in \text{Abb}(\mathbb{Z}, \mathbb{C}^d)$$

bezeichnet. Satz 11 liefert

$$\text{i) } [f \circ \sigma]_0^+ \in \mathcal{R}^d \text{ mit } \varrho\big([f \circ \sigma]_0^+\big) \geq r \quad \text{und} \quad \text{ii) } [f \circ \sigma]_0^- \in \mathcal{R}^d \text{ mit } \varrho\big([f \circ \sigma]_0^-\big) = +\infty \tag{24}$$

und es gilt die Laurent-Entwicklung von f im unendlich fernen Punkt

$$\begin{aligned} f(w) &= f\Big(\frac{1}{w^{-1}}\Big) = (f \circ \sigma)(w^{-1}) = \tilde{f}(w^{-1}) = \sum_{k\in\mathbb{Z}} a_k (w^{-1})^k = \sum_{k\in\mathbb{Z}} a_k w^{-k} = \sum_{k\in\mathbb{Z}} a_{-k} w^k \\ &= \sum_{k\in\mathbb{Z}} a_k^{\times} w^k, \quad w \in \mathbb{C}\backslash\overline{B_{\frac{1}{r}}}. \end{aligned}$$

Definition 14. *Für eine in* ∞ *punktiert holomorphe Funktion* $f \in \dot{H}^d(\infty)$ *nennen wir*

$$[f]_\infty := [f \circ \sigma]_0^{\times} \in \text{Abb}(\mathbb{Z}, \mathbb{C}^d) \tag{25}$$

gemäß (17 ii) die Folge ihrer Laurent-Koeffizienten im unendlich fernen Punkt. Wir erklären

$$[f]_\infty^+ = \big([f \circ \sigma]_0^{\times}\big)^+ = [f \circ \sigma]_0^-$$

zur Hauptfolge,

$$[f]_\infty^- = \big([f \circ \sigma]_0^{\times}\big)^- = [f \circ \sigma]_0^+$$

zur Nebenfolge der Laurent-Koeffizienten von f *in* ∞.

Sei $f \in \dot{H}^d(\infty)$ und

$$a := [f]_\infty$$

bezeichnet. Wegen (24) bestimmt der Hauptteil der Laurent-Reihe von f im unendlich fernen Punkt, also

$$\mathrm{Lau}^+_{a^+}(z) = \sum_{k=0}^{\infty} a_k w^k$$

eine ganze holomorphe Funktion

$$\mathrm{Lau}^+_{a^+} \in H^d(\mathbb{C}).$$

Wir erhalten also den

Satz 15. *Sei*

$$f \in H^d\big(\mathbb{C}\backslash\overline{B_{\frac{1}{r}}}\big) \cap C^0\big(\mathbb{C}\backslash B_{\frac{1}{r}}, \mathbb{C}^d\big),$$

und

$$a := [f]_\infty$$

aus (25) ihre Laurent-Koeffizientenfolge im unendlich fernen Punkt. Dann erfüllen Haupt- bzw. Nebenfolge a^+ bzw. a^- die Bedingungen

$$a^+ \in \mathcal{R}^d \text{ mit } \varrho(a^+) = +\infty \quad \text{und} \quad a^- \in \mathcal{R}^d \text{ mit } \varrho(a^-) \geq r,$$

und f hat eine Darstellung durch die Reihe

$$f(w) = \mathrm{Lau}_a(w) = \sum_{k\in\mathbb{Z}} a_k w^k, \quad w \in \mathbb{C}\backslash\overline{B_{\frac{1}{r}}},$$

wobei ihr Hauptteil

$$\mathrm{Lau}^+_{a^+}(w) = \sum_{k=0}^{\infty} a^+_k w^k = \sum_{k=0}^{\infty} a_k w^k$$

gleichmäßig in jedem Kompaktum $K \subset \mathbb{C}$, ihr Nebenteil

$$\mathrm{Lau}^-_{a^-}(w) = \sum_{k=0}^{\infty} \frac{a^-_k}{w^k} = \sum_{k=0}^{\infty} \frac{a_{-k}}{w^k}$$

gleichmäßig in jedem Kompaktum $K \subset \overline{\mathbb{C}}\backslash\overline{B_{\frac{1}{r}}}$ konvergiert mit

$$\lim_{w\to\infty} \mathrm{Lau}^-_{a^-}(w) = \lim_{w\to\infty} \sum_{k=0}^{\infty} \frac{a^-_k}{w^k} = a_0 \in \mathbb{C}^d.$$

Analog zu Definition 12 setzen wir die

Definition 16. *Über die Indexmenge*

$$\mathcal{N}_\infty(f) := \Big\{k \in \mathbb{Z} : \ \big([f]_\infty\big)_k \neq 0\Big\} \subseteq \mathbb{Z}$$

erklären wir die Ordnung von f im unendlich fernen Punkt:

$$\operatorname{Ord}_\infty(f) := \begin{cases} -\infty, & \textit{falls } \mathcal{N}_\infty(f) = \varnothing \\ \max \mathcal{N}_\infty(f), & \textit{falls } \mathcal{N}_\infty(f) \textit{ nach oben beschränkt} \\ +\infty, & \textit{falls } \mathcal{N}_\infty(f) \textit{ nach oben unbeschränkt} \end{cases}. \tag{26}$$

Hat $f \in \dot{H}^d(\infty)$ im unendlich fernen Punkt die Ordnung

$$\operatorname{Ord}_\infty(f) = n$$

mit $n \in \mathbb{N}$, so heißt ∞ ein Pol der Ordnung n. Wir definieren die Klasse der im unendlich fernen Punkt meromorphen Vektorfunktionen:

$$M^d(\infty) := \Big\{ f \in \dot{H}^d(\infty) : \operatorname{Ord}_\infty(f) \neq +\infty \Big\}.$$

Für $f \in H^d(\infty)$ ist

$$\big([f]_\infty\big)_k = 0 \quad \text{für alle } k \in \mathbb{N}$$

und (21) wird zu

$$f \in H^d(\infty) \quad \Longrightarrow \quad \operatorname{Ord}_\infty(f) \leq 0.$$

Abschließend zeigen wir den

Satz 17. *Es gelten folgende Aussagen:*

i) Eine Funktion $f \in H^d(\mathbb{C}) \cap H^d(\infty)$ ist konstant.

ii) Eine Funktion $f \in H^d(\mathbb{C}) \cap M^d(\infty)$ ist ganzrational.

iii) Eine Funktion $f \in M^d(\mathbb{C}) \cap M^d(\infty)$ ist gebrochen rational.

Bemerkung: Aussage i) ist eine alternative Formulierung des bekannten Liouville'schen Satzes.

Beweis i): Für $f \in H^d(\mathbb{C}) \cap H^d(\infty)$ haben wir

$$\operatorname{Ord}_\infty(f) \leq 0 \quad \text{und} \quad \varrho\big([f]_\infty^-\big) = +\infty.$$

Kürzen wir $a := [f]_\infty \in \operatorname{Abb}(\mathbb{Z}, \mathbb{C}^d)$ ab, so erhalten wir für f die Entwicklung

$$f(z) = \sum_{k=0}^{\infty} \frac{a_{-k}}{z^k}, \quad z \in \mathbb{C}\backslash\{0\}.$$

Da insbesondere $f \in H^d(0)$ ist, muss $a_{-k} = 0$ für alle $k \in \mathbb{N}$ sein. Es folgt $f \equiv a_0$.

ii): Für $f \in H^d(\mathbb{C}) \cap M^d(\infty)$ ist

$$\operatorname{Ord}_\infty(f) = n \quad \text{und} \quad \varrho\big([f]_\infty^-\big) = +\infty,$$

mit einer Zahl $n \in \mathbb{Z}$. Setzen wir wieder $a := [f]_\infty \in \mathrm{Abb}(\mathbb{Z}, \mathbb{C}^d)$, so besitzt f die Entwicklung

$$f(z) = \sum_{k=-n}^{\infty} \frac{a_{-k}}{z^k}, \quad z \in \mathbb{C}\backslash\{0\}.$$

Auch hier haben wir insbesondere $f \in H^d(0)$, also muss $a_{-k} = 0$ für alle $k \in \mathbb{N}$ sein. Somit hat f die Form

$$f(z) = \sum_{k=-n}^{0} \frac{a_{-k}}{z^k} = \sum_{k=0}^{n} a_k z^k, \quad z \in \mathbb{C}.$$

iii): Wenn $f \in M^d(\mathbb{C}) \cap M^d(\infty)$, dann gibt es endlich viele Punkte $w_1, \ldots, w_m \in \mathbb{C}$, so dass

$$f \in H^d\big(\mathbb{C}\backslash\{w_1, \ldots, w_m\}\big)$$

und

$$\mathrm{Ord}_{w_j}(f) = n_j \neq +\infty \quad \text{für alle } j = 1, \ldots, m.$$

Über die Indexmenge

$$J := \big\{j : \; n_j > 0\big\} \subseteq \{1, \ldots, m\}$$

sei das skalare Polynom

$$\pi(z) := \prod_{j \in J} (z - w_j)^{n_j}, \quad z \in \mathbb{C},$$

erklärt. Dann gilt offenbar $\pi f \in H^d(\mathbb{C}) \cap M^d(\infty)$ und nach ii) ist πf ganzrational. Q.e.d.

Für eine beliebige kompakte Menge $\varnothing \subseteq K \subset \mathbb{C}$ schreiben wir

$$H^d\big(\overline{\mathbb{C}}\backslash K\big) := H^d(\mathbb{C}\backslash K) \cap H^d(\infty) \quad \text{bzw.} \quad M^d\big(\overline{\mathbb{C}}\backslash K\big) := M^d(\mathbb{C}\backslash K) \cap M^d(\infty).$$

Im Fortgang der Arbeit werden Linearfaktoren und Polynome eine wichtige Rolle spielen. Wir vereinbaren folgende Notation:

Definition 18. *Zu beliebigem Punkt $w \in \mathbb{C}$ bezeichnen wir den zugehörigen Linearfaktor ℓ_w als die Zuordnung*

$$\ell_w(z) := z - w, \quad z \in \mathbb{C}, \tag{27}$$

sowie dessen k-te Potenz ℓ_w^k als

$$\ell_w^k(z) := [\ell_w(z)]^k = (z - w)^k, \quad z \in \mathbb{C}.$$

Für $w = 0$ lassen wir den Index weg und schreiben

$$\ell := \ell_0. \tag{27'}$$

Wir bezeichnen ferner den Raum der d-dimensionalen komplexen Polynome

$$\mathrm{Poly}^d := \left\{ \sum_{k=0}^{n} a^{(k)} \ell^k : \; a^{(k)} \in \mathbb{C}^d, \; k = 0, \ldots, n, \; n \in \mathbb{N}_0 \right\}. \tag{28}$$

Im Fall $d = 1$ lassen wir die Dimension weg und schreiben

$$\mathrm{Poly} := \mathrm{Poly}^1.$$

Für $k \in \mathbb{N}_0$ ist offenbar

$$\ell_w^k \in H(\mathbb{C})$$

eine ganze skalarwertige holomorphe Funktion, für $k \in \mathbb{Z}\backslash\mathbb{N}_0$ gilt

$$\ell_w^k \in H(\mathbb{C}\backslash\{w\}).$$

Polynome sind offenbar ganze holomorphe Funktionen, d.h.

$$\mathrm{Poly}^d \subset H^d(\mathbb{C}).$$

Die hier behandelten Konzepte und Aussagen bleiben auch für matrixwertige Funktionen

$$f \in H^{d\times d}, \dot{H}^{d\times d}, M^{d\times d}$$

richtig. Wie diese Räume zu verstehen sind, bedarf keiner näheren Erläuterung.

1.3 Linker und rechter Linienwert

Wir werden in dieser Arbeit oft mit Funktionen zu tun haben, die außerhalb einer Kurve in der ganzen komplexen Ebene oder einem Teil von ihr definiert und dort stetig oder sogar holomorph sind. Prototypische Beispiele hierfür sind komplexe Logarithmusfunktionen. Von Interesse sind dann die Grenzwerte dieser Funktionen, wenn man sich der Ausschlusskurve von der einen oder der anderen Seite her nähert. Zu diesem Zweck führen wir das Konzept des linken und rechten Linien(grenz)wertes ein.

Zu $k \in \mathbb{N}$ erklären wir folgende Mengen regulärer C^k-Kurven in der komplexen Ebene:

$$\mathcal{E}^k := \left\{ \beta \in C^k\big((0,1),\mathbb{C}\big) : \begin{array}{l} \beta'(t) \neq 0 \text{ für alle } t \in (0,1) \\ \text{und } \beta : (0,1) \longrightarrow \mathbb{C} \text{ ist injektiv} \end{array} \right\} \tag{29}$$

und

$$\bar{\mathcal{E}}^k := \mathcal{E}^k \cap C^1\big([0,1],\mathbb{C}\big). \tag{29'}$$

Eine Kurve $\beta \in \mathcal{E}^1$ hat demnach keine Selbstschnitte, höchstens können für $\beta \in \bar{\mathcal{E}}^1$ Anfangs- und Endpunkt zusammenfallen. Wir beachten, dass ein reguläres C^1-Gebiet $G \in \mathcal{C}^1$ eine Randkurve $\partial G \in \bar{\mathcal{E}}^1$ besitzt, dass aber eine Kurve $\beta \in \bar{\mathcal{E}}^1$ nicht notwendig ein reguläres C^1-Gebiet begrenzen muss, da im Anfangs- (und Endpunkt) von β eine Spitze entstehen kann.

In Analogie zum Fall offener und abgeschlossener Intervalle auf der reellen Achse seien für eine Kurve $\beta \in \mathcal{E}^1$ das offene Bild

$$(\beta) := \beta\big((0,1)\big) \subset \mathbb{C}, \tag{30}$$

für $\beta \in \bar{\mathcal{E}}^1$ das abgeschlossene Bild

$$[\beta] := \beta\big([0,1]\big) \subset \mathbb{C} \tag{30'}$$

bezeichnet. Es ist klar, wie die halboffenen Bilder $[\beta)$ und $(\beta]$ zu verstehen sind.

Eine Kurve $\beta \in \bar{\mathcal{E}}^1$ hat offenbar stets eine positive endliche Länge

$$\mathrm{Lng}(\beta) := \int\limits_{w\in\beta} |dw| := \int\limits_{t=0}^{1} |\beta'(t)|\, dt \in (0,\infty), \tag{31}$$

ferner ist die Abbildung

$$\beta:\ (0,1) \longrightarrow (\beta)$$

ein Homöomorphismus, d.h. bijektiv und beiderseits stetig.

Definition 19. *Bezüglich einer (orientierten) Kurve $\beta \in \mathcal{E}^1$ erklären wir die Menge der links bzw. rechts an β grenzenden offenen Mengen $\mathcal{O}^+(\beta)$ und $\mathcal{O}^-(\beta)$:*

$$\mathcal{O}^\pm(\beta) := \left\{ \Omega \subseteq \mathbb{C}: \begin{array}{l} \Omega \text{ ist offen und zu jedem } t \in (0,1) \text{ gibt es ein } \eta = \eta(t) > 0, \\ \text{so dass } \beta(t) \pm \lambda i \frac{\beta'(t)}{|\beta'(t)|} \in \Omega \text{ für alle } \lambda \in (0,\eta) \end{array} \right\}.$$

Schließlich bilden wir den linken Linienwertoperator Liw_β^+ sowie den rechten Linienwertoperator Liw_β^- angewandt auf eine Funktion f punktweise durch die Grenzwerte

$$(\mathrm{Liw}_\beta^\pm f)\big(\beta(t)\big) := \lim_{\lambda\to 0+} f\Big(\beta(t) \pm \lambda i \frac{\beta'(t)}{|\beta'(t)|}\Big), \quad t \in (0,1).$$

$\mathrm{Liw}_\beta^\pm f$ existiert jedenfalls dann, wenn es eine offene Menge $\Omega \in \mathcal{O}^\pm(\beta)$ gibt, so dass

$$f \in C^0\big(\Omega \cup (\beta)\big).$$

In diesem Fall ist $\mathrm{Liw}_\beta^\pm f \in C^0\big((\beta)\big)$ eine stetige Funktion auf dem offenen Bild (β) gemäß (30) der Abbildung β. Die Operatoren $\mathrm{Liw}_\beta^\pm$ sind auf jedem Vektorraum zulässiger Funktionen linear.

Das Linienwertkonzept eignet sich auch, um Randwerte von Funktionen auf regulären Gebieten zu beschreiben: Seien $G \in \mathcal{C}^1$ ein reguläres C^1-Gebiet und ∂G als bezüglich G positiv orientierte Randkurve an G gemäß Definition 5 verstanden. Wenn $f \in C^0(\overline{G})$ ist, so erhalten wir mit

$$\mathrm{Liw}_{\partial G}^+ f \in C^0(\partial G)$$

die inneren Randwerte von f, für $f \in C^0(\mathbb{C}\backslash G)$ liefert

$$\mathrm{Liw}_{\partial G}^- f \in C^0(\partial G)$$

deren äußere Randwerte und es sind

$$\mathrm{Liw}_{\partial G}^+ \in \mathrm{Hom}\big(C^0(\overline{G}), C^0(\partial G)\big) \quad \text{sowie} \quad \mathrm{Liw}_{\partial G}^- \in \mathrm{Hom}\big(C^0(\mathbb{C}\backslash G), C^0(\partial G)\big)$$

lineare Operatoren.

1.4 Darstellung holomorpher Funktionen durch ihre Randwerte

Zu beliebiger Vektorfunktion $\varphi \in C^0(\partial G, \mathbb{C}^d)$ erklären wir die Bildung $\mathrm{X}_G \varphi$ punktweise durch das Cauchy-Integral

$$(\mathrm{X}_G \varphi)(w) := \frac{1}{2\pi i} \int\limits_{z \in \partial G} \frac{\varphi(z)}{z - w} \, dz. \tag{32}$$

Offenbar ist das Integral $(\mathrm{X}_G \varphi)(w)$ sowohl für alle $w \in G$ als auch für alle $w \in \mathbb{C} \backslash \overline{G}$ wohldefiniert. Entwickeln wir den Cauchy'schen Kern $\frac{1}{z-w}$ um einen beliebigen Punkt $w_0 \in \mathbb{C} \backslash \partial G$ in die entsprechende geometrische Reihe, wie in (16), so erkennen wir die Analytizität der Funktion $\mathrm{X}_G \varphi$ auf G und auf $\mathbb{C} \backslash \overline{G}$. Wir erhalten also in $\mathrm{X}_G \varphi$ eine holomorphe Vektorfunktion

$$\mathrm{X}_G \varphi \in H^d(\mathbb{C} \backslash \partial G)$$

und in der Zuordnung

$$\varphi \mapsto \mathrm{X}_G \varphi$$

einen linearen Operator

$$\mathrm{X}_G \subset \mathrm{Hom}\big(C^0(\partial G, \mathbb{C}^d), H^d(\mathbb{C} \backslash \partial G)\big).$$

Wir nennen X_G den Cauchy'schen Integraloperator. Wir nennen ferner $X_G^{\pm}$ mit

$$\mathrm{X}_G^+ \varphi := \mathrm{X}_G \varphi\big|_G \quad \text{und} \quad \mathrm{X}_G^- \varphi := \mathrm{X}_G \varphi\big|_{\mathbb{C} \backslash \overline{G}} \tag{$32^{\pm}$}$$

den inneren bzw. äußeren Cauchy'schen Integraloperator, mit

$$\mathrm{X}_G^+ \in \mathrm{Hom}\big(C^0(\partial G, \mathbb{C}^d), H^d(G)\big) \quad \text{und} \quad \mathrm{X}_G^- \in \mathrm{Hom}\big(C^0(\partial G, \mathbb{C}^d), H^d(\mathbb{C} \backslash \overline{G})\big).$$

Gemäß der Cauchy'schen Integralformel können wir eine holomorphe und bis zum Rand stetige Innenfunktion f eines Gebietes G durch das innere Cauchy-Integral ihrer linken Linienwerte darstellen. Zur Darstellung einer holomorphen Außenfunktion benötigen wir neben ihren rechten Linienwerten noch den Hauptteil ihrer Laurent-Reihe um ∞. Dies wird in Satz 20 deutlich werden. Für eine in ∞ punktiert holomorphe Funktion $f \in \dot{H}^d(\infty)$ gemäß (23) erklären wir die Bildung

$$(\mathrm{X}_{\mathbb{C}}^+ f)(w) := \lim_{r \to +\infty} (\mathrm{X}_{B_r}^+ f)(w) = \lim_{r \to +\infty} \frac{1}{2\pi i} \int\limits_{z \in \partial B_r} \frac{f(z)}{z - w} \, dz, \quad w \in \mathbb{C}. \tag{33}$$

$\mathrm{X}_{\mathbb{C}}^+ f$ wird bei der Darstellung der Außenfunktion $f \in \dot{H}^d(\infty)$ durch das äußere Cauchy-Intergal ihrer im Endlichen gelegenen Randwerte eine Rolle spielen (Satz 20). Zunächst ist $(\mathrm{X}_{\mathbb{C}}^+ f)(w)$ wohldefiniert, denn für beliebiges $f \in \dot{H}^d(\infty)$ und jeden festen Punkt $w \in \mathbb{C}$ gibt es eine Zahl $s \in [0, +\infty)$, so dass der Integrand

$$h(z) := \frac{f(z)}{z - w}$$

außerhalb der offenen Kugel B_s holomorph ist, d.h.

$$h \in H^d(\mathbb{C} \backslash B_s).$$

Mit Satz 7 folgt für alle reellen Zahlen $r \geq s$ die Identität

$$\int_{z\in\partial B_r} \frac{f(z)}{z-w}\,dz = \int_{z\in\partial B_r} h(z)\,dz = \int_{z\in\partial B_s} h(z)\,dz,$$

und damit

$$(\mathrm{X}_{\mathbb{C}}^{+} f)(w) = \lim_{r\to+\infty} \frac{1}{2\pi i} \int_{z\in\partial B_r} \frac{f(z)}{z-w}\,dz = \frac{1}{2\pi i} \int_{z\in\partial B_s} \frac{f(z)}{z-w}\,dz \in \mathbb{C}^d.$$

Wir erhalten also in $\mathrm{X}_{\mathbb{C}}^{+} f$ eine ganze holomorphe Funktion $\mathrm{X}_{\mathbb{C}}^{+} f \in H^d(\mathbb{C})$. Offenbar ist $\mathrm{X}_{\mathbb{C}}^{+}$ auf dem Vektorraum $\dot{H}^d(\infty)$ ein linearer Operator

$$\mathrm{X}_{\mathbb{C}}^{+} \in \mathrm{Hom}\big(\dot{H}^d(\infty), H^d(\mathbb{C})\big).$$

Wir nennen $\mathrm{X}_{\mathbb{C}}^{+}$ den Hauptteiloperator. Die Untersuchung seines Verhaltens wird diese Namensgebung verdeutlichen: Offenbar gilt für alle konstanten komplexen Vektoren $\xi \in \mathbb{C}^d \subset H^d(\mathbb{C})$ die Implikation

$$\text{es existiert } \lim_{w\to\infty} f(w) =: \xi \quad \Longrightarrow \quad \mathrm{X}_{\mathbb{C}}^{+} f \equiv \xi, \tag{34}$$

sowie für alle g die Implikation

$$g \in H^d(\mathbb{C}) \quad \Longrightarrow \quad \mathrm{X}_{\mathbb{C}}^{+} g = g, \tag{35}$$

wovon wir uns leicht mit der Cauchy'schen Integralformel überzeugen. Für $f \in \dot{H}^d(\infty)$ gilt nach Satz 15 die Darstellung

$$f(w) = \sum_{k\in\mathbb{Z}} a_k w^k = \sum_{k=0}^{\infty} a_k^+ w^k + \sum_{k=1}^{\infty} \frac{a_k^-}{w^k}, \quad w \in \mathbb{C}\backslash B_r,$$

mit der Laurent-Koeffizientenfolge $a = [f]_\infty \in \mathrm{Abb}(\mathbb{Z}, \mathbb{C}^d)$ aus (25) und deren Haupt- und Nebenfolge $a^+ \in \mathrm{Abb}(\mathbb{N}_0, \mathbb{C}^d)$, $a^- \in \mathrm{Abb}(\mathbb{N}_0, \mathbb{C}^d)$ gemäß (17). Dabei ist $\varrho(a^+) = +\infty$, d.h. der Hauptteil

$$g(w) := \sum_{k=0}^{\infty} a_k^+ w^k$$

ist eine ganze holomorphe Funktion $g \in H^d(\mathbb{C})$, der absolutgliedlose Nebenteil

$$h(w) := \sum_{k=1}^{\infty} \frac{a_k^-}{w^k}$$

erfüllt

$$\lim_{w\to\infty} h(w) = 0.$$

Dann folgt mit (34) und (35) und der Linearität des Operators $\mathrm{X}_{\mathbb{C}}^{+}$ die Identität

$$\mathrm{X}_{\mathbb{C}}^{+} f = \mathrm{X}_{\mathbb{C}}^{+}(g+h) = \mathrm{X}_{\mathbb{C}}^{+}\, g + \mathrm{X}_{\mathbb{C}}^{+}\, h = g + 0 = g.$$

$\mathrm{X}_{\mathbb{C}}^{+} f$ gibt also den Hauptteil der Laurent-Reihe von $f \in \dot{H}^d(\infty)$ im unendlich fernen Punkt, daher die Bezeichnung Hauptteiloperator.

Die Randwerte holomorpher Innen- und Außenfunktionen lassen sich durch die Hauptwerte ihres Cauchy-Integrals ausdrücken (Satz 20). Diese Cauchy-Integralhauptwerte werden noch eine bedeutende Rolle spielen. Daher erklären wir den Cauchy'schen Hauptwertoperator $\mathrm{X}_{\partial G}$ angewandt auf eine Funktion φ punktweise durch

$$(\mathrm{X}_{\partial G}\, \varphi)(w) := \lim_{\varepsilon \to 0+} \frac{1}{2\pi i} \int\limits_{\substack{z \in \partial G \\ |z-w| \geq \varepsilon}} \frac{\varphi(z)}{z-w}\, dz, \quad w \in \partial G, \tag{36}$$

falls dieser Grenzwert für alle $w \in \partial G$ existiert. Die Menge der Funktionen

$$\varphi \in C^0(\partial G, \mathbb{C}^d),$$

für die $\mathrm{X}_{\partial G}\, \varphi$ existiert und stetig ist, bezeichnen wir mit

$$C^0_{\mathrm{X}}(\partial G) := \left\{ \varphi \in C^0(\partial G) : \begin{array}{l} \text{es existiert } (\mathrm{X}_{\partial G}\, \varphi)(w) \in \mathbb{C}^d \text{ für alle } w \in \partial G \\ \text{und } \mathrm{X}_{\partial G}\, \varphi \in C^0(\partial G, \mathbb{C}^d) \end{array} \right\}. \tag{36'}$$

Offenbar bildet $C^0_{\mathrm{X}}(\partial G)$ einen Untervektorraum von $C^0(\partial G)$ und ist

$$\mathrm{X}_{\partial G} \in \operatorname{Hom}\big(C^0_{\mathrm{X}}(\partial G), C^0(\partial G)\big).$$

In Satz 21 zeigen wir

$$C^0_{\alpha}(\partial G) \subseteq C^0_{\mathrm{X}}(\partial G).$$

Dass

$$C^0_{\mathrm{X}}(\partial G) \subsetneqq C^0(\partial G)$$

ist, zeigt ein Beispiel, wo G ein Gebiet mit $\partial G = (-r, r) \cup W$ ist für ein $r \in (0,1)$ und einen positiv orientierten Weg W von r nach $-r$, sowie $\psi \in C^0(\partial G, \mathbb{C})$ für $t \in (-r, r)$ die Darstellung

$$\psi(t) := \begin{cases} \dfrac{1}{\ln|t|}, & \text{falls } t \neq 0 \\ 0, & \text{falls } t = 0 \end{cases}$$

besitzt. (ψ ist nicht Hölder-stetig im Punkt $w = 0$.) Für genügend kleines $\varepsilon \in (0, r)$ erhalten wir

$$\int\limits_{\substack{z \in \partial G \\ |z| \geq \varepsilon}} \frac{\psi(z)}{z}\, dz = \int\limits_{t=\varepsilon}^{r} \frac{1}{t \ln t}\, dt + \int\limits_{z \in W} \frac{\psi(z)}{z}\, dz + \int\limits_{t=-r}^{-\varepsilon} \frac{1}{t \ln(-t)}\, dt,$$

wobei

$$\begin{aligned} \int\limits_{t=\varepsilon}^{r} \frac{1}{t \ln t}\, dt + \int\limits_{t=-r}^{-\varepsilon} \frac{1}{t \ln(-t)}\, dt &= \big[\ln(-\ln t)\big]_{t=\varepsilon}^{r} + \big[-\ln\big(-\ln(-t)\big)\big]_{t=-r}^{-\varepsilon} \\ &= \ln(-\ln r) - \ln(-\ln \varepsilon) - \ln(-\ln \varepsilon) + \ln(-\ln r) \\ &= 2[\ln(-\ln r) - \ln(-\ln \varepsilon)]. \end{aligned}$$

Dieser Ausdruck konvergiert für $\varepsilon \to 0+$ offenbar nicht, demnach existiert auch der Hauptwert

$$(\mathrm{X}_{\partial G}\,\psi)(0) = \lim_{\varepsilon\to 0+} \frac{1}{2\pi i} \int\limits_{\substack{z\in\partial G\\ |z|\geq\varepsilon}} \frac{\psi(z)}{z}\,dz = \frac{1}{2\pi i}\int\limits_{z\in W} \frac{\psi(z)}{z}\,dz + \frac{1}{\pi i}\lim_{\varepsilon\to 0+}[\ln(-\ln r) - \ln(-\ln\varepsilon)]$$

nicht. Wir kommen nun zum

Satz 20. *Wenn $G \in \mathcal{C}^1$ ein reguläres C^1-Gebiet ist, so gelten folgende Aussagen:*

i) Eine holomorphe Innenfunktion

$$f \in H^d(G) \cap C^0(\overline{G}, \mathbb{C}^d)$$

hat Randwerte

$$\varphi := \mathrm{Liw}^+_{\partial G} f \in C^0_{\mathrm{X}}(\partial G)$$

und es gelten

$$a)\ f = \mathrm{X}^+_G\,\varphi \quad und \quad b)\ \frac{1}{2}\varphi = \mathrm{X}_{\partial G}\,\varphi. \tag{37}$$

ii) Eine holomorphe Außenfunktion

$$f \in H^d(\mathbb{C}\backslash\overline{G}) \cap C^0(\mathbb{C}\backslash G, \mathbb{C}^d),$$

hat Randwerte

$$\varphi := \mathrm{Liw}^-_{\partial G} f \in C^0_{\mathrm{X}}(\partial G)$$

und es gelten

$$a)\ f = (\mathrm{X}^+_{\mathbb{C}} f)\big|_{\mathbb{C}\backslash\overline{G}} - \mathrm{X}^-_G\,\varphi \quad und \quad b)\ \frac{1}{2}\varphi = (\mathrm{X}^+_{\mathbb{C}} f)\big|_{\partial G} - \mathrm{X}_{\partial G}\,\varphi. \tag{38}$$

Beweis i): Darstellung (37 a) ist lediglich eine andere Schreibweise der (Allgemeinen) Cauchy'schen Integralformel aus Satz 8 mit $N = 0$. Es bleibt noch $\varphi \in C^0_{\mathrm{X}}(\partial G)$ und (37 b) zu zeigen. Sei dazu im Folgenden $w \in \partial G$ ein beliebiger fester Randpunkt. Zu w und $\varepsilon > 0$ betrachten wir das Gebiet

$$\Omega^+_{w,\varepsilon} := G \setminus B_\varepsilon(w) \subset G.$$

Dieses besitzt für alle hinreichend kleinen $\varepsilon > 0$ den Rand

$$\partial\Omega^+_{w,\varepsilon} = \partial G_{w,\varepsilon} \cup S^+_{w,\varepsilon},$$

wobei

$$\partial G_{w,\varepsilon} := \{z \in \partial G :\ |z - w| \geq \varepsilon\} \tag{39}$$

und

$$S^+_{w,\varepsilon} := \{w + \varepsilon e^{it} \in \mathbb{C} :\ t \in (\beta^+_{w,\varepsilon}, \gamma^+_{w,\varepsilon})\}$$

mit Winkeln $\beta^+_{w,\varepsilon} < \gamma^+_{w,\varepsilon} \in \mathbb{R}$, die wegen der C^1-Eigenschaft des Gebiets G für $\varepsilon \to 0$ das Grenzverhalten

$$\lim_{\varepsilon\to 0+}[\gamma^+_{w,\varepsilon} - \beta^+_{w,\varepsilon}] = \pi$$

aufweisen. Wir beachten die positive Orientierung des Kreislinienstücks $S^+_{w,\varepsilon}$. Wegen $w \notin \overline{\Omega^+_{w,\varepsilon}}$ liefert der Cauchy'sche Integralsatz für alle hinreichend kleinen $\varepsilon > 0$ die Identität

$$0 = \int\limits_{z\in\partial\Omega^+_{w,\varepsilon}} \frac{f(z)}{z-w}\,dz = \int\limits_{z\in\partial G_{w,\varepsilon}} \frac{\varphi(z)}{z-w}\,dz - \int\limits_{z\in S^+_{w,\varepsilon}} \frac{f(z)}{z-w}\,dz$$

und damit die Existenz des Grenzwertes

$$\begin{aligned}(\mathrm{X}_{\partial G}\,\varphi)(w) &= \lim_{\varepsilon\to 0+} \frac{1}{2\pi i} \int\limits_{z\in\partial G_{w,\varepsilon}} \frac{\varphi(z)}{z-w}\,dz = \lim_{\varepsilon\to 0+} \frac{1}{2\pi i} \int\limits_{z\in S^+_{w,\varepsilon}} \frac{f(z)}{z-w}\,dz \\ &= \lim_{\varepsilon\to 0+} \frac{1}{2\pi} \int\limits_{t=\beta^+_{w,\varepsilon}}^{\gamma^+_{w,\varepsilon}} f(w+\varepsilon e^{it})\,dt = \frac{1}{2}\varphi(w) \in \mathbb{C}^d.\end{aligned}$$

ii): (38 a) ergibt sich aus Satz 8 und der Eigenschaft des Operators $\mathrm{X}^+_{\mathbb{C}}$ aus (33). Wir zeigen noch $\varphi \in C^0_{\mathrm{X}}(\partial G)$ und (38 b): Sei wieder $w \in \partial G$ ein beliebiger fester Randpunkt und das Gebiet

$$\Omega^-_{w,\varepsilon} := G \cup B_\varepsilon(w) \supset G$$

betrachtet. Dieses besitzt für alle hinreichend kleinen $\varepsilon > 0$ den Rand

$$\partial\Omega^-_{w,\varepsilon} = \partial G_{w,\varepsilon} \cup S^-_{w,\varepsilon},$$

wobei $\partial G_{w,\varepsilon}$ wie in (39), und das Kreislinienstück

$$S^-_{w,\varepsilon} := \left\{w + \varepsilon e^{it} \in \mathbb{C}:\ t \in \left(\beta^-_{w,\varepsilon}, \gamma^-_{w,\varepsilon}\right)\right\}$$

bezeichnet sind und die Winkel $\beta^-_{w,\varepsilon} < \gamma^-_{w,\varepsilon} \in \mathbb{R}$ wieder das Grenzverhalten

$$\lim_{\varepsilon\to 0+} [\gamma^-_{w,\varepsilon} - \beta^-_{w,\varepsilon}] = \pi$$

haben. Wenn nun $r > 0$ so groß ist, dass

$$\overline{\Omega^-_{w,\varepsilon}} \subset B_r$$

richtig ist, so erhalten wir einmal mehr mit dem Cauchy'schen Integralsatz für alle hinreichend kleinen $\varepsilon > 0$ die Gleichung

$$2\pi i(\mathrm{X}^+_{\mathbb{C}}\,f)(w) = \int\limits_{z\in\partial B_r} \frac{f(z)}{z-w}\,dz = \int\limits_{z\in\partial\Omega^-_{w,\varepsilon}} \frac{f(z)}{z-w}\,dz = \int\limits_{z\in\partial G_{w,\varepsilon}} \frac{\varphi(z)}{z-w}\,dz + \int\limits_{z\in S^-_{w,\varepsilon}} \frac{f(z)}{z-w}\,dz,$$

und analog zu oben die Existenz von

$$\begin{aligned}(\mathrm{X}_{\partial G}\,\varphi)(w) &= \lim_{\varepsilon\to 0+} \frac{1}{2\pi i} \int\limits_{z\in\partial G_{w,\varepsilon}} \frac{\varphi(z)}{z-w}\,dz = \lim_{\varepsilon\to 0+} (\mathrm{X}^+_{\mathbb{C}}\,f)(w) - \lim_{\varepsilon\to 0+} \frac{1}{2\pi i} \int\limits_{z\in S^-_{w,\varepsilon}} \frac{f(z)}{z-w}\,dz \\ &= (\mathrm{X}^+_{\mathbb{C}}\,f^-)(w) - \frac{1}{2}\varphi(w).\end{aligned}$$

Q.e.d.

Wegen Satz 20 gilt auch die Rückrichtung von Implikation (34). Denn wenn $f \in \dot{H}^d(\infty)$ und $\mathrm{X}_{\mathbb{C}}^+ f \equiv \xi \in \mathbb{C}^d$ ist, so gilt $f \in H^d(\mathbb{C}\backslash B_r) \subset C^0(\partial B_r, \mathbb{C}^d)$ für ein $r > 0$ und (38 a) liefert die Darstellung

$$f = \xi - \mathrm{X}_{B_r}^- f \quad \text{auf } \mathbb{C}\backslash\overline{B}_r.$$

Es folgt

$$\lim_{w\to\infty} f(w) = \xi - \lim_{w\to\infty} (\mathrm{X}_{B_r}^- f)(w) = \xi - 0 = \xi.$$

Demnach haben wir für alle $f \in \dot{H}^d(\infty)$ die Äquivalenz

$$\text{es existiert } \lim_{w\to\infty} f(w) =: \xi \in \mathbb{C}^d \quad \Longleftrightarrow \quad \mathrm{X}_{\mathbb{C}}^+ f \equiv \xi. \tag{40}$$

1.5 Randwerte des Cauchy-Integrals

Sind φ die Randwerte einer holomorphen Innenfunktion f, so gilt nach Satz 20 i) die Darstellung $f = \mathrm{X}_G^+ \varphi$ und folglich

$$\varphi = \mathrm{Liw}_{\partial G}^+ f = \mathrm{Liw}_{\partial G}^+(\mathrm{X}_G^+ \varphi) = \mathrm{Liw}_{\partial G}^+(\mathrm{X}_G \varphi).$$

Für eine beliebig vorgegebene Randfunktion φ wird diese Gleichung jedoch falsch. Wir behandeln nun einen bedeutenden Satz über die Randwerte des Cauchy-Integrals, den wohl Josip Plemelj erstmals in der Note [P2] veröffentlicht hat, welche im Vorfeld seiner Arbeit [P] erschienenen ist. Einen solchen Satz findet man nicht in vielen Büchern über Funktionentheorie, u.a. aber in [S2]. Wir scheuen die Mühe nicht, ihn uns genauer anzusehen.

Zur Vektorfunktion φ erklären wir die Bildungen

$$\mathrm{LiX}_G^\pm \varphi := \mathrm{Liw}_{\partial G}^\pm(\mathrm{X}_G \varphi). \tag{41}$$

Falls $\mathrm{LiX}_G^\pm \varphi$ wohldefiniert sind, geben $\mathrm{LiX}_G^+ \varphi$ die inneren, $\mathrm{LiX}_G^- \varphi$ die äußeren Randwerte des Cauchy-Integrals. Auf jedem Vektorraum zulässiger Randfunktionen φ sind $\mathrm{LiX}_G^\pm$ offenbar lineare Operatoren. Im nächsten Satz werden wir sehen, dass die Bedingung

$$\varphi \in C_\alpha^0(\partial G)$$

hinreichend ist für die Existenz von $\mathrm{LiX}_G^\pm \varphi$. Außerdem wird sich zeigen, dass die Randwerte des Cauchy-Integrals eng mit dem Hauptwert des Cauchy-Integrals zusammenhängen, wir wir bereits im Fall der Randwerte holomorpher Funktionen gesehen haben.

Satz 21. (Plemelj) *Seien $G \in \mathcal{C}^1$ ein reguläres C^1-Gebiet, $\alpha \in (0,1]$ ein beliebiger Hölder-Exponent. Dann ist*

$$C_\alpha^0(\partial G) \subseteq C_{\mathrm{X}}^0(\partial G).$$

Für eine beliebige Randfunktion $\varphi \in C_\alpha^0(\partial G)$ gelten

$$\mathrm{X}_G^+ \varphi \in H^d(G) \cap C^0(\overline{G}, \mathbb{C}^d) \quad \textit{und} \quad \mathrm{X}_G^- \varphi \in H^d(\mathbb{C}\backslash\overline{G}) \cap C^0(\overline{\mathbb{C}}\backslash G, \mathbb{C}^d),$$

und für die Randwerte des Cauchy-Integrals haben wir

$$\mathrm{LiX}_G^\pm \varphi = \mathrm{Liw}_{\partial G}^\pm\big(X_G^\pm \varphi\big) = \mathrm{X}_{\partial G}\, \varphi \pm \frac{1}{2}\varphi.$$

Bemerkung: Die Cauchy'schen Randwertoperatoren $\mathrm{LiX}_G^{\pm}$ aus (41) sind nach Satz 21 insbesondere lineare Abbildungen

$$\mathrm{LiX}_G^{\pm} \in \mathrm{Hom}\big(C_\alpha^0(\partial G), C^0(\partial G)\big)$$

und lassen sich schreiben als

$$\mathrm{LiX}_G^{\pm} = \mathrm{X}_{\partial G} \pm \frac{1}{2} I. \tag{42}$$

(Mit I sei, wie stets, die Identität bezeichnet.) Es folgt die Gleichung

$$\mathrm{LiX}_G^{+} - \mathrm{LiX}_G^{-} = \Big(\mathrm{X}_{\partial G} + \frac{1}{2} I\Big) - \Big(\mathrm{X}_{\partial G} - \frac{1}{2} I\Big) = I. \tag{43}$$

Beweis von Satz 21: Für $\varphi \in C_\alpha^0(\partial G)$ betrachten wir zu beliebiger regulärer C^1-Kurve $K \subseteq \partial G$ den Integraloperator

$$\begin{aligned}(\Delta_K\, \varphi)(\tilde{w}, w) &:= \Phi_K(\tilde{w}, w)\\ &:= \frac{1}{2\pi i} \int\limits_{z \in K} \frac{\varphi(z) - \varphi(\tilde{w})}{z - w}\, dz \in \mathbb{C}^d, \quad (\tilde{w}, w) \in \partial G \times (\mathbb{C} \backslash \partial G).\end{aligned} \tag{44}$$

Offenbar gilt zunächst

$$\Delta_{\partial G} \in \mathrm{Hom}\big[C_\alpha^0(\partial G), C^0\big(\partial G \times (\mathbb{C} \backslash \partial G)\big)\big].$$

Da nun für alle $w, z \in \partial G$ die Abschätzung

$$\left|\frac{\varphi(z) - \varphi(w)}{z - w}\right| = \frac{|\varphi(z) - \varphi(w)|}{|z - w|} \le \frac{M|z - w|^\alpha}{|z - w|} = M|z - w|^{\alpha - 1}$$

richtig ist, existiert das Integral

$$\Phi_{\partial G}(w, w) = (\Delta_{\partial G}\, \varphi)(w, w) = \frac{1}{2\pi i} \int\limits_{z \in \partial G} \frac{\varphi(z) - \varphi(w)}{z - w}\, dz \in \mathbb{C}^d, \quad w \in \partial G,$$

im uneigentlichen Riemann'schen Sinne. Wenn nun der Punkt $\tilde{w}_0 \in \partial G$ fest und die Zahl $\delta > 0$ beliebig vorgegeben sind, dann gibt es eine kompakte reguläre C^1-Kurve $K = K(\delta) \subset \partial G \backslash \{\tilde{w}_0\}$ und eine Zahl $\eta > 0$, so dass für alle Punkte $\tilde{w}_1 \in \partial G$ mit $|\tilde{w}_1 - \tilde{w}_0| < \eta$ und $w \in \mathbb{C}$ mit $|w - \tilde{w}_0| < \eta$ folgendes richtig ist:

$$\text{i)} \quad \big|\Phi_K(\tilde{w}_1, w) - \Phi_{\partial G}(\tilde{w}_1, w)\big| = \left|\frac{1}{2\pi i} \int\limits_{z \in \partial G \backslash K} \frac{\varphi(z) - \varphi(\tilde{w}_1)}{z - w}\, dz\right| < \frac{\delta}{3},$$

und

$$\text{ii)} \quad \left|\frac{\varphi(z) - \varphi(\tilde{w}_1)}{z - w} - \frac{\varphi(z) - \varphi(\tilde{w}_0)}{z - \tilde{w}_0}\right| < \frac{2\pi\delta}{3\,\mathrm{Lng}(\partial G)} \quad \text{für alle } z \in K.$$

Dann folgt für alle $w \in \partial G$ mit $|w - \tilde{w}| < \eta$ die Abschätzung

$$\begin{aligned}&\big|\Phi_{\partial G}(\tilde{w}_1, w) - \Phi_{\partial G}(\tilde{w}_0, \tilde{w}_0)\big|\\ &\le |\Phi_{\partial G}(\tilde{w}_1, w) - \Phi_K(\tilde{w}_1, w)| + |\Phi_K(\tilde{w}_1, w) - \Phi_K(\tilde{w}_0, \tilde{w}_0)| + |\Phi_K(\tilde{w}_0, \tilde{w}_0) - \Phi_{\partial G}(\tilde{w}_0, \tilde{w}_0)|\\ &\le \frac{\delta}{3} + \left|\frac{1}{2\pi i} \int\limits_{z \in K} \frac{\varphi(z) - \varphi(w)}{z - w} - \frac{\varphi(z) - \varphi(\tilde{w})}{z - \tilde{w}}\, dz\right| + \frac{\delta}{3}\\ &< \frac{\delta}{3} + \frac{\mathrm{Lng}(K)\delta}{3\,\mathrm{Lng}(\partial G)} + \frac{\delta}{3} < \delta,\end{aligned}$$

mit den Kurvenlängen $\operatorname{Lng}(K) \le \operatorname{Lng}(\partial G) \in (0, +\infty)$ aus (31). Somit ist die Funktion $\Phi_{\partial G} = \Delta_{\partial G}\,\varphi$ auch im Punkt $(\tilde{w}_0, \tilde{w}_0)$ stetig und wir erhalten

$$\Delta_{\partial G} \in \operatorname{Hom}\big[C^0_\alpha(\partial G, \mathbb{C}^d), C^0(\partial G \times \mathbb{C}, \mathbb{C}^d)\big]. \tag{45}$$

Für alle $w \in \partial G$ und alle $\varepsilon > 0$ haben wir nun

$$\int\limits_{z \in \partial G_{w,\varepsilon}} \frac{\varphi(z)}{z-w}\,dz = \int\limits_{z \in \partial G_{w,\varepsilon}} \frac{\varphi(z)-\varphi(w)}{z-w}\,dz + \varphi(w) \int\limits_{z \in \partial G_{w,\varepsilon}} \frac{1}{z-w}\,dz,$$

wobei $\partial G_{w,\varepsilon}$ gemäß (39) zu verstehen ist. Satz 20 liefert für $1 \in H(\mathbb{C})$ die Identität $\mathrm{X}_{\partial G}\,1 \equiv \frac{1}{2}$, so dass der Grenzwert

$$\begin{aligned}(\mathrm{X}_{\partial G}\,\varphi)(w) &= \lim_{\varepsilon \to 0+} \int\limits_{z \in \partial G_{w,\varepsilon}} \frac{\varphi(z)}{z-w}\,dz = (\Delta_{\partial G}\,\varphi)(w,w) + \varphi(w)(\mathrm{X}_{\partial G}\,1) \\ &= (\Delta_{\partial G}\,\varphi)(w,w) + \frac{1}{2}\varphi(w)\end{aligned}$$

existiert. Erklären wir den Operator $\Delta^{\times}_{\partial G} \in \operatorname{Hom}[C^0_\alpha(\partial G), C^0(\partial G)]$ als

$$(\Delta^{\times}_{\partial G}\,\varphi)(w) := (\Delta_{\partial G}\,\varphi)(w,w), \quad w \in \partial G,$$

so folgt

$$\mathrm{X}_{\partial G}\,\varphi = \Delta^{\times}_{\partial G}\,\varphi + \frac{1}{2}\varphi \in C^0(\partial G). \tag{46}$$

Wenn nun $\tilde{w} \in \partial G$ und $w \in G$ ist, so gilt die Darstellung

$$\begin{aligned}(\mathrm{X}^+_G\,\varphi)(w) &= \frac{1}{2\pi i} \int\limits_{z \in \partial G} \frac{\varphi(z)}{z-w}\,dz = \frac{1}{2\pi i} \int\limits_{z \in \partial G} \frac{\varphi(z)-\varphi(\tilde{w})}{z-w}\,dz + \varphi(\tilde{w}) \frac{1}{2\pi i} \int\limits_{z \in \partial G} \frac{1}{z-w}\,dz \\ &= (\Delta_{\partial G}\,\varphi)(\tilde{w}, w) + \varphi(\tilde{w}),\end{aligned}$$

was mit (45) $\mathrm{X}^+_G\,\varphi \in C^0(\overline{G}, \mathbb{C}^d)$ ergibt, zusammen mit (46) folgt

$$\begin{aligned}(\mathrm{LiX}^+_G\,\varphi)(\tilde{w}) &= \lim_{\substack{w \to \tilde{w} \\ w \in G}} (\mathrm{X}^+_G\,\varphi)(w) = (\Delta_{\partial G}\,\varphi)(\tilde{w}, \tilde{w}) + \varphi(\tilde{w}) = (\Delta^{\times}_{\partial G}\,\varphi)(\tilde{w}) + \varphi(\tilde{w}) \\ &= (\mathrm{X}_{\partial G}\,\varphi)(\tilde{w}) - \frac{1}{2}\varphi(\tilde{w}) + \varphi(\tilde{w}) = (\mathrm{X}_{\partial G}\,\varphi)(\tilde{w}) + \frac{1}{2}\varphi(\tilde{w}).\end{aligned}$$

Analog gilt für $\tilde{w} \in \partial G$ und $w \in \mathbb{C} \backslash \overline{G}$ die Darstellung

$$\begin{aligned}(\mathrm{X}^-_G\,\varphi)(w) &= \frac{1}{2\pi i} \int\limits_{z \in \partial G} \frac{\varphi(z)}{z-w}\,dz = \frac{1}{2\pi i} \int\limits_{z \in \partial G} \frac{\varphi(z)-\varphi(\tilde{w})}{z-w}\,dz + \varphi(\tilde{w}) \frac{1}{2\pi i} \int\limits_{z \in \partial G} \frac{1}{z-w}\,dz \\ &= (\Delta_{\partial G}\,\varphi)(\tilde{w}, w),\end{aligned}$$

woraus wir wiederum mit (45) $X^-_G\varphi \in C^0(\mathbb{C} \backslash G, \mathbb{C}^d)$ erhalten, und (46) liefert schließlich die Gleichung

$$\begin{aligned}(\mathrm{LiX}^-_G\,\varphi)(\tilde{w}) &= \lim_{\substack{w \to \tilde{w} \\ w \in \mathbb{C} \backslash \overline{G}}} (\mathrm{X}^-_G\,\varphi)(w) = (\Delta_{\partial G}\,\varphi)(\tilde{w}, \tilde{w}) = (\Delta^{\times}_{\partial G}\,\varphi)(\tilde{w}) \\ &= (\mathrm{X}_{\partial G}\,\varphi)(\tilde{w}) - \frac{1}{2}\varphi(\tilde{w}).\end{aligned}$$

Q.e.d.

In Kombination der Sätze 20 und 21 zeigen wir abschließend den

Satz 22. *Es seien das reguläre C^1-Gebiet $G \in \mathcal{C}^1$, die ganze holomorphe Vektorfunktion $g \in H^d(\mathbb{C})$ sowie $\alpha \in (0,1]$ beliebig gegeben. Dann sind folgende Aussagen richtig:*

i) Falls $\varphi = \mathrm{Liw}_{\partial G}^{+} f$ die Randfunktion einer holomorphen Innenfunktion

$$f \in H^d(G) \cap C^0(\overline{G})$$

ist, so gilt

$$\mathrm{X}_G^{-} \varphi = 0.$$

ii) Falls $\varphi \in C_\alpha^0(\partial G, \mathbb{C}^d)$ und $\mathrm{X}_G^{-} \varphi = 0$ ist, so gilt

$$\varphi = \mathrm{LiX}_G^{+} \varphi = \mathrm{Liw}_{\partial G}^{+}(\mathrm{X}_G \varphi).$$

Beweis i): Entspricht $\varphi = \mathrm{Liw}_{\partial G}^{+} f$ den Randwerten der holomorphen Innenfunktion f, so liefert der Cauchy'sche Integralsatz

$$(\mathrm{X}_G \varphi)(w) = \frac{1}{2\pi i} \int\limits_{z \in \partial G} \frac{\varphi(z)}{z-w}\, dz = \frac{1}{2\pi i} \int\limits_{z \in \partial G} \frac{f(z)}{z-w}\, dz = 0 \quad \text{für alle } w \in \mathbb{C} \backslash \overline{G},$$

denn für jedes feste $w \in \mathbb{C} \backslash \overline{G}$ ist der Integrand $\frac{f(z)}{z-w}$ holomorph in G. Dies bedeutet

$$\mathrm{X}_G^{-} \varphi = 0.$$

ii): Wenn $\varphi \in C_\alpha^0(\partial G, \mathbb{C}^d)$ und $\mathrm{X}_G^{-} \varphi = 0$, so haben wir insbesondere

$$\mathrm{LiX}_G^{-} \varphi = \mathrm{Liw}_{\partial G}^{-}(\mathrm{X}_G^{-} \varphi) = 0.$$

Mit (43) folgt

$$0 = \mathrm{LiX}_G^{-} \varphi = \mathrm{LiX}_G^{+} \varphi - \varphi,$$

d.h.

$$\varphi = \mathrm{LiX}_G^{+} \varphi = \mathrm{Liw}_{\partial G}^{+}(\mathrm{X}_G \varphi).$$

Q.e.d.

Nach Satz 22 ii) ist eine Hölder-stetige Randfunktion φ dann Randfunktion einer holomorphen Innenfunktion, wenn ihr äußeres Cauchy-Integral identisch verschwindet.

2 Spezielle Betrachtungen zu Fredholm-Gleichungen

Gegenstand dieses Kapitels ist ein Auflösungssatz in Form einer Fredholm'schen Alternative für Gleichungen der Form

$$(I - L)x = y,$$

für gewisse lineare Operatoren L auf komplexen Banachräumen $(B, \|\cdot\|)$ mit einer symmetrischen Bilinearform b als zusätzlicher Struktur. Einen solchen Satz benötigen wir zur

Lösung komplexer Integralgleichungssysteme zweiter Art auf Kurven in der komplexen Ebene. Derartige Integralgleichungssysteme werden im Kapitel 3 bei der Behandlung des Hilbert-Plemelj-Problems auftreten. Aus diesen Erfordernissen ist das vorliegende Kapitel entstanden, inspiriert durch das dritte Kapitel im Buch [CH].

Der Abschnitt 2.1 behandelt zunächst einen abstrakten Satz über die Berechnung reziproker Elemente in sogenannten Banachalgebren durch die geometrische oder auch Neumann'sche Reihe. In der Tat gilt dort für Elemente u mit $\|u\| < 1$ die geometrische Identität

$$(e-u)^{-1} = \sum_{k=0}^{\infty} u^k,$$

wie wir sie bereits für Punkte $u = z \in \mathbb{C}$ in der komplexen Ebene kennen. Solche Sätze findet man in den meisten Büchern über Funktionalanalysis, z.B. [Heu]. Diesen wenden wir im Abschnitt 2.2 an auf lineare beschränkte Operatoren in Banachräumen mit einer Operatornorm < 1. In Abschnitt 2.4 übertragen wir den aus dem $\mathbb{C}^N$ bekannten Auflösungssatz auf Vektorräume V mit einer symmetischen Bilinearform b als zusätzlicher algebraischer Struktur. Genauer erhalten wir ein Auflösungskriterium für Operatoren $I - L\colon V \longrightarrow V$, wobei L folgende Form hat:

$$Lu = \sum_{k=1}^{N} b(p_k, u) \cdot q_k,$$

mit festen Elementen $p_1, \ldots, p_N, q_1, \ldots, q_N \in V$. Im Abschnitt 2.5 schlagen wir die Brücke zwischen algebraischer und analytischer Methode und zeigen einen Auflösungssatz für Operatoren $I - L$, für gewisse Operatoren L auf komplexen Banachräumen mit symmetrischer Bilinearform, welche wir geometrisch kompakt nennen (Satz 39). Schließlich wenden wir diesen abstrakten Satz im letzten Abschnitt 2.6 auf komplexe Integralgleichungssysteme zweiter Art an und leiten die Sätze 45 und 46 ab, die in Kapitel 3 eine fundamentale Rolle spielen.

2.1 Auflösungssatz in komplexen Banachalgebren

Definition 23. *Sei $(A, \|\cdot\|)$ ein komplexer Banachraum, der mit einer weiteren binären Operation*

$$\circ : \; A \times A \longrightarrow A$$

(Multiplikation) ausgestattet ist. Diese sei assoziativ und sowohl mit der Vektorraumstruktur von A als auch mit der Norm $\|\cdot\|$ verträglich. Dies bedeutet, dass $\circ$ folgenden Gesetzen gehorche:

i) $u \circ (v \circ w) = (u \circ v) \circ w,$

ii) $u \circ (v + w) = u \circ v + u \circ w$ *und* $(u + v) \circ w = u \circ w + v \circ w,$

iii) $(\lambda \cdot u) \circ (\mu \cdot v) = (\lambda\mu) \cdot (u \circ v),$

iv) $\|u \circ v\| \leq \|u\|\|v\|.$

Dabei sind $u, v, w \in A$ und $\lambda, \mu \in \mathbb{C}$ beliebige Elemente. (Wir beachten, dass $\circ$ nicht notwendig kommutativ zu sein braucht.) Ferner möge es ein neutrales Element $e \in A$ (Einselement) geben, so dass

v) $u \circ e = u = e \circ u$ für alle $u \in A$

richtig ist. Unter diesen Bedingungen nennen wir die Struktur $(A, \|\cdot\|, \circ)$ eine Banachalgebra. Wie allgemein üblich werden wir den Multiplikationspunkt in Zukunft weglassen, sowohl bei der skalaren $\cdot$ als auch der Vektormultiplikation $\circ$, und einfach λu und uv anstelle von $\lambda \cdot u$ bzw. $u \circ v$ schreiben.

Bemerkungen: Das Einselement ist eindeutig bestimmt. Sind nämlich $e_1, e_2 \in A$ mit Eigenschaft v), so folgt sofort

$$e_1 = e_1 e_2 = e_2 e_1 = e_2.$$

Ferner gilt in einer Banachalgebra stets $\|e\| \geq 1$, denn wäre $\|e\| < 1$, so folgte

$$\|e\| = \|ee\| \leq \|e\|\|e\| < \|e\|.$$

Außerdem ist die Multiplikation in einer Banachalgebra stetig. Haben wir nämlich konvergente Folgen $(u_k)_{k\in\mathbb{N}}, (v_k)_{k\in\mathbb{N}} \in \mathrm{Abb}(\mathbb{N}, A)$ mit $u_k \to u \in A$ und $v_k \to v \in A$ $(k \to \infty)$, so folgt für $k \to \infty$ das Grenzverhalten

$$0 \leq \|u_k v_k - uv\| \leq \|u_k v_k - uv_k\| + \|uv_k - uv\| \leq \|u_k - u\|\|v_k\| + \|u\|\|v_k - v\| \to 0,$$

d.h.

$$u_k v_k \to uv \ (k \to \infty).$$

Dabei beachten wir die Beschränktheit der konvergenten Folge $(v_k)_{k\in\mathbb{N}}$.

Wegen der Assoziativität von $\circ$ können wir in Banachalgebren nichtnegative ganze Potenzen einführen. Für beliebiges $u \in A$ setzen wir in natürlicher Weise

$$u^0 := e \quad \text{und} \quad u^{k+1} := uu^k, \ k \in \mathbb{N}_0.$$

Dann gilt wegen iv) aus Definition 23 offenbar

$$\|u^k\| \leq \|u\|^k \quad \text{für alle } u \in A \text{ und alle } k \in \mathbb{N}_0.$$

Wir betrachten nun (einfache) Potenzreihen in Banachalgebren. Dazu übertragen wir leicht die Erkenntnisse aus Abschnitt 1.1, sowie die Schreibweise aus Definition 3 auf diese abstrakte Situation:

Satz 24. *Wenn $(A, \|\cdot\|, \circ)$ eine Banachalgebra und $a \in \mathcal{R}^1$ eine komplexe Zahlenfolge mit assoziiertem Konvergenzradius $\varrho(a) > 0$ gemäß Definition 3 bezeichnen, so gilt für alle $u \in A$ mit $\|u\| < \varrho(a)$ die Relation*

$$\sum_{k=0}^{\infty} a_k u^k := \lim_{n\to\infty} \sum_{k=0}^{n} a_k u^k \in A.$$

Beweis: Wenn $u \in A$ und $\|u\| < \varrho(a)$ ist, so gibt es eine reelle Zahl $r \in (\|u\|, \varrho(a))$. Implikation (6) liefert $r \in R(a)$, mit $R(a)$ aus (3). Es gibt also eine Konstante $M \in [0, +\infty)$, so dass für alle $k \in \mathbb{N}_0$ die Abschätzung

$$|a_k| r^k \leq M$$

gilt. Seien nun für $\nu \in \mathbb{N}_0$ die Elemente

$$p_\nu := \sum_{k=0}^{\nu} a_k w^k \in A$$

erklärt, welche uns eine Folge $p = (p_\nu)_{\nu \in \mathbb{N}_0} \in \mathrm{Abb}(\mathbb{N}_0, A)$ liefern. Setzen wir

$$s := \frac{\|u\|}{r},$$

so gilt $\|u\| = rs$ und wir schätzen für beliebige Indizes $\mu, \nu \in \mathbb{N}_0$ mit $\mu < \nu$ folgendermaßen ab:

$$\begin{aligned}
\|p_\nu - p_\mu\| &= \left\| \sum_{k=\mu+1}^{\nu} a_k u^k \right\| \leq \sum_{k=\mu+1}^{\nu} \|a_k u^k\| \leq \sum_{k=\mu+1}^{\nu} |a_k| \|u\|^k = \sum_{k=\mu+1}^{\nu} |a_k| (rs)^k \\
&= \sum_{k=\mu+1}^{\nu} |a_k| r^k s^k \leq \sum_{k=\mu+1}^{\nu} M s^k = M \left[\sum_{k=0}^{\nu} s^k - \sum_{k=0}^{\mu} s^k \right] \\
&= M \left[\frac{1 - s^{\nu+1}}{1-s} - \frac{1 - s^{\mu+1}}{1-s} \right] = M \frac{s^{\mu+1} - s^{\nu+1}}{1-s}.
\end{aligned}$$

Wir beachten $s \in [0, 1)$ und identifizieren p somit als Cauchyfolge. Der Vollständigkeit des Banachraums $(A, \|\cdot\|)$ entnehmen wir das Grenzelement

$$\lim_{\nu \to \infty} p_\nu = \lim_{\nu \to \infty} \sum_{k=0}^{\nu} a_k u^k = \sum_{k=0}^{\infty} a_k u^k \in A.$$

Q.e.d.

Definition 25. *Sei $(A, \|\cdot\|, \circ)$ eine Banachalgebra. Wir nennen das Element $v \in A$ reziprok zu $u \in A$, falls*

$$uv = e = vu$$

richtig ist.

Man überlegt sich, dass das reziproke Element zu $u \in A$ im Falle der Existenz eindeutig bestimmt ist: Wenn $v_1, v_2 \in A$ mit $uv_1 = e = v_1 u$ und $uv_2 = e = v_2 u$, so folgt

$$v_1 = ev_1 = v_2 u v_1 = v_2 e = v_2.$$

Wir bezeichnen dann das reziproke des Elements $u \in A$ im Falle der Existenz wie üblich mit u^{-1}.

Mit der auf u angewandten geometrischen Reihe

$$\mathcal{G}_u = \mathcal{G}(u) := \sum_{k=0}^{\infty} u^k \tag{47}$$

haben wir folgende Aussage über die Existenz reziproker Elemente in Banachalgebren:

Satz 26. *Es sei $(A, \|\cdot\|, \circ)$ eine Banachalgebra. Dann existiert für alle $u \in A$ mit $\|u\| < 1$ das reziproke Element $(e-u)^{-1} \in A$ und wir haben die Darstellung*

$$(e-u)^{-1} = \mathcal{G}_u = \sum_{k=0}^{\infty} u^k \in A.$$

Beweis: Für die Koeffizientenfolge $g := (1)_{k\in\mathbb{N}_0}$ der geometrischen Reihe G aus (47) gilt offenbar $R(g) = [0,1]$ bzw.

$$\varrho(g) = \sup R(g) = 1.$$

Wenn also $u \in A$ und $\|u\| < 1$ ist, so liefert Satz 24 die Relation

$$\mathcal{G}_u = \sum_{k=0}^{\infty} u^k \in A.$$

Wir berechnen

$$\begin{aligned} u\mathcal{G}_u &= u \lim_{n\to\infty} \sum_{k=0}^{n} u^k = \lim_{n\to\infty} u \sum_{k=0}^{n} u^k = \lim_{n\to\infty} \sum_{k=0}^{n} u^{k+1} = \lim_{n\to\infty} \sum_{k=1}^{n+1} u^k \\ &= \lim_{n\to\infty} \left(-e + \sum_{k=0}^{n+1} u^k \right) = -e + \mathcal{G}_u, \end{aligned}$$

sowie völlig analog $\mathcal{G}_u\, u = -e + \mathcal{G}_u$, und damit

$$(e-u)\mathcal{G}_u = e\mathcal{G}_u - u\mathcal{G}_u = \mathcal{G}_u - \big[-e + \mathcal{G}_u\big] = e,$$

sowie

$$\mathcal{G}_u\,(e-u) = \mathcal{G}_u\, e - \mathcal{G}_u\, u = \mathcal{G}_u - \big[-e + \mathcal{G}_u\big] = e.$$

Q.e.d.

2.2 Die Banachalgebra Bnd(B)

Bedeuten V und W Vektorräume, so bezeichnen wir

$$\mathrm{Hom}(V,W) := \big\{ f\colon V \longrightarrow W :\ f \text{ ist linear} \big\}$$

und

$$\mathrm{End}(V) := \mathrm{Hom}(V,V).$$

Definition 27. *Sei $(B, \|\cdot\|_B)$ ein komplexer Banachraum. Wir nennen einen linearen Operator $L \in \mathrm{End}(B)$ beschränkt, falls es eine Konstante $M \in [0,+\infty)$ gibt, so dass*

$$\|Lx\|_B \le M\|x\|_B \quad \textit{für alle } x \in B$$

richtig ist. Dann bezeichne

$$\mathrm{Bnd}(B) := \big\{ L \in \mathrm{End}(B) :\ L \textit{ ist beschränkt} \big\}$$

die Menge der beschränkten (und stetigen) linearen Operatoren auf B und

$$\|L\|_{\mathrm{Bnd}(B)} := \sup_{\substack{x \in B \\ \|x\|_B = 1}} \|Lx\|_B \tag{48}$$

die assoziierte Norm des Operators $L \in \mathrm{Bnd}(B)$.

Mit den Operationen

$$(K + L)x := Kx + Lx, \quad x \in B,$$

und

$$(\lambda \cdot L)x := \lambda \cdot Lx, \quad x \in B,$$

wird $\mathrm{Bnd}(B)$ zunächst offenbar ein linearer Raum. Aus der Tatsache, dass $\|\cdot\|_B$ eine Norm auf B darstellt, folgen die Normeigenschaften auch für $\|\cdot\|_{\mathrm{Bnd}(B)}$ auf $\mathrm{Bnd}(B)$, wie in obiger Definition bereits angedeutet. Damit wird letzterer schon einmal zu einem normierten Raum im üblichen Sinne. Sei nun $(L_n)_{n\in\mathbb{N}}$ eine Cauchy-Folge von Operatoren in $\mathrm{Bnd}(B)$ bezüglich $\|\cdot\|_{\mathrm{Bnd}(B)}$. Dann haben wir

$$\lim_{(m,n)\to\infty} \|L_n - L_m\|_{\mathrm{Bnd}(B)} = 0,$$

und mit

$$\|(L_n - L_m)x\|_B \leq \|(L_n - L_m)\|_{\mathrm{Bnd}(B)} \|x\|_B \quad \text{für alle } m, n \in \mathbb{N} \text{ und alle } x \in B$$

folgt

$$\lim_{(m,n)\to\infty} \|L_n x - L_m x\|_B = 0 \quad \text{für alle } x \in B,$$

und es ist für jedes feste $x \in B$ die Folge $(L_n x)_{n\in\mathbb{N}} \in \mathrm{Abb}(\mathbb{N}, B)$ eine Cauchyfolge in B. Wegen der Vollständigkeit von $(B, \|\cdot\|_B)$ gilt $\lim_{n\to\infty}(L_n x) \in B$ und wir können den Grenzoperator $\lim_{n\to\infty} L_n$ punktweise erklären:

$$\left(\lim_{n\to\infty} L_n\right) x := \lim_{n\to\infty} (L_n x) \in B, \quad x \in B.$$

Durch die Linearität des Limes ist

$$L := \lim_{n\to\infty} L_n \colon B \longrightarrow B$$

wieder linear, d.h. $L \in \mathrm{End}(B)$. Nun ist $(L_n)_{n\in\mathbb{N}}$ als Cauchy-Folge in $\mathrm{Bnd}(B)$ beschränkt, das heißt, es gibt eine Konstante $M \in [0, +\infty)$, so dass

$$\|L_n\|_{\mathrm{Bnd}(B)} \leq M \quad \text{für alle } n \in \mathbb{N}.$$

Damit gilt für jedes feste $x^* \in B$ mit $\|x^*\|_B = 1$ die Ungleichung

$$\|L_n x^*\|_B \leq \|L_n\|_{\mathrm{Bnd}(B)} \|x^*\|_B \leq M \quad \text{für alle } n \in \mathbb{N}.$$

Es folgt daraus

$$\left\|\lim_{n\to\infty} (L_n x^*)\right\| = \|Lx^*\|_B \leq M,$$

und damit
$$\|L\|_{\mathrm{Bnd}(B)} \leq M.$$
Somit ist $L = \lim_{n\to\infty} L_n \in \mathrm{Bnd}(B)$, also $(\mathrm{Bnd}(B), \|\cdot\|_{\mathrm{Bnd}(B)})$ vollständig, d.h. ein Banachraum. Wir werden in Zukunft den spezifizierenden Index für die Norm weglassen (wie wir das bei $+$ und $\cdot$ ohnehin tun) und das Symbol $\|\cdot\|$ dann stets im jeweiligen Zusammenhang verstehen.

Für zwei Operatoren $K, L \in \mathrm{Bnd}(B)$ erklären wir deren Produkt-Operator $KL = K \circ L$ durch die Hintereinanderausführung
$$(KL)x := (K \circ L)x := K(Lx), \quad x \in B.$$
Offenbar ist $KL \in \mathrm{End}(B)$. Außerdem gilt
$$\|(KL)x\| = \|K(Lx)\| \leq \|K\|\|Lx\| \leq \|K\|\|L\|\|x\| \quad \text{für alle } x \in B,$$
das heißt, KL ist beschränkt, also $KL \in \mathrm{Bnd}(B)$ mit
$$\|KL\| \leq \|K\|\|L\|.$$
Es ist also
$$\circ\colon \mathrm{Bnd}(B) \times \mathrm{Bnd}(B) \longrightarrow \mathrm{Bnd}(B)$$
eine binäre Operation auf dem Banachraum $\mathrm{Bnd}(B)$, die, wie man sofort bestätigt, den Bedingungen i), ii), iii) und iv) aus Definition 23 genügt. Erklären wir noch durch
$$Ix := x, \quad x \in B, \tag{49}$$
den identischen Operator, der offenbar $I \in \mathrm{Bnd}(B)$ sowie
$$KI = K = IK \quad \text{für alle } K \in \mathrm{Bnd}(B)$$
erfüllt, so wird $(\mathrm{Bnd}(B), \|\cdot\|, \circ)$ gemäß Definition 23 zu einer Banachalgebra mit Einselement $e = I$. In Anwendung des abstrakten Satzes 26 auf die konkrete Banachalgebra $\mathrm{Bnd}(B)$ erhalten wir unmittelbar den

Satz 28. (Auflösungssatz für $I - L$ mit $\|L\| < 1$) *Wenn $L \in \mathrm{Bnd}(B)$ und $\|L\| < 1$, so ist der assoziierte Fredholm-Operator $I - L \in \mathrm{Bnd}(B)$ bijektiv mit dem inversen Operator*
$$(I - L)^{-1} = \mathcal{G}_L = \sum_{k=0}^{\infty} L^k \in \mathrm{Bnd}(B).$$

2.3 Ein Auflösbarkeitssatz im $\mathbb{C}^N$

Für eine lineare Abbildung $L \in \mathrm{Hom}(V, W)$ zwischen den Vektorräumen V und W bezeichnen wir die Untervektorräume
$$\mathrm{Kern}\, L := \{x \in V : \ Lx = 0\} \quad \text{und} \quad \mathrm{Bild}\, L := \{Lx \in W : \ x \in V\}.$$

L ist genau dann injektiv, wenn $\operatorname{Kern} L = \{0\}$, L ist genau dann surjektiv, wenn $\operatorname{Bild} L = W$. Für eine injektive lineare Abbildung $K \in \operatorname{Hom}(W, X)$ von W in den Vektorraum X ist die Kombination $KL \in \operatorname{Hom}(V, X)$ offenbar kernerhaltend, d.h.

$$\operatorname{Kern}(KL) = \operatorname{Kern} L,$$

für eine surjektive lineare Abbildung $K \in \operatorname{Hom}(U, V)$ vom Vektorraum U nach V ist die Kombination $LK \in \operatorname{Hom}(U, W)$ bilderhaltend, also

$$\operatorname{Bild}(LK) = \operatorname{Bild} L.$$

In diesem Abschnitt seien $V = W = \mathbb{C}^N$, mit einer Zahl $N \in \mathbb{N}$. Dann ist der Raum $\operatorname{End}(\mathbb{C}^N)$ der linearen Operatoren auf $\mathbb{C}^N$ kanonisch isomorph zum Raum der komplexen $N \times N$-Matrizen, also

$$\operatorname{End}(\mathbb{C}^N) \cong \mathbb{C}^{N \times N}.$$

Wir wollen einen Auflösungssatz im $\mathbb{C}^N$ behandeln. Dies gelingt mit rein algebraischen Hilfsmitteln, somit brauchen wir in diesem Abschnitt keine Norm. Wir führen für eine Matrix $L \in \mathbb{C}^{N \times N}$ noch die Menge

$$\operatorname{CoBild} L := \left\{ y \in \mathbb{C}^N : \; x^T y = 0 \text{ für alle } x \in \operatorname{Kern} L \right\} \tag{50}$$

ein. Dabei bezeichnet $x^T y$ das Produkt aus Zeilen- und Spaltenvektor

$$x^T y := \sum_{k=1}^{N} x_k y_k, \quad x, y \in \mathbb{C}^N,$$

welches im $\mathbb{C}^N$ jedoch kein Skalarprodukt erzeugt. Offenbar ist $\operatorname{CoBild} L$ stets ein Unterraum von $\mathbb{C}^N$.

Satz 29. (Auflösbarkeitssatz im $\mathbb{C}^N$) *Sei $S = (s_{ij})_{i,j=1,\ldots,N} \in \mathbb{C}^{N \times N}$ eine komplexe $N \times N$-Matrix mit der Transponierten $S^T = (s_{ji})_{i,j=1,\ldots,N} \in \mathbb{C}^{N \times N}$. Dann gelten*

$$\dim(\operatorname{Kern} S) = \dim(\operatorname{Kern} S^T) \in \{0, \ldots, N\}$$

und

$$\operatorname{Bild} S = \operatorname{CoBild} S^T. \tag{51}$$

Beweis: Bekanntlich sind Zeilen- und Spaltenrang einer Matrix gleich, wenn deren Einträge Elemente eines kommutativen Körpers sind. Damit haben wir

$$\dim(\operatorname{Bild} S) = \operatorname{Rang} S = \operatorname{Rang} S^T = \dim(\operatorname{Bild} S^T),$$

und mit der Dimensionsformel folgt

$$\dim(\operatorname{Kern} S) = N - \dim(\operatorname{Bild} S) = N - \dim(\operatorname{Bild} S^T) = \dim(\operatorname{Kern} S^T).$$

Zum Beweis von (51) zeigen wir zunächst die Inklusion $\subseteq$: Wir betrachten ein beliebiges $y \in \operatorname{Bild} S$. Dann gibt es ein $\tilde{x} \in \mathbb{C}^N$ mit $y = S\tilde{x}$, und es folgt

$$x^T y = y^T x = (S\tilde{x})^T x = \tilde{x}^T S^T x = \tilde{x}^T 0 = 0 \quad \text{für alle } x \in \operatorname{Kern} S^T.$$

Dies bedeutet $y \in \operatorname{CoBild} S^T$. Es gilt also schon $\operatorname{Bild} S \subseteq \operatorname{CoBild} S^T$. Wir zeigen, dass ferner die Dimensionen Der Räume $\operatorname{Bild} S$ und $\operatorname{CoBild} S^T$ übereinstimmen, womit sich schließlich die Identität (51) ergibt: Seien dazu

$$m := \dim(\operatorname{Kern} S^T) \in \{1, \ldots, N\}$$

und m linear unabhängige Vektoren

$$x^{(1)}, \ldots, x^{(m)} \in \operatorname{Kern} S^T,$$

die zusammen eine Basis von $\operatorname{Kern} S^T$ bilden. (Im Fall $m = 0$ haben wir sofort $\operatorname{Bild} S = \mathbb{C}^N = \operatorname{CoBild} S^T$.) Erklären wir nun die Matrix

$$X := \begin{pmatrix} \left(x^{(1)}\right)^T \\ \vdots \\ \left(x^{(m)}\right)^T \end{pmatrix} = \begin{pmatrix} x_1^{(1)} & \cdots & x_N^{(1)} \\ \vdots & & \vdots \\ x_1^{(m)} & \cdots & x_N^{(m)} \end{pmatrix} \in \mathbb{C}^{m \times N},$$

so ist offenbar

$$\begin{aligned} \operatorname{CoBild} S^T &= \left\{ y \in \mathbb{C}^N : \left(x^{(k)}\right)^T y = 0 \text{ für alle } k = 1, \ldots, m \right\} = \left\{ y \in \mathbb{C}^N : Xy = 0 \right\} \\ &= \operatorname{Kern} X. \end{aligned}$$

Da die Zeilen von X linear unabhängig sind, hat X den vollen Rang, also

$$\dim(\operatorname{Bild} X) = \operatorname{Rang} X = m = \dim(\operatorname{Kern} S^T) = \dim(\operatorname{Kern} S).$$

Aus der Dimensionsformel erhalten wir

$$\begin{aligned} \dim(\operatorname{CoBild} S^T) &= \dim(\operatorname{Kern} X) = N - \dim(\operatorname{Bild} X) = N - \dim(\operatorname{Kern} S) \\ &= \dim(\operatorname{Bild} S). \end{aligned}$$

Q.e.d.

2.4 Auflösung von Operatoren der Form $I - Qb(P, I)$

Sei V ein abstrakter $\mathbb{C}$-Vektorraum. Für den linearen Operator $L \in \operatorname{End}(V)$ und den Vektor $v \in V$ sei die Lösungsmenge der Gleichung $Lu = v$ als

$$\operatorname{Lös}(L, v) := \left\{ u \in V : Lu = v \right\} \subseteq V \tag{52}$$

erklärt. Wir bemerken

$$\operatorname{Lös}(L, v) \neq \varnothing \quad \Longleftrightarrow \quad v \in \operatorname{Bild} L$$

und

$$\operatorname{Lös}(L, 0) = \operatorname{Kern} L.$$

Seien nun zur Zahl $N \in \mathbb{N}$ zwei lineare Abbildungen

$$D \in \operatorname{Hom}(\mathbb{C}^N, V) \quad \text{und} \quad E \in \operatorname{Hom}(V, \mathbb{C}^N)$$

gegeben. Dann erhalten wir durch die Kombination

$$DE = D \circ E \in \text{Hom}(V, V) = \text{End}(V)$$

einen linearen Operator auf V, und durch die Kombination

$$ED = E \circ D \in \text{Hom}(\mathbb{C}^N, \mathbb{C}^N) = \text{End}(\mathbb{C}^N) \cong \mathbb{C}^{N \times N}$$

die $N \times N$-Matrix

$$ED = \left(EDe^{(1)}, \ldots, EDe^{(N)}\right) \in \mathbb{C}^{N \times N},$$

wobei $e^{(k)}$ den k-ten Einheitsvektor

$$e^{(k)} = (\delta_{1k}, \ldots, \delta_{Nk})^T \in \mathbb{C}^N, \quad k = 1, \ldots, N,$$

bezeichnet. Wir zeigen nun folgenden Auflösungssatz für Operatoren der Form $(I - DE)$:

Satz 30. *Seien $D \in \text{Hom}(\mathbb{C}^N, V)$, $E \in \text{Hom}(V, \mathbb{C}^N)$ und $v \in V$ beliebig. Ferner bezeichnen $I \in \text{End}(V)$ die Identität auf V sowie*

$$\mathbb{I}_N := (\delta_{ij})_{i,j=1,\ldots,N} \in \mathbb{C}^{N \times N}$$

die $N \times N$-Einheitsmatrix. Dann sind folgende Aussagen richtig:

i) Für alle u gilt die Implikation

$$u \in \text{Lös}(I - DE, v) \quad \Longrightarrow \quad Eu \in \text{Lös}(\mathbb{I}_N - ED, Ev).$$

ii) Für alle x gilt die Implikation

$$x \in \text{Lös}(\mathbb{I}_N - ED, Ev) \quad \Longrightarrow \quad v + Dx \in \text{Lös}(I - DE, v).$$

iii) Der Unterraum $\text{Kern}(I - DE)$ *ist endlichdimensional mit der Dimension*

$$\dim\left[\text{Kern}(I - DE)\right] = \dim\left[\text{Kern}(\mathbb{I}_N - ED)\right] \in \{0, \ldots, N\}.$$

Beweis i): Wenn $u \in \text{Lös}(I - DE, v)$, dann $v = (I - DE)u$, also

$$Ev = E(I - DE)u = EIu - EDEu = (Eu) - ED(Eu) = (\mathbb{I}_N - ED)Eu,$$

das heißt $Eu \in \text{Lös}(\mathbb{I}_N - ED, Ev)$.

ii): Gilt andersherum für den komplexen Vektor $x \in \mathbb{C}^N$ die Relation

$$x \in \text{Lös}(\mathbb{I}_N - ED, Ev),$$

so folgt

$$Ev = (\mathbb{I}_N - ED)x = x - EDx,$$

also

$$x = Ev + EDx = E(v + Dx)$$

und damit

$$v = v + Dx - Dx = (v + Dx) - DE(v + Dx) = (I - DE)(v + Dx),$$

was wiederum $v + Dx \in \text{Lös}(I - DE, v)$ bedeutet.

iii): Wenn

$$u \in \text{Kern}(I - DE) = \text{Lös}(I - DE, 0),$$

so folgt mit i) die Relation

$$Eu \in \text{Lös}(\mathbb{I}_N - ED, E0) = \text{Lös}(\mathbb{I}_N - ED, 0) = \text{Kern}(\mathbb{I}_N - ED).$$

Nun gelten

$$DEu = u \quad \text{für alle } u \in \text{Kern}(I - DE),$$

woraus unmittelbar die Eineindeutigkeit von E auf dem Raum $\text{Kern}(I - DE)$ folgt, sowie

$$EDx = x \quad \text{für alle } x \in \text{Kern}(\mathbb{I}_N - ED),$$

womit wir die Surjektivität von E in $\text{Kern}(\mathbb{I}_N - ED)$ erhalten. Es ist demnach

$$E\colon \text{Kern}(I - DE) \longrightarrow \text{Kern}(\mathbb{I}_N - ED)$$

isomorph, mit der Umkehrabbildung D. Daraus ergibt sich insbesondere die Gleichheit ihrer Dimensionen. Q.e.d.

Wir können also die Lösung einer Operatorgleichung der Form $(I - DE)u = v$ auf die Lösung eines linearen Gleichungssystems reduzieren. In der Tat erhalten wir mit Satz 30 i) und ii) die Identität

$$\text{Lös}(I - DE, v) = \Big\{ v + Dx : \; x \in \text{Lös}(\mathbb{I}_N - ED, Ev) \Big\}. \tag{53}$$

Wir betrachten nun bestimmte Abbildungen $D \in \text{Hom}(\mathbb{C}^N, V)$ und $E \in \text{Hom}(V, \mathbb{C}^N)$: Zum N-Tupel von V-Vektoren $P := (p_1, \ldots, p_N) \in V^N$ und zum (Spalten-)Vektor $x = (x_1, \ldots, x_N)^T \in \mathbb{C}^N$ definieren wir das Produkt

$$Px := \sum_{k=1}^{N} x_k p_k \in V, \tag{54}$$

also die Linearkombination der Vektoren in P mit den Koeffizienten aus x. Wir erhalten dann auf natürliche Weise für festes $P \in V^N$ durch die Zuordnung

$$x \mapsto Px, \quad x \in \mathbb{C}^N,$$

eine lineare Abbildung : $\mathbb{C}^N \longrightarrow V$, die wir gleichfalls mit P bezeichnen wollen, d.h.

$$P \in \text{Hom}\big(\mathbb{C}^N, V\big).$$

Wir identifizieren also das N-Tupel $P \in V^N$ und die Abbildung $P \in \text{Hom}(\mathbb{C}^N, V)$, die durch (54) erzeugt wird.

Sei nun der $\mathbb{C}$-Vektorraum V zusätzlich mit einer symmetrischen Bilinearform

$$b\colon V \times V \longrightarrow \mathbb{C}$$

ausgestattet. Dann erklären wir für das Tupel $P \in V^N$ und für $v \in V$ das Symbol $b(P, v)$ als den (Spalten-)Vektor

$$b(P, v) := \big(b(p_1, v), \ldots, b(p_N, v)\big)^T \in \mathbb{C}^N. \tag{55}$$

Für ein festes N-Tupel $P \in V^N$ und eine feste lineare Abbildung $L \in \mathrm{Hom}(U, V)$ erhalten wir mit der Zuordnung

$$u \mapsto b(P, Lu)$$

eine lineare Abbildung : $U \longrightarrow \mathbb{C}^N$, die wir mit dem Symbol $b(P, L)$ bezeichnen wollen. Es ist also

$$b(P, L) \in \mathrm{Hom}(U, \mathbb{C}^N),$$

mit

$$b(P, L)u = b(P, Lu) = \big(b(p_1, Lu), \ldots, b(p_N, Lu)\big)^T, \quad u \in U. \tag{56}$$

Offenbar gilt

$$b(P, L) = b(P, I)L.$$

Wenn nun $P, Q \in V^N$ zwei N-Tupel von V-Vektoren sind, so erhalten wir in Kombination von (54), (55) und (56) die Abbildungen $Qb(P, I)$ und $b(P, I)Q = b(P, Q)$ mit

$$Qb(P, I)v = Qb(P, v) = \sum_{k=1}^{N} b(p_k, v)q_k \in V, \quad v \in V, \tag{57}$$

und

$$\begin{aligned} b(P, I)Qx = b(P, Q)x = b(P, Qx) &= b\Big(P, \sum_{k=1}^{N} x_k q_k\Big) = \sum_{k=1}^{N} x_k b(P, q_k) \\ &= \begin{pmatrix} b(p_1, q_1) & \cdots & b(p_1, q_N) \\ \vdots & \ddots & \vdots \\ b(p_N, q_1) & \cdots & b(p_N, q_N) \end{pmatrix} \begin{pmatrix} x_1 \\ \vdots \\ x_N \end{pmatrix} \in \mathbb{C}^N, \quad x \in \mathbb{C}^N. \end{aligned}$$

Hinter der Kombination $b(P, I)Q$ verbirgt sich demnach die Matrix

$$b(P, I)Q = b(P, Q) = \begin{pmatrix} b(p_1, q_1) & \cdots & b(p_1, q_N) \\ \vdots & \ddots & \vdots \\ b(p_N, q_1) & \cdots & b(p_N, q_N) \end{pmatrix}. \tag{58}$$

Damit haben wir

$$Qb(P, I) \in \mathrm{Hom}(V, V) = \mathrm{End}(V)$$

und

$$b(P, Q) = b(P, I)Q \in \mathrm{Hom}(\mathbb{C}^N, \mathbb{C}^N) = \mathrm{End}(\mathbb{C}^N) \cong \mathbb{C}^{N \times N}.$$

Wegen der Symmetrie der Bilinearform b gilt für alle $P, Q \in V^N$ die Beziehung

$$b(P,Q) = b(Q,P)^T. \tag{59}$$

Als Spezifizierung von Satz 30 mit

$$D := Q \in \mathrm{Hom}(\mathbb{C}^N, V) \quad \text{und} \quad E := b(P,I) \in \mathrm{Hom}(V, \mathbb{C}^N)$$

erhalten wir unmittelbar den

Satz 31. (Auflösung von $I - Qb(P,I)$) *Seien $P, Q \in V^N$ zwei N-Tupel von Vektoren aus V und $v \in V$ beliebig. Dann gelten die Aussagen*

i) Für alle u gilt

$$u \in \text{Lös}\big[I - Qb(P,I), v\big] \quad \Longrightarrow \quad b(P,u) \in \text{Lös}\big[\mathbb{I}_N - b(P,Q), b(P,v)\big].$$

ii) Für alle x gilt

$$x \in \text{Lös}\big[\mathbb{I}_N - b(P,Q), b(P,v)\big] \quad \Longrightarrow \quad v + Qx \in \text{Lös}\big[I - Qb(P,I), v\big].$$

iii) Der Raum $\mathrm{Kern}[I - Qb(P,I)]$ *ist endlichdimensional mit*

$$\dim\big[\mathrm{Kern}\big(I - Qb(P,I)\big)\big] = \dim\big[\mathrm{Kern}\big(\mathbb{I}_N - b(P,Q)\big)\big] \in \{0, \ldots, N\}.$$

Wir wollen nun ein Kriterium für die Lösbarkeit jener Gleichung

$$[I - Qb(P,I)]u = v$$

zur Verfügung stellen. Dazu beginnen wir mit der

Definition 32. *Sei (V,b) ein $\mathbb{C}$-Vektorraum mit symmetrischer Bilinearform b. Für einen linearen Operator $L \in \mathrm{End}(V)$ definieren wir die Menge*

$$\mathrm{CoBild}_b\, L := \Big\{ v \in V : \ b(u,v) = 0 \ \textit{für alle } u \in \mathrm{Kern}\, L \Big\}. \tag{60}$$

Seien $L, L' \in \mathrm{End}(V)$ zwei Operatoren auf V. Dann nennen wir das Paar $(L, L') \in \mathrm{End}(V) \times \mathrm{End}(V)$ b-adjungiert, falls

$$b(Lu, v) = b(u, L'v) \quad \textit{für alle } u, v \in V. \tag{61}$$

Offenbar bildet $\mathrm{CoBild}_b\, L \subseteq V$ stets einen Untervektorraum. Im Fall $V = \mathbb{C}^N$ und $b(x,y) = x^T y$ ist $\mathrm{CoBild}_b\, L = \mathrm{CoBild}\, L$ (vgl. (50)). Weiterhin sind stets die Implikationen

$$\mathrm{Kern}\, L = \{0\} \quad \Longrightarrow \quad \mathrm{CoBild}_b\, L = V$$

und

$$\mathrm{Kern}\, K = \mathrm{Kern}\, L \quad \Longrightarrow \quad \mathrm{CoBild}_b\, K = \mathrm{CoBild}_b\, L$$

richtig.

Satz 33. *Seien* $L, L' \in \operatorname{End}(V)$ *lineare Operatoren auf* (V, b) *derart, dass* (L, L') *b-adjungiert ist. Seien ferner zwei N-Tupel* $P, Q \in V^N$ *beliebig gegeben. Dann sind folgende Aussagen richtig:*

i) Es gilt $\operatorname{Bild} L \subseteq \operatorname{CoBild}_b L'$.

ii) Es ist (L', L) *b-adjungiert. Die b-Adjungationsrelation ist also symmetrisch.*

iii) Sind L, L' *beide bijektiv mit den Inversen* L^{-1}, L'^{-1}, *so ist* (L^{-1}, L'^{-1}) *b-adjungiert.*

iv) Bezeichnet LP *das N-Tupel*

$$LP = L(p_1, \ldots, p_N) := (Lp_1, \ldots, Lp_N) \in V^N,$$

so gilt

$$b(P, L') = b(P, I)L' = b(LP, I).$$

v) Das Operatorenpaar $\big(Qb(P, I), Pb(Q, I)\big)$ *ist b-adjungiert.*

Beweis i): Wenn $v \in \operatorname{Bild} L$, so gibt es ein $\tilde{u} \in V$ mit $v = L\tilde{u}$. Ist nun $u \in \operatorname{Kern} L'$ beliebig, so gilt $L'u = 0$ und damit

$$0 = b(\tilde{u}, 0) = b(\tilde{u}, L'u) = b(L\tilde{u}, u) = b(v, u) = b(u, v).$$

Dies bedeutet $v \in \operatorname{CoBild}_b L'$ gemäß (60).

ii): Wegen der Symmetrie von b gilt

$$b(L'u, v) = b(v, L'u) = b(Lv, u) = b(u, Lv) \quad \text{für alle } u, v \in V.$$

iii): Wenn L und L' die Inversen L^{-1} und L'^{-1} haben, folgt

$$b\big(L^{-1}u, v\big) = b\big(L^{-1}u, L'L'^{-1}v\big) = b\big(LL^{-1}u, L'^{-1}v\big) = b\big(u, L'^{-1}v\big).$$

iv): Für alle $v \in V$ gilt

$$\begin{aligned} b(P, L')v = b(P, L'v) &= \big(b(p_1, L'v), \ldots, b(p_N, L'v)\big) = \big(b(Lp_1, v), \ldots, b(Lp_N, v)\big) \\ &= b(LP, v) = b(LP, I)v. \end{aligned}$$

v): Für alle $u, v \in V$ berechnen wir, die Symmetrie von b beachtend,

$$\begin{aligned} b\big(Qb(P, I)u, v\big) &= b\big(Qb(P, u), v\big) = b\Big(\sum_{k=1}^{N} b(p_k, u)q_k, v\Big) = \sum_{k=1}^{N} b(p_k, u)b(q_k, v) \\ &= b\Big(\sum_{k=1}^{N} b(q_k, v)p_k, u\Big) = b\big(Pb(Q, v), u\big) = b\big(u, Pb(Q, v)\big) \\ &= b\big(u, Pb(Q, I)v\big). \end{aligned}$$

Q.e.d.

Analog zum Lösbarkeitssatz im $\mathbb{C}^N$ können wir nun folgende Aussage formulieren:

Satz 34. (Auflösbarkeitssatz für $I - Qb(P, I)$**)** *Seien* (V, b) *ein* $\mathbb{C}$*-Vektorraum mit symmetrischer Bilinearform* b*,* $N \in \mathbb{N}$ *eine natürliche Zahl und* $P, Q \in V^N$ *gegeben. Dann gelten*

$$\dim\big[\mathrm{Kern}\big(I - Qb(P, I)\big)\big] = \dim\big[\mathrm{Kern}\big(I - Pb(Q, I)\big)\big] \in \{0, \ldots, N\}$$

und

$$\mathrm{Bild}\big[I - Qb(P, I)\big] = \mathrm{CoBild}_b\big[I - Pb(Q, I)\big].$$

Beweis: Nach Satz 31 iii) ist

$$\dim\big[\mathrm{Kern}\big(I - Qb(P, I)\big)\big] = \dim\big[\mathrm{Kern}\big(\mathbb{I}_N - b(P, Q)\big)\big] \in \{0, \ldots, N\}$$

und natürlich, wenn wir die Rollen von P und Q vertauschen,

$$\dim\big[\mathrm{Kern}\big(I - Pb(Q, I)\big)\big] = \dim\big[\mathrm{Kern}\big(\mathbb{I}_N - b(Q, P)\big)\big] \in \{0, \ldots, N\}.$$

Zusammen mit Satz 29 folgt

$$\begin{aligned}\dim\big[\mathrm{Kern}\big(I - Qb(P, I)\big)\big] &= \dim\big[\mathrm{Kern}\big(\mathbb{I}_N - b(P, Q)\big)\big] = \dim\big[\mathrm{Kern}\big(\mathbb{I}_N - b(P, Q)\big)^T\big] \\ &= \dim\big[\mathrm{Kern}\big(\mathbb{I}_N - b(Q, P)\big)\big] = \dim\big[\mathrm{Kern}\big(I - Pb(Q, I)\big)\big].\end{aligned}$$

Mit Satz 33 v) ist das Operatorenpaar $[Qb(P, I), Pb(Q, I)]$ b-adjungiert und Punkt i) desselben Satzes liefert

$$\mathrm{Bild}\big(I - Qb(P, I)\big) \subseteq \mathrm{CoBild}_b\big(I - Pb(Q, I)\big).$$

Wir zeigen, dass auch

$$\mathrm{Bild}\big[I - Qb(P, I)\big] \supseteq \mathrm{CoBild}_b\big[I - Pb(Q, I)\big]$$

gilt: Wenn nämlich $v \in \mathrm{CoBild}_b[I - Pb(Q, I)]$, so folgt per definitionem

$$0 = b(u, v) \quad \text{für alle } u \in \mathrm{Kern}\big(I - Pb(Q, I)\big).$$

Nach Satz 31 ii) haben wir die Implikation

$$x \in \mathrm{Kern}\big(\mathbb{I}_N - b(Q, P)\big) \quad \Longrightarrow \quad Px \in \mathrm{Kern}\big(I - Pb(Q, I)\big).$$

Somit erhalten wir für alle Vektoren $x \in \mathrm{Kern}\big(\mathbb{I}_N - b(Q, P)\big)$ die Gleichung

$$0 = b(Px, v) = b\Big(\sum_{k=1}^{N} x_k p_k, v\Big) = \sum_{k=1}^{N} x_k b(p_k, v) = x^T b(P, v),$$

d.h. gemäß (50) gilt

$$b(P, v) \in \mathrm{CoBild}\big(\mathbb{I}_N - b(Q, P)\big).$$

Mit (59) und Satz 29 erhalten wir

$$b(P, v) \in \mathrm{CoBild}\big(\mathbb{I}_N - b(Q, P)\big) = \mathrm{CoBild}\big[\big(\mathbb{I}_N - b(P, Q)\big)^T\big] = \mathrm{Bild}\big(\mathbb{I}_N - b(P, Q)\big),$$

was gleichbedeutend ist mit

$$\text{Lös}\big(\mathbb{I}_N - b(P,Q), b(P,v)\big) \neq \varnothing.$$

Folglich gibt es einen Vektor $x \in \mathbb{C}^N$ mit

$$x \in \text{Lös}\big(\mathbb{I}_N - b(P,Q), b(P,v)\big).$$

Wiederum liefert Satz 31 ii)

$$v + Qx \in \text{Lös}\big(I - Qb(P,I), v\big),$$

das heißt

$$v \in \text{Bild}\big(I - Qb(P,I)\big).$$

Wir erhalten schließlich

$$\text{Bild}\big(I - Qb(P,I)\big) = \text{CoBild}_b\big(I - Pb(Q,I)\big)$$

und Satz 34 ist vollständig bewiesen. Q.e.d.

2.5 Geometrisch kompakte Operatoren und b-geometrisch kompakte Paare

Nun werden wir, indem wir zu einem komplexen Banachraum $(B, \|\cdot\|)$ übergehen, der zusätzlich mit einer symmetrischen Bilinearform

$$b\colon B \times B \longrightarrow \mathbb{C}$$

ausgestattet ist, eine Synthese der in Abschnitt 2.4 behandelten algebraischen Lösungstheorie und der analytischen Auflösungstheorie von Abschnitt 2.2 vollziehen. Wir führen folgende Begriffsbildung ein:

Definition 35. *Sei $(B, \|\cdot\|)$ ein $\mathbb{C}$-Banachraum. Wir nennen den linearen Operator $L \in \text{End}(B)$ geometrisch kompakt, falls es eine Zahl $N \in \mathbb{N}_0$ und lineare Abbildungen*

$$D \in \text{Hom}(\mathbb{C}^N, B) \quad \textit{und} \quad E \in \text{Hom}(B, \mathbb{C}^N)$$

gibt, so dass $L - DE$ auf B beschränkt, d.h.

$$L - DE \in \text{Bnd}(B),$$

und für die assoziierte Operatorennorm $\|\cdot\|$ auf $\text{Bnd}(B)$ gemäß (48) die Abschätzung

$$\|L - DE\| < 1$$

richtig ist.

Satz 36. (Auflösung von $I - L$ für geometrisch kompakte L) *Sei der Operator $L \in \mathrm{End}(B)$ geometrisch kompakt auf dem Banachraum $(B, \|\cdot\|)$. Dann gibt es lineare Abbildungen*

$$D \in \mathrm{Hom}(\mathbb{C}^N, B) \quad \textit{und} \quad E \in \mathrm{Hom}(B, \mathbb{C}^N),$$

$N \in \mathbb{N}_0$, sowie einen beschränkten linearen Operator

$$R \in \mathrm{Bnd}(B) \quad \textit{mit} \quad \|R\| < 1,$$

so dass mit der auf R angewandten geometrischen Reihe $\mathcal{G}_R = \mathcal{G}(R)$ aus (47) für beliebiges $v \in B$ die Identität

$$\mathrm{Lös}(I - L, v) = \mathrm{Lös}\big(I - (\mathcal{G}_R D)E, \mathcal{G}_R v\big)$$

richtig ist.

Beweis: Aus der geometrischen Kompaktheit von L erhalten wir Operatoren

$$D \in \mathrm{Hom}(\mathbb{C}^N, V), \quad E \in \mathrm{Hom}(V, \mathbb{C}^N) \quad \text{und} \quad R \in \mathrm{Bnd}(V) \text{ mit } \|R\| < 1,$$

so dass

$$L = DE + R.$$

Nach Satz 28 ist $I - R \in \mathrm{Bnd}(V)$ bijektiv mit der Inversen

$$(I - R)^{-1} = \mathcal{G}_R,$$

d.h. es ist

$$\mathcal{G}_R(I - R) = I = (I - R)\mathcal{G}_R.$$

Wir berechnen

$$\begin{aligned} \mathcal{G}_R(I - L) &= \mathcal{G}_R[I - (DE + R)] = \mathcal{G}_R[(I - R) - DE] = \mathcal{G}_R(I - R) - \mathcal{G}_R DE \\ &= I - \mathcal{G}_R DE. \end{aligned} \tag{62}$$

Für beliebiges $v \in B$ gilt nun

$$\begin{aligned} u \in \mathrm{Lös}(I - L, v) &\iff v = (I - L)u \\ &\iff \mathcal{G}_R v = \mathcal{G}_R(I - L)u = (I - \mathcal{G}_R DE)u \\ &\iff u \in \mathrm{Lös}(I - \mathcal{G}_R DE, \mathcal{G}_R v), \end{aligned}$$

also

$$\mathrm{Lös}(I - L, v) = \mathrm{Lös}(I - \mathcal{G}_R DE, \mathcal{G}_R v).$$

Q.e.d.

Bemerkung: Auf den Operator

$$I - \mathcal{G}_R DE = I - (\mathcal{G}_R D)E$$

mit

$$\mathcal{G}_R D \in \mathrm{Hom}(\mathbb{C}^N, B) \quad \text{und} \quad E \in \mathrm{Hom}(B, \mathbb{C}^N)$$

können wir dann den Satz 30 anwenden. Der Unterraum

$$\mathrm{Kern}(I-L)=\mathrm{Lös}(I-L,0)=\mathrm{Lös}(I-\mathcal{G}_R DE,0)=\mathrm{Kern}(I-\mathcal{G}_R DE)$$

ist somit endlichdimensional und zusammen mit Identität (53) erhalten wir die Lösung von $(I-L)u=v$ über ein lineares Gleichungssystem:

$$\begin{aligned}\mathrm{Lös}(I-L,v)&=\mathrm{Lös}\big(I-(\mathcal{G}_R D)E,\mathcal{G}_R v\big)\\&=\Big\{\mathcal{G}_R(v+Dx):\ x\in\mathrm{Lös}\big(\mathbb{I}_N-E(\mathcal{G}_R D),E\mathcal{G}_R v\big)\Big\}.\end{aligned}\tag{63}$$

Im Fall der Injektivität von $I-L$ gilt

$$\{0\}=\mathrm{Kern}(I-L)=\mathrm{Kern}(I-\mathcal{G}_R DE),$$

und damit

$$0=\dim\big[\mathrm{Kern}(I-\mathcal{G}_R DE)\big]=\dim\big[\mathrm{Kern}(\mathbb{I}_N-E\mathcal{G}_R D)\big],$$

also

$$\mathrm{Kern}(\mathbb{I}_N-E\mathcal{G}_R D)=\{0\}.$$

Mit der Dimensionsformel folgt

$$\dim\big[\mathrm{Bild}(\mathbb{I}_N-E\mathcal{G}_R D)\big]=N-\dim\big[\mathrm{Kern}(\mathbb{I}_N-E\mathcal{G}_R D)\big]=N,$$

d.h. die Matrix

$$\mathbb{I}_N-E\mathcal{G}_R D\in\mathbb{C}^{N\times N}$$

hat vollen Rang und ist als lineare Abbildung $:\mathbb{C}^N\longrightarrow\mathbb{C}^N$ surjektiv. Dann ist zu beliebig vorgegebenem $v\in B$ das Gleichungssystem

$$(\mathbb{I}_N-E\mathcal{G}_R D)x=E\mathcal{G}_R v$$

(eindeutig) durch einen Vektor $\tilde{x}\in\mathbb{C}^N$ lösbar, d.h.

$$\mathrm{Lös}\big(\mathbb{I}_N-E\mathcal{G}_R D,E\mathcal{G}_R v\big)=\{\tilde{x}\}.$$

Mit Identität (63) folgt

$$\big\{\mathcal{G}_R(v+D\tilde{x})\big\}=\mathrm{Lös}(I-\mathcal{G}_R DE,\mathcal{G}_R v)=\mathrm{Lös}(I-L,v).$$

Somit ist $v\in\mathrm{Bild}(I-L)$ für jedes $v\in B$. Diesen Umstand halten wir fest im

Hilfssatz 37. *Ist der Operator $L\in\mathrm{End}(B)$ geometrisch kompakt auf $(B,\|\cdot\|)$ und der assoziierte Fredholm-Operator $I-L$ injektiv, so ist $I-L$ automatisch surjektiv.*

Definition 38. *Sei $(B,\|\cdot\|,b)$ ein $\mathbb{C}$-Banachraum mit symmetrischer Bilinearform b. Wir nennen ein Operatorenpaar $(L,L')\in\mathrm{End}(B)\times\mathrm{End}(B)$ b-geometrisch kompakt, falls folgendes gilt:*

a) (L,L') ist b-adjungiert im Sinne von (61).

b) Es gibt eine Zahl $N \in \mathbb{N}_0$ und zwei N-Tupel $P, Q \in B^N$ derart, dass

$$L - Qb(P, I) \in \operatorname{Bnd}(B) \quad \textit{und} \quad \|L - Qb(P, I)\| < 1,$$

sowie

$$L' - Pb(Q, I) \in \operatorname{Bnd}(B) \quad \textit{und} \quad \|L' - Pb(Q, I)\| < 1.$$

Dabei sei für einen beliebigen Vektorraum V das Symbol $V^0 := \{0\}$ gesetzt, für den Fall $N = 0$. $\|\cdot\|$ meint die assoziierte Operatornorm auf $\operatorname{Bnd}(B)$ gemäß (48).

Beide Partner L und L' eines b-geometrisch kompakten Operatorenpaares (L, L') sind damit geometrisch kompakte Operatoren auf B im Sinne von Definition 35.

Auf Banachräumen $(B, \|\cdot\|, b)$ mit symmetrischer Bilinearform b können wir nun ein Kriterium für die Lösbarkeit der Gleichung $(I - L)u = v$ angeben, wenn L Partner eines b-geometrisch kompakten Operatorenpaares (L, L') ist:

Satz 39. (Auflösbarkeitssatz für b-geometrisch kompakte Operatorenpaare) *Sei (L, L') ein b-geometrisch kompaktes adjungiertes Operatorenpaar auf $(B, \|\cdot\|, b)$ im Sinne obiger Definition 38. Dann sind $\operatorname{Kern}(I - L)$ und $\operatorname{Kern}(I - L')$ endlichdimensionale Unterräume von B und es gelten*

$$\dim\big[\operatorname{Kern}(I - L)\big] = \dim\big[\operatorname{Kern}(I - L')\big] \in \mathbb{N}_0$$

sowie

$$\operatorname{Bild}(I - L) = \operatorname{CoBild}_b(I - L'). \tag{64}$$

Beweis: Wenn (L, L') b-geometrisch kompakt ist, so gibt es eine Zahl $N \in \mathbb{N}_0$, N-Tupel $P, Q \in B^N$ und beschränkte Operatoren $R, R' \in \operatorname{Bnd}(B)$ mit $\|R\| < 1$, $\|R'\| < 1$, so dass

$$L = Qb(P, I) + R \quad \text{und} \quad L' = Pb(Q, I) + R'$$

gelten. Nach Satz 33 v) ist das Paar

$$\big(Qb(P, I), Pb(Q, I)\big) \in \operatorname{End}(B) \times \operatorname{End}(B)$$

b-adjungiert. Damit auch die Paare

$$(R, R') = \big(L - Qb(P, I), L' - Pb(Q, I)\big) \in \operatorname{Bnd}(B) \times \operatorname{Bnd}(B)$$

und

$$(I - R, I - R') \in \operatorname{Bnd}(B) \times \operatorname{Bnd}(B).$$

Wegen $\|R\| < 1$ und $\|R'\| < 1$ sind nach Satz 28 die assoziierten Fredholm-Operatoren $I - R$ und $I - R'$ beide bijektiv mit den Inversen

$$(I - R)^{-1} = \mathcal{G}_R \quad \text{und} \quad (I - R')^{-1} = \mathcal{G}_{R'}.$$

Nach Satz 33 iii) und ii) bilden

$$(\mathcal{G}_R, \mathcal{G}_{R'}) = \big((I - R)^{-1}, (I - R)^{-1}\big) \in \operatorname{Bnd}(B) \times \operatorname{Bnd}(B)$$

und

$$(\mathcal{G}_{R'},\mathcal{G}_R) \in \mathrm{Bnd}(B) \times \mathrm{Bnd}(B)$$

wieder b-adjungierte Operatorenpaare. Mit Punkt iv) desselben Satzes folgen

$$Qb(P,I)\mathcal{G}_R = Qb\big(P,\mathcal{G}_R\big) = Qb\big(\mathcal{G}_{R'}P,I\big)$$

und

$$Pb(Q,I)\mathcal{G}_{R'} = Pb\big(Q,\mathcal{G}_{R'}\big) = Pb\big(\mathcal{G}_R Q,I\big).$$

Wir berechnen

$$\begin{aligned}(I-L)\mathcal{G}_R &= \big[I-\big(Qb(P,I)+R\big)\big]\mathcal{G}_R = \big[(I-R)-Qb(P,I)\big]\mathcal{G}_R = I-Qb(P,I)\mathcal{G}_R\\ &= I-Qb(P,\mathcal{G}_R) = I-Qb(\mathcal{G}_{R'}P,I),\end{aligned}$$

sowie analog

$$\begin{aligned}(I-L')\mathcal{G}_{R'} =&\big[I-\big(Pb(Q,I)+R'\big)\big]\mathcal{G}_{R'} = \big[(I-R')-Pb(Q,I)\big]\mathcal{G}_{R'} = I-Pb(Q,I)\mathcal{G}_{R'}\\ &= I-Pb(Q,\mathcal{G}_{R'}) = I-Pb(\mathcal{G}_R Q,I),\end{aligned}$$

zusammengefasst also

$$\text{i) } (I-L)\mathcal{G}_R = I-Qb(\mathcal{G}_{R'}P,I) \quad \text{und} \quad \text{ii) } (I-L')\mathcal{G}_{R'} = I-Pb(\mathcal{G}_R Q,I). \tag{65}$$

Setzen wir in (62) $D := Q$ und $E := b(P,I)$ bzw. $D := P$ und $E := b(Q,I)$, so erhalten wir ferner

$$\text{i) } \mathcal{G}_R(I-L) = I-\mathcal{G}_R Qb(P,I) \quad \text{und} \quad \text{ii) } \mathcal{G}_{R'}(I-L') = I-\mathcal{G}_{R'}Pb(Q,I). \tag{66}$$

Wir beachten, dass $I-R$, $I-R'$, $\mathcal{G}_R$, $\mathcal{G}_{R'} \in \mathrm{End}(B)$ allesamt injektive und surjektive lineare Abbildungen sind. Eine Rechtskombination mit diesen ist somit bilderhaltend, eine Linkskombination kernerhaltend. Mit (65 i) folgt

$$\mathrm{Bild}(I-L) = \mathrm{Bild}\big((I-L)\mathcal{G}_R\big) = \mathrm{Bild}\big(I-Qb(\mathcal{G}_{R'}P,I)\big), \tag{67}$$

mit (66) ergeben sich

$$\mathrm{Kern}(I-L) = \mathrm{Kern}\big(\mathcal{G}_R(I-L)\big) = \mathrm{Kern}\big(I-\mathcal{G}_R Qb(P,I)\big),$$

und

$$\mathrm{Kern}(I-L') = \mathrm{Kern}\big(\mathcal{G}_{R'}(I-L')\big) = \mathrm{Kern}\big(I-\mathcal{G}_{R'}Pb(Q,I)\big). \tag{68}$$

Dann liefert Satz 31 iii) die Endlichkeit der Dimensionen

$$\dim\big(\mathrm{Kern}(I-L)\big) = \dim\big[\mathrm{Kern}\big(I-\mathcal{G}_R Qb(P,I)\big)\big] \in \{0,\dots,N\}$$

und

$$\dim\big(\mathrm{Kern}(I-L')\big) = \dim\big[\mathrm{Kern}\big(I-\mathcal{G}_{R'}Pb(Q,I)\big)\big] \in \{0,\dots,N\}.$$

Wegen der Äquivalenz

$$\begin{aligned} u \in \mathrm{Kern}(I-L) \quad &\Longleftrightarrow \quad 0 = (I-L)u = (I-L)\mathcal{G}_R(I-R)u\\ &\Longleftrightarrow \quad (I-R)u \in \mathrm{Kern}\big((I-L)\mathcal{G}_R\big)\end{aligned}$$

bildet $I - R$ den Vektorraum $\operatorname{Kern}(I-L)$ isomorph auf den Vektorraum $\operatorname{Kern}[(I-L)\mathcal{G}_R]$ ab. Daher müssen ihre Dimensionen übereinstimmen. Zusammen mit (65 i) ergibt sich

$$\dim\big(\operatorname{Kern}(I-L)\big) = \dim\big[\operatorname{Kern}\big((I-L)\mathcal{G}_R\big)\big] = \dim\big[\operatorname{Kern}\big(I - Qb(\mathcal{G}_{R'}P, I)\big)\big]. \tag{69}$$

Nach Satz 34 gilt

$$\dim\big[\operatorname{Kern}\big(I - Qb(\mathcal{G}_{R'}P, I)\big)\big] = \dim\big[\operatorname{Kern}\big(I - (\mathcal{G}_{R'}P)b(Q, I)\big)\big],$$

und mit (69) und (68) erhalten wir

$$\begin{aligned}\dim\big(\operatorname{Kern}(I-L)\big) &= \dim\big[\operatorname{Kern}\big(I - Qb(\mathcal{G}_{R'}P, I)\big)\big] = \dim\big[\operatorname{Kern}\big(I - (\mathcal{G}_{R'}P)b(Q, I)\big)\big] \\ &= \dim\big(\operatorname{Kern}(I - L')\big).\end{aligned}$$

Wegen (68) ist nun

$$\operatorname{CoBild}_b(I - L') = \operatorname{CoBild}_b\big(I - \mathcal{G}_{R'}Pb(Q, I)\big).$$

Satz 34 liefert

$$\operatorname{CoBild}_b\big(I - \mathcal{G}_{R'}Pb(Q, I)\big) = \operatorname{Bild}\big(I - Qb(\mathcal{G}_{R'}P, I)\big),$$

und mit (67) erhalten wir schließlich die Identität

$$\operatorname{CoBild}_b(I - L') = \operatorname{CoBild}_b\big(I - \mathcal{G}_{R'}Pb(Q, I)\big) = \operatorname{Bild}\big(I - Qb(\mathcal{G}_{R'}P, I)\big) = \operatorname{Bild}(I - L).$$

Q.e.d.

Vergleichbare Aussagen wie die hier abgeleiteten kann der Leser auch dem Kapitel "Bilinearsysteme und konjugierte Operatoren" im Buch [Heu] entnehmen. Unsere Darstellung ist jedoch unabhängig von der dortigen entstanden.

2.6 Anwendung auf lineare Integralgleichungen

Den abstrakten Satz 39 wenden wir nun zur Lösung eines linearen Integralgleichungssystems zweiter Art über einer Kurve im komplexen Gebiet an, um damit im nächsten Kapitel das Riemann'sche bzw. das Hilbert-Plemelj-Problem zu behandeln.

Für eine beliebige komplexe Matrix

$$A = (a_{kl})_{k=1,\dots,d_1,\ l=1,\dots,d_2} \in \mathbb{C}^{d_1 \times d_2}$$

mit Dimensionen $d_1, d_2 \in \mathbb{N}$, bezeichnen wir deren Betrag

$$|A| := \sqrt{\sum_{k=1}^{d_1} \sum_{l=1}^{d_2} |a_{kl}|^2} \in [0, +\infty). \tag{70}$$

Bemerkung 40. *Seien die Matrizen*

$$A = (a_{kl})_{k=1,\dots,d_1,\ l=1,\dots,d_2} \in C^{d_1 \times d_2} \quad \textit{und} \quad B = (b_{kl})_{k=1,\dots,d_2,\ l=1,\dots,d_3} \in C^{d_2 \times d_3}$$

beliebig gegeben. Dann gilt

$$|AB| \leq |A||B|.$$

Beweis: Wir setzen

$$C := AB \in \mathbb{C}^{d_1 \times d_3}.$$

Dann gilt

$$c_{kl} = \sum_{j=1}^{d_2} a_{kj} b_{jl}, \quad k = 1, \ldots, d_1, \ l = 1, \ldots, d_3.$$

Die Cauchy-Schwarz'sche Ungleichung liefert

$$|c_{kl}|^2 = \Big|\sum_{j=1}^{d_2} a_{kj} b_{jl}\Big|^2 \leq \Big(\sum_{j=1}^{d_2} |a_{kj}|^2\Big) \cdot \Big(\sum_{j=1}^{d_2} |b_{jl}|^2\Big) \quad \text{für alle } k = 1, \ldots, d_1, \ l = 1, \ldots, d_3,$$

und damit

$$\begin{aligned} |AB|^2 = |C|^2 &= \sum_{k=1}^{d_1} \sum_{l=1}^{d_3} |c_{kl}|^2 \leq \sum_{k=1}^{d_1} \sum_{l=1}^{d_3} \left[\Big(\sum_{j=1}^{d_2} |a_{kj}|^2\Big) \cdot \Big(\sum_{j=1}^{d_2} |b_{jl}|^2\Big) \right] \\ &= \left[\sum_{k=1}^{d_1} \Big(\sum_{j=1}^{d_2} |a_{kj}|^2\Big) \right] \cdot \left[\sum_{l=1}^{d_3} \Big(\sum_{j=1}^{d_2} |b_{jl}|^2\Big) \right] = |A|^2 |B|^2. \end{aligned}$$

Q.e.d.

Sei $W \in \bar{\mathcal{E}}^1$ eine reguläre eingebettete C^1-Kurve in der komplexen Ebene gemäß (29'). Diese besitzt die endliche Länge

$$\operatorname{Lng}(W) \in (0, +\infty)$$

gemäß (31). Zu W und $d \in \mathbb{N}$ erklären wir die folgende Menge von stetigen komplexen Vektorfunktionen auf dem offenen Bild $(W) \subset \mathbb{C}$ der Kurve gemäß (30):

$$\mathcal{B}(W, d) := \Big\{ f : (W) \longrightarrow \mathbb{C}^d : \ f \circ W \in C^0\big([0,1], \mathbb{C}^d\big) \Big\}. \tag{71}$$

Sind Anfangs- und Endpunkt von W verschieden, d.h. $W(0) \neq W(1)$, so gilt

$$\mathcal{B}(W, d) = C^0([W], \mathbb{C}^d).$$

Im Fall $W(0) = W(1)$, wenn also die Kurve W ein stückweise reguläres C^1-Gebiet begrenzt, gilt offenbar

$$C^0([W], \mathbb{C}^d) \subsetneqq \mathcal{B}(W, d),$$

da für $f \in \mathcal{B}(W, d)$ nicht notwendig

$$\lim_{t \to 0+} f\big(W(t)\big) = \lim_{t \to 1-} f\big(W(t)\big)$$

sein muss. Für $f \in \mathcal{B}(W, d)$ ist $f \circ W \in C^0([0,1], \mathbb{C}^d)$, daher bleibt f auf (W) beschränkt. Mit der Supremumsnorm

$$\|f\|_W := \sup_{z \in (W)} |f(z)| = \sup_{z \in (W)} \sqrt{\sum_{j=1}^{d} |f_j(z)|^2} \tag{72}$$

gilt also

$$\|f\|_W \in [0, +\infty) \quad \text{für alle } f \in \mathcal{B}(W, d),$$

und bildet

$$(\mathcal{B}(W, d), \|\cdot\|_W)$$

einen normierten Vektorraum. Eine Cauchy-Folge $(f_n)_{n\in\mathbb{N}}$ bezüglich der Supremumsnorm konvergiert gleichmäßig auf (W) gegen eine Grenzfunktion f, welche wieder

$$f \circ W \in C^0([0,1], \mathbb{C}^d)$$

erfüllt. Folglich ist der normierte Raum $(\mathcal{B}(W, d), \|\cdot\|_W)$ vollständig und gibt einen Banachraum.

Hilfssatz 41. *Sei auf der Kurve* $W \in \bar{\mathcal{E}}^1$ *mit der endlichen Länge* $\operatorname{Lng}(W) < +\infty$ *gemäß (31) eine Funktion* $\varphi \in \mathcal{B}(W, d)$ *beliebig gegeben. Dann gilt die folgende Ungleichung:*

$$\Big(\int\limits_{w\in W} |\varphi(w)|\,|dw| \Big)^2 \le \operatorname{Lng}(W) \int\limits_{w\in W} |\varphi(w)|^2\,|dw|.$$

Beweis: Wegen $\varphi \in \mathcal{B}(W, d)$ existieren alle Integrale in obiger Ungleichung sogar im eigentlichen Riemann'schen Sinne. Sei also $(t_0^{(j)}, \ldots, t_{N(j)}^{(j)})_{j\in\mathbb{N}}$ eine beliebige Zerlegungsfolge für das Intervall $[0, 1]$ mit

$$0 = t_0^{(j)} < t_1^{(j)} < \ldots < t_{N(j)-1}^{(j)} < t_{N(j)}^{(j)} = 1.$$

und

$$\lim_{j\to\infty} \max_{n=1,\ldots,N(j)} \big(t_n^{(j)} - t_{n-1}^{(j)}\big) = 0.$$

Mit der Cauchy-Schwarz-Ungleichung machen wir für alle $j \in \mathbb{N}$ folgende Zwischensummenabschätzung:

$$\begin{aligned}
\alpha_j^2 &:= \left[\sum_{n=1}^{N(j)} \big|\varphi(W(t_n^{(j)}))\big| \cdot \big|W'(t_n^{(j)})\big| \cdot \big(t_n^{(j)} - t_{n-1}^{(j)}\big) \right]^2 \\
&= \left[\sum_{n=1}^{N(j)} \big|\varphi(W(t_n^{(j)}))\big| \cdot \sqrt{\big|W'(t_n^{(j)})\big| \cdot \big(t_n^{(j)} - t_{n-1}^{(j)}\big)} \cdot \sqrt{\big|W'(t_n^{(j)})\big| \cdot \big(t_n^{(j)} - t_{n-1}^{(j)}\big)} \right]^2 \\
&\le \left[\sum_{n=1}^{N(j)} \big|\varphi(W(t_n^{(j)}))\big|^2 \big|W'(t_n^{(j)})\big| \big(t_n^{(j)} - t_{n-1}^{(j)}\big) \right] \cdot \left[\sum_{n=1}^{N(j)} \big|W'(t_n^{(j)})\big| \big(t_n^{(j)} - t_{n-1}^{(j)}\big) \right] =: \beta_j \gamma_j.
\end{aligned}$$

Nun existieren sämtliche Grenzwerte $\lim_{j\to\infty} \alpha_j, \beta_j, \gamma_j \in [0, +\infty)$ und wir erhalten

$$\begin{aligned}
\Big(\int\limits_{w\in W} |\varphi(w)|\,|dw| \Big)^2 &= \lim_{j\to\infty} \alpha_j^2 \le \lim_{j\to\infty} (\beta_j \gamma_j) = \lim_{j\to\infty} \beta_j \lim_{j\to\infty} \gamma_j \\
&= \int\limits_{w\in W} |\varphi(w)|^2\,|dw| \int\limits_{w\in W} |dw| = \operatorname{Lng}(W) \int\limits_{w\in W} |\varphi(w)|^2\,|dw|.
\end{aligned}$$

Q.e.d.

Für $W \in \bar{\mathcal{E}}^1$ sei die Abbildung

$$W^\times : [0,1] \times [0,1] \longrightarrow [W] \times [W]$$

mit

$$W^\times(s,t) := \big(W(s), W(t)\big), \ (s,t) \in [0,1] \times [0,1]$$

bezeichnet. Damit erklären wir folgende Menge stetiger $d \times d$-matrixwertiger komplexer Kernfunktionen auf der Paarmenge $(W) \times (W)$:

$$\mathcal{K}(W,d) := \Big\{ K : (W) \times (W) \longrightarrow \mathbb{C}^{d\times d} : \ K \circ W^\times \in C^0\big([0,1] \times [0,1], \mathbb{C}^{d\times d}\big) \Big\}. \quad (73)$$

Mit

$$\|K\|_W^\times := \sup_{(w,z)\in(W)\times(W)} |K(w,z)| = \sup_{(w,z)\in(W)\times(W)} \sqrt{\sum_{\mu,\nu=1}^{d} |k_{\mu\nu}(w,z)|^2}, \quad (74)$$

ist offenbar

$$\|K\|_W^\times \in [0,+\infty) \quad \text{für alle } K \in \mathcal{K}(W,d),$$

und $(\mathcal{K}(W,d), \|\cdot\|_W^\times)$ wird zu einem normierten Vektorraum. Dieser ist, wie $\mathcal{B}(W,d)$, offenbar vollständig und bildet einen Banachraum.

Zum Matrixkern K und der Vektorfunktion f erklären wir das Symbol $\int_W Kf$ als

$$(\textstyle\int_W Kf)(w) := \displaystyle\int_{z\in W} K(w,z)\cdot f(z)dz = \int_{t=0}^{1} K\big(w, W(t)\big)\cdot f\big(W(t)\big)W'(t)dt, \quad w \in (W). \quad (75)$$

Dabei sind Integrale von Vektorfunktionen komponentenweise zu verstehen. $\int_W Kf$ gibt das Ergebnis der Faltung von f mit K über W.

Für festen Kern K ist $\int_W K$ offenbar ein linearer Operator auf jedem Vektorraum zulässiger Funktionen f. Wenn $K \in \mathcal{K}(W,d)$ und $f \in \mathcal{B}(W,d)$ gemäß (73) bzw. (71) gegeben sind, so ist offenbar $\int_W Kf \in \mathcal{B}(W,d)$. Demnach gilt für alle K die Implikation

$$K \in \mathcal{K}(W,d) \quad \Longrightarrow \quad \textstyle\int_W K \in \operatorname{End}\big(\mathcal{B}(W,d)\big).$$

Sind nun $K, L \in \mathcal{K}(W,d)$ zwei Matrixkerne gemäß (73) und $\lambda \in \mathbb{C}$ beliebig, so sind wegen der Vektorraumeigenschaft von $\mathcal{K}(W,d)$ auch

$$K + L \in \mathcal{K}(W,d) \quad \text{und} \quad \lambda K \in \mathcal{K}(W,d),$$

und damit

$$\textstyle\int_W (K+L) \in \operatorname{End}\big(\mathcal{B}(W,d)\big) \quad \text{sowie} \quad \int_W (\lambda K) \in \operatorname{End}\big(\mathcal{B}(W,d)\big),$$

wobei

$$\textstyle\int_W (K+L) = \int_W K + \int_W L \quad \text{und} \quad \int_W (\lambda K) = \lambda \int_W K. \quad (76)$$

Fassen wir das Symbol $\int_W$ als Bezeichnung für die Zuordnung

$$K \mapsto \textstyle\int_W K$$

auf, so ergibt $\int_W$ eine lineare Abbildung

$$\int_W : \mathcal{K}(W,d) \longrightarrow \mathrm{End}\big(\mathcal{B}(W,d)\big),$$

das heißt

$$\int_W \in \mathrm{Hom}\big[\mathcal{K}(W,d), \mathrm{End}\big(\mathcal{B}(W,d)\big)\big].$$

Der folgende Satz verschärft dies noch:

Satz 42. *Seien $d \in \mathbb{N}$ und $W \in \bar{\mathcal{E}}^1$ eine reguläre eingebettete C^1-Kurve. Dann gilt*

$$\int_W \in \mathrm{Hom}\big[\mathcal{K}(W,d), \mathrm{Bnd}\big(\mathcal{B}(W,d)\big)\big].$$

Für einen festen Matrixkern $K \in \mathcal{K}(W,d)$ mit Supremumsnorm $\|K\|_W^\times \in [0,+\infty)$ gemäß (74) ist der Integraloperator $\int_W K$ also ein beschränkter linearer Operator auf dem Banachraum $\mathcal{B}(W,d)$, d.h.

$$\int_W K \in \mathrm{Bnd}\big(\mathcal{B}(W,d)\big),$$

und für die Operatornorm $\|\int_W K\| = \big\|\int_W K\big\|_{\mathrm{Bnd}(\mathcal{B}^d(W))}$ gemäß (48) in Definition 27 gilt die Abschätzung

$$\|\textstyle\int_W K\| \leq \mathrm{Lng}(W) \cdot \|K\|_W^\times. \tag{77}$$

Bemerkung: Wegen (77) ist

$$\int_W \in \mathrm{Hom}\big[\mathcal{K}(W,d), \mathrm{Bnd}\big(\mathcal{B}(W,d)\big)\big]$$

eine beschränkte lineare Abbildung vom normierten Vektorraum $\mathcal{K}(W,d)$ in den normierten Vektorraum $\mathrm{Bnd}(\mathcal{B}(W,d))$ mit der Norm

$$\|\textstyle\int_W\| = \big\|\int_W\big\|_{\mathrm{Hom}[\mathcal{K}(W,d),\mathrm{Bnd}(\mathcal{B}(W,d))]} \leq \mathrm{Lng}(W).$$

Beweis von Satz 42: Mögen die Funktionen $k_{\mu\nu}$ die Einträge von K bezeichnen. Mit Hilfssatz 41 schätzen wir für beliebiges $w \in (W)$ ab:

$$\begin{aligned}
|(\textstyle\int_W K f)(w)|^2 &= \sum_{\mu=1}^d |(\textstyle\int_W K\, f)_\mu(w)|^2 = \sum_{\mu=1}^d \left| \int\limits_{z\in W} \sum_{\nu=1}^d k_{\mu\nu}(w,z) f_\nu(z)\, dz \right|^2 \\
&\leq \sum_{\mu=1}^d \left[\int\limits_{z\in W} \left|\sum_{\nu=1}^d k_{\mu\nu}(w,z) f_\nu(z)\right| |dz| \right]^2 \\
&\leq \sum_{\mu=1}^d \mathrm{Lng}(W) \int\limits_{z\in W} \left|\sum_{\nu=1}^d k_{\mu\nu}(w,z) f_\nu(z)\right|^2 |dz|.
\end{aligned}$$

Die Cauchy-Schwarz'sche Ungleichung liefert

$$\left|\sum_{\nu=1}^d k_{\mu\nu}(w,z) f_\nu(z)\right|^2 \leq \Big(\sum_{\nu=1}^d |k_{\mu\nu}(w,z)|^2\Big) \cdot \Big(\sum_{\nu=1}^d |f_\nu(z)|^2\Big) = \Big(\sum_{\nu=1}^d |k_{\mu\nu}(w,z)|^2\Big) |f(z)|^2$$

für alle $w, z \in (W)$ und alle $\mu = 1, \dots, d$. Wir erhalten

$$
\begin{aligned}
|(\textstyle\int_W Kf)(w)|^2 &\le \operatorname{Lng}(W) \sum_{\mu=1}^{d} \int_{z\in W} \Big(\sum_{\nu=1}^{d} |k_{\mu\nu}(w,z)|^2\Big) |f(z)|^2 \, |dz| \\
&= \operatorname{Lng}(W) \int_{z\in W} |K(w,z)|^2 |f(z)|^2 \, |dz| \le \operatorname{Lng}(W) (\|K\|_W^{\times})^2 \|f\|_W^2 \int_{z\in W} |dz| \\
&= \big(\operatorname{Lng}(W) \cdot \|K\|_W^{\times} \cdot \|f\|_W\big)^2, \quad w \in (W),
\end{aligned}
$$

d.h.

$$\|\textstyle\int_W Kf\|_W = \sup_{z\in(W)} |(\textstyle\int_W Kf)(z)| \le \operatorname{Lng}(W) \cdot \|K\|_W^{\times} \cdot \|f\|_W. \tag{78}$$

Wenn $W \in \bar{\mathcal{E}}^1$ und $K \in \mathcal{K}(W,d)$, so sind $\operatorname{Lng}(W)$ und $\|K\|$ beide endlich. Für festes $K \in \mathcal{K}(W,d)$ liefert $\int_K$ also einen beschränkten linearen Operator auf dem Banachraum $\mathcal{B}(W,d)$, d.h.

$$\textstyle\int_W K \in \operatorname{Bnd}\big(\mathcal{B}(W,d)\big),$$

mit

$$\|\textstyle\int_W K\| \le \operatorname{Lng}(W) \cdot \|K\|_W^{\times}.$$

Q.e.d.

Für $W \in \bar{\mathcal{E}}^1$ und $f, g \in \mathcal{B}(W,d)$ erklären wir

$$b_W(f,g) := \int_{w\in W} f(w)^T g(w) \, dw = \int_{t=0}^{1} \sum_{i=1}^{d} f_i\big(W(t)\big) g_i\big(W(t)\big) \, W'(t) dt \in \mathbb{C}. \tag{79}$$

Offenbar ist

$$b_W \colon \mathcal{B}(W,d) \times \mathcal{B}(W,d) \longrightarrow \mathbb{C}$$

eine symmetrische, bilineare Form auf $\mathcal{B}(W,d)$.

Wir definieren den transponierten Kern $K^{\dagger}$ von K als

$$K^{\dagger}(w,z) := K(z,w)^T, \quad (w,z) \in (W) \times (W). \tag{80}$$

Offenbar gilt

$$K \in \mathcal{K}(W,d) \quad \Longrightarrow \quad K^{\dagger} \in \mathcal{K}(W,d).$$

Seien $K \in \mathcal{K}(W,d)$ und $f, g \in \mathcal{B}(W,d)$ beliebig. Mit dem Permutationssatz für iterierte Riemann-Integrale berechnen wir

$$
\begin{aligned}
b_W(\textstyle\int_W Kf, g) &= \int_{w\in W} \big[(\textstyle\int_W Kf)(w)\big]^T g(w) \, dw = \int_{w\in W} \Big[\int_{z\in W} K(w,z) f(z) \, dz\Big]^T g(w) \, dw \\
&= \int_{w\in W} \int_{z\in W} f(z)^T K(w,z)^T g(w) \, dz \, dw = \int_{z\in W} \int_{w\in W} f(z)^T K(w,z)^T g(w) \, dw \, dz \\
&= \int_{z\in W} f(z)^T \Big[\int_{w\in W} K(w,z)^T g(w) \, dw\Big] dz = \int_{z\in W} f(z)^T (\textstyle\int_W K^{\dagger} g)(z) \, dz \\
&= b(f, \textstyle\int_W K^{\dagger} g).
\end{aligned}
$$

Damit ist für jedes feste $K \in \mathcal{K}(W,d)$ das Operatorenpaar $(\int_W K, \int_W K^\dagger)$ b_W-adjungiert im Sinne von Definition 32.

Wir zeigen jetzt, dass $(\int_W K, \int_W K^\dagger)$ auch b_W-geometrisch kompakt ist:

Satz 43. *Seien die Kurve $W \in \bar{\mathcal{E}}^1$ und die Kernfunktion $K \in \mathcal{K}(W,d)$ beliebig vorgegeben und bezeichne $K^\dagger$ den transponierten Kern aus (80). Dann ist mit der symmetrischen Bilinearform b_W aus (79) das Paar*

$$(\textstyle\int_W K, \int_W K^\dagger) \in \mathrm{Bnd}\big(\mathcal{B}(W,d)\big) \times \mathrm{Bnd}\big(\mathcal{B}(W,d)\big)$$

ein b_W-geometrisch kompaktes Operatorenpaar auf der Struktur $(\mathcal{B}(W,d), \|\cdot\|_W, b_W)$ im Sinne von Definition 38.

Beweis: Seien

$$\tilde{K}(s,t) := (K \circ W^\times)(s,t) = K\big(W(s), W(t)\big), \quad (s,t) \in (0,1) \times (0,1),$$

gesetzt. Dann gilt

$$\tilde{K} \in C^0\big([0,1] \times [0,1], \mathbb{C}^{d\times d}\big).$$

Die Anwendung des Weierstraß'schen Approximationssatzes auf diese Situation liefert nun endlich viele komplexe Matrizen

$$A_{\mu\nu} \in \mathbb{C}^{d\times d}, \quad \mu = 0, \ldots, m, \ \nu = 0, \ldots, n,$$

so dass für das zugehörige matrixwertige Polynom

$$\tilde{\Pi}(s,t) := \sum_{\mu=0}^{m} \sum_{\nu=0}^{n} A_{\mu\nu} s^\mu t^\nu$$

in den zwei reellen Veränderlichen (s,t) die Abschätzung

$$\big|\tilde{K}(s,t) - \tilde{\Pi}(s,t)\big| < \frac{1}{\mathrm{Lng}(W)} \quad \text{für alle } s,t \in (0,1)$$

mit $|\cdot|$ aus (70) richtig ist. Möge die Matrix $A_{\mu\nu}$ aus den Spaltenvektoren $a_{\mu\nu}^{(1)}, \ldots, a_{\mu\nu}^{(d)} \in \mathbb{C}^d$ bestehen, also

$$A_{\mu\nu} = \big(a_{\mu\nu}^{(1)}, \ldots, a_{\mu\nu}^{(d)}\big) \quad \text{für alle } \mu = 0, \ldots, m, \ \nu = 0, \ldots, n.$$

Dann erscheint $A_{\mu\nu}$ als Summe von dyadischen Produkten, nämlich

$$A_{\mu\nu} = \sum_{\lambda=1}^{d} a_{\mu\nu}^{(\lambda)} \big(e^{(\lambda)}\big)^T, \quad \mu = 0, \ldots, m, \ \nu = 0, \ldots, n,$$

und es ergibt sich für $\tilde{\Pi}(s,t)$ eine Darstellung

$$\begin{aligned}\tilde{\Pi}(s,t) &= \sum_{\mu=0}^{m} \sum_{\nu=0}^{n} \Big[\sum_{\lambda=1}^{d} a_{\mu\nu}^{(\lambda)} \big(e^{(\lambda)}\big)^T\Big] s^\mu t^\nu = \sum_{\mu=0}^{m} \sum_{\nu=0}^{n} \sum_{\lambda=1}^{d} \big(s^\mu a_{\mu\nu}^{(\lambda)}\big) \big(t^\nu e^{(\lambda)}\big)^T \\ &= \sum_{\lambda=1}^{d} \sum_{\mu=0}^{m} \sum_{\nu=0}^{n} \big[\tilde{q}_{\lambda\mu\nu}(s)\big] \big[\tilde{p}_{\lambda\mu\nu}(t)^T\big],\end{aligned}$$

mit den Vektorfunktionen

$$\tilde{q}_{\lambda\mu\nu}(s) := s^{\mu} a_{\mu\nu}^{(\lambda)} \quad \text{und} \quad \tilde{p}_{\lambda\mu\nu}(t) := t^{\nu} e^{(\lambda)}, \quad \lambda = 1, \ldots, d, \; \mu = 0, \ldots, m, \; \nu = 0, \ldots, n.$$

Die zulässigen Tripel (λ, μ, ν) können wir mit einem einzelnen Index l abzählen, wobei $l = 1, \ldots, N := d(m+1)(n+1)$. Damit haben wir

$$\tilde{p}_l, \; \tilde{q}_l \in C^0\big([0,1], \mathbb{C}^d\big), \quad l = 1, \ldots, N$$

und

$$\tilde{\Pi}(s,t) = \sum_{l=1}^{N} \tilde{q}_l(s) \tilde{p}_l(t)^T.$$

Setzen wir

$$\Pi(w,z) := \tilde{\Pi}\big(W^{-1}(w), W^{-1}(z)\big) \quad \text{und} \quad \Pi^{\dagger}(w,z) := \Pi(z,w)^T, \quad (w,z) \in (W) \times (W),$$

sowie

$$p_l(w) := \tilde{p}_l\big(W^{-1}(w)\big) \quad \text{und} \quad q_l(w) := \tilde{q}_l\big(W^{-1}(w)\big), \quad w \in (W),$$

wobei wir

$$W^{-1} \in C^0\big((W), (0,1)\big)$$

beachten, so erhalten wir in Π eine Matrixkernfunktion

$$\Pi \in \mathcal{K}(W, d),$$

und in den p_l, q_l Vektorfunktionen

$$p_l, \; q_l \in \mathcal{B}(W, d), \quad l = 1, \ldots, N.$$

Dann sind sowohl die Darstellungen

$$\Pi(w,z) = \tilde{\Pi}\big(W^{-1}(w), W^{-1}(z)\big) = \sum_{l=1}^{N} \tilde{q}_l\big(W^{-1}(w)\big) \tilde{p}_l\big(W^{-1}(z)\big)^T = \sum_{l=1}^{N} q_l(w) p_l(z)^T \tag{81}$$

und

$$\Pi^{\dagger}(w,z) = \Pi(z,w)^T = \left[\sum_{l=1}^{N} q_l(z) p_l(w)^T\right]^T = \sum_{l=1}^{N} p_l(w) q_l(z)^T \tag{81†}$$

als auch die Abschätzungen

$$|K(w,z) - \Pi(w,z)| = \left|\tilde{K}\big(W^{-1}(w), W^{-1}(z)\big) - \tilde{\Pi}\big(W^{-1}(w), W^{-1}(z)\big)\right| < \frac{1}{\operatorname{Lng}(W)}$$

und

$$\left|K^{\dagger}(w,z) - \Pi^{\dagger}(w,z)\right| < \frac{1}{\operatorname{Lng}(W)}$$

für alle $(w,z) \in (W) \times (W)$ richtig. Die Supremumsnorm der Kerne $K - \Pi$ und $(K - \Pi)^{\dagger} = K^{\dagger} - \Pi^{\dagger}$ gemäß (74) genügt folglich der Ungleichung

$$\|K - \Pi\|_W^{\times} < \frac{1}{\operatorname{Lng}(W)} \quad \text{und} \quad \|(K - \Pi)^{\dagger}\|_W^{\times} < \frac{1}{\operatorname{Lng}(W)}.$$

Mit (76) gelten nun

$$\textstyle\int_W K - \int_W \Pi = \int_W (K - \Pi) \quad \text{sowie} \quad \int_W K^\dagger - \int_W \Pi^\dagger = \int_W (K^\dagger - \Pi^\dagger) = \int_W (K - \Pi)^\dagger. \quad (82)$$

Für die Operatoren $\int_W \Pi$ und $\int_W \Pi^\dagger$ haben wir wegen (81) und (81†) folgende Darstellungen:

$$\begin{aligned}(\textstyle\int_W \Pi f)(w) &= \int\limits_{z\in W} \Pi(w,z) f(z)\, dz = \int\limits_{z\in W} \sum_{l=1}^{N} q_l(w) p_l(z)^T f(z)\, dz \\ &= \sum_{l=1}^{N} q_l(w) \int\limits_{z\in W} p_l(z)^T f(z)\, dz = \sum_{l=1}^{N} b(p_l, f) q_l(w), \quad w \in (W),\end{aligned}$$

das heißt

$$\textstyle\int_W \Pi f = \sum_{l=1}^{N} b(p_l, f) q_l,$$

und

$$\begin{aligned}(\textstyle\int_W \Pi^\dagger f)(w) &= \int\limits_{z\in W} \Pi^\dagger(w,z) f(z)\, dz = \int\limits_{z\in W} \sum_{l=1}^{N} p_l(w) q_l(z)^T f(z)\, dz \\ &= \sum_{l=1}^{N} p_l(w) \int\limits_{z\in W} q_l(z)^T f(z)\, dz = \sum_{l=1}^{N} b(q_l, f) p_l(w), \quad w \in (W),\end{aligned}$$

also

$$\textstyle\int_W \Pi^\dagger f = \sum_{l=1}^{N} b(q_l, f) p_l.$$

Fassen wir die Funktionen $p_l, q_l \in \mathcal{B}(W,d)$, $l = 1, \ldots, N = d(m+1)(n+1)$, in den N-Tupeln

$$P := (p_1, \ldots, p_N) \in [\mathcal{B}(W,d)]^N \quad \text{und} \quad Q := (q_1, \ldots, q_N) \in [\mathcal{B}(W,d)]^N$$

zusammen, so können wir mit der abstrakten Bildung (57)

$$\textstyle\int_W \Pi f = \sum_{l=1}^{N} b(p_l, f) q_l = Qb(P, f) = Qb(P, I) f$$

und

$$\textstyle\int_W \Pi^\dagger f = \sum_{l=1}^{N} b(q_l, f) p_l = Pb(Q, f) = Pb(Q, I) f,$$

bzw.

$$\textstyle\int_W \Pi = Qb(P, I) \quad \text{und} \quad \int_W \Pi^\dagger = Pb(Q, I)$$

schreiben. Mit obigen N-Tupeln $P, Q \in [\mathcal{B}(W,d)]^N$ folgen

$$\textstyle\int_W K - Qb(P, I) = \int_W K - \int_W \Pi = \int_W (K - \Pi)$$

und

$$\textstyle\int_W K^\dagger - Pb(Q,I) = \int_W K^\dagger - \int_W \Pi^\dagger = \int_W (K-\Pi)^\dagger.$$

Nach Satz 42 gelten

$$\textstyle\int_W K - Qb(P,I) = \int_W (K-\Pi) \in \mathrm{Bnd}\big(\mathcal{B}(W,d)\big)$$

und

$$\textstyle\int_W K^\dagger - Pb(Q,I) = \int_W (K-\Pi)^\dagger \in \mathrm{Bnd}\big(\mathcal{B}(W,d)\big),$$

mit den Normabschätzungen

$$\|\textstyle\int_W K - Qb(P,I)\| = \|\int_W (K-\Pi)\| \le \mathrm{Lng}(W)\|K-\Pi\|_W^\times < \mathrm{Lng}(W)\dfrac{1}{\mathrm{Lng}(W)} = 1$$

und

$$\|\textstyle\int_W K^\dagger - Pb(Q,I)\| = \|\int_W (K-\Pi)^\dagger\| \le \mathrm{Lng}(W)\|(K-\Pi)^\dagger\|_W^\times < \mathrm{Lng}(W)\dfrac{1}{\mathrm{Lng}(W)} = 1.$$

Wir haben bereits gezeigt, dass das Operatorenpaar $(\int_W K, \int_W K^\dagger)$ b_W-adjungiert ist. Die letzten beiden Abschätzungen liefern schließlich die b_W-geometrische Kompaktheit desselben im Sinne der abstrakten Definition 38. Q.e.d.

Definition 44. *Seien auf der Kurve $W \in \bar{\mathcal{E}}^1$ die Kernfunktion $K \in \mathcal{K}(W,d)$ gemäß (73) und die rechte Seite $r \in \mathcal{B}(W,d)$ gemäß (71) vorgegeben. Dann erklären wir die Lösungsmenge der zu K und r gehörigen Fredholm'schen Integralgleichung als*

$$\mathrm{Fred}_W(K,r) := \Big\{ f \in \mathcal{B}(W,d) : \ (I - \textstyle\int_W K)f = f - \int_W K f = r \Big\}. \tag{83}$$

Durch Anwendung des abstrakten Auflösbarkeitssatzes 39 für b-geometrisch kompakte Operatorenpaare erhalten wir unmittelbar den

Satz 45. *Seien zur Kurve $W \in \bar{\mathcal{E}}^1$ die Kernfunktion $K \in \mathcal{K}(W,d)$ und die rechte Seite $r \in \mathcal{B}(W,d)$ beliebig vorgeschrieben und bezeichne $K^\dagger$ den transponierten Kern gemäß (80). Dann sind die homogenen Fredholm'schen Lösungsmengen $\mathrm{Fred}_W(K,0)$ und $\mathrm{Fred}_W(K^\dagger,0)$ beides endlichdimensionale Untervektorräume von $\mathcal{B}(W,d)$ mit*

$$\dim\big[\mathrm{Fred}_W(K,0)\big] = \dim\big[\mathrm{Fred}_W(K^\dagger,0)\big] \in \mathbb{N}_0,$$

und mit der Bilinearform b_W aus (79) gilt

$$\mathrm{Fred}_W(K,r) \neq \varnothing \quad \Longleftrightarrow \quad b_W(\varphi, r) = 0 \ \textit{für alle}\ \varphi \in \mathrm{Fred}_W(K^\dagger,0).$$

In den uns interessierenden Anwendungen wird W die Randkurve eines regulären C^1-Gebietes $G \in \mathcal{C}^1$ gemäß Definition 5 sein. Dann ist gewiss die Relation $W = \partial G \in \bar{\mathcal{E}}^1$ erfüllt. Jedoch bestehen in diesem Fall die echten Teilmengenbeziehungen

$$C^0(\partial G, \mathbb{C}^d) \subsetneqq \mathcal{B}(W,d) \quad \text{und} \quad C^0(\partial G \times \partial G, \mathbb{C}^{d\times d}) \subsetneqq \mathcal{K}(W,d),$$

da es einer Vektorfunktion $\in \mathcal{B}(W,d)$ erlaubt ist, im Punkt $w_0 := W(0) = W(1) \in \partial G$ einen Sprung von endlicher Höhe zu haben. (Eine analoge Situation finden wir in der Klasse $\mathcal{K}(W,d)$ vor.) Eine sehr angenehme Eigenschaft von Lösungen Fredholm'scher Integralgleichungen ist nun die Tatsache, dass deren Regularität durch die von Kern und rechter Seite bestimmt wird. Setzen wir in der Tat

$$K \in C^0(\partial G \times \partial G, \mathbb{C}^{d\times d}) \quad \text{und} \quad r \in C^0(\partial G, \mathbb{C}^d)$$

voraus, so gelten

$$K \circ W^\times \in C^0([0,1] \times [0,1], \mathbb{C}^{d\times d})$$

und

$$\lim_{t\to 0+} r\big(W(t)\big) = r(w_0) = \lim_{t\to 1-} r\big(W(t)\big).$$

Damit ist $K \circ W^\times$ gleichmäßig stetig auf $[0,1] \times [0,1]$, woraus insbesondere

$$\lim_{s\to 0+} \sup_{t\in[0,1]} \big|K\big(W(s), W(t)\big) - K\big(w_0, W(t)\big)\big| = 0$$

sowie

$$\lim_{s\to 1-} \sup_{t\in[0,1]} \big|K\big(W(s), W(t)\big) - K\big(w_0, W(t)\big)\big| = 0$$

folgt. Für eine beliebige Fredholm-Lösung

$$f \in \mathrm{Fred}_W(K,r) \subseteq \mathcal{B}(W,d)$$

haben wir die Darstellung

$$f\big(W(s)\big) = r\big(W(s)\big) + \big(\textstyle\int_{\partial G} Kf\big)\big(W(s)\big) = r\big(W(s)\big) + \displaystyle\int\limits_{z\in\partial G} K\big(W(s), z\big) f(z)\, dz$$

$$= \int\limits_{t=0}^{1} K\big(W(s), W(t)\big) f\big(W(t)\big)\, W'(t) dt,$$

welche

$$\lim_{t\to 0+} f\big(W(t)\big) = \lim_{t\to 1-} f\big(W(t)\big) =: f(w_0)$$

ergibt. Dies bedeutet schließlich

$$f \in C^0(\partial G, \mathbb{C}^d).$$

Es gilt also der

Satz 46. *Wenn $G \in \mathcal{C}^1$ ein reguläres C^1-Gebiet gemäß Definition 5 ist und*

$$K \in C^0(\partial G \times \partial G, \mathbb{C}^{d\times d}) \quad \textit{sowie} \quad r \in C^0(\partial G, \mathbb{C}^d)$$

gelten, dann ist $\partial G \in \bar{\mathcal{E}}^1$ und es folgt

$$\mathrm{Fred}_{\partial G}(K,r) \subseteq C^0(\partial G, \mathbb{C}^d).$$

Wir können weiterhin höhere Regularität, zum Beispiel einen Stetigkeitsmodul erreichen, was wir später auch benutzen werden:

Satz 47. *Sei durch* $\omega \in C^0([0,+\infty),[0,+\infty))$ *mit* $\omega(0)=0$ *ein beliebiger Stetigkeitsmodul gegeben. Seien weiter die Kernfunktion* $K \in C^0(\partial G \times \partial G, \mathbb{C}^{d\times d})$ *und die rechte Seite* $r \in C^0(\partial G, \mathbb{C}^d)$ *derart stetig, dass*

$$|K(w_1,z)-K(w_2,z)| \le M\omega(|w_1-w_2|)$$

und

$$|r(w_1)-r(w_2)| \le M\omega(|w_1-w_2|)$$

für alle $w_1, w_2, z \in \partial G$. *Dann gilt für jede Fredholm-Lösung* $f \in \mathrm{Fred}_{\partial G}(K,r)$ *die Ungleichung*

$$|f(w_1)-f(w_2)| \le \big(1+\mathrm{Lng}(\partial G)\|f\|\big)M\omega(|w_1-w_2|), \quad w_1,w_2 \in \partial G.$$

Beweis: $f \in \mathrm{Fred}_{\partial G}(K,r)$ erscheint als

$$f(w) = r(w) + \int\limits_{z\in\partial G} K(w,z)f(z)\,dz, \quad w \in \partial G,$$

und für alle $w_1, w_2 \in \partial G$ folgt

$$\begin{aligned}
|f(w_1)-f(w_2)| &\le |r(w_1)-r(w_2)| + \int\limits_{z\in\partial G} \big|\big(K(w_1,z)-K(w_2,z)\big)f(z)\big|\,|dz| \\
&\le |r(w_1)-r(w_2)| + \int\limits_{z\in\partial G} \big|K(w_1,z)-K(w_2,z)\big||f(z)|\,|dz| \\
&\le M\omega(|w_1-w_2|) + \int\limits_{z\in\partial G} M\omega(|w_1-w_2|)\|f\|\,|dz| \\
&= \big(1+\mathrm{Lng}(\partial G)\|f\|\big)M\omega(|w_1-w_2|).
\end{aligned}$$

Q.e.d.

Vor allem der Hölder'sche Stetigkeitsmodul

$$\omega(x) := x^\alpha$$

mit einem $\alpha \in (0,1]$ wird für uns eine Rolle spielen.

Offenbar lassen sich völlig analog auch Aussagen über die (höhere) Differenzierbarkeit von Lösungen $f \in \mathrm{Fred}_{\partial G}(K,r)$ ableiten, wenn man entsprechende Regularitäten von ∂G, K und r fordert.

3 Über das Riemann'sche Problem der Funktionentheorie

Das Riemann'sche Problem ist ein klassisches funktionentheoretisches Problem und entspringt der Theorie der linearen Differentialgleichungssysteme in einer komplexen Variablen. Dieses hängt zusammen mit dem einundzwanzigsten Hilbert'schen Problem, welches nach seiner Aufnahme in den Kanon der dreiundzwanzig großen Probleme durch David Hilbert oft als das Riemann-Hilbert-Problem bezeichnet wird. Die ursprüngliche Formulierung Riemanns ist jedoch vom Hintergrund der Differentialgleichungssysteme unabhängig und ein rein funktionentheoretisches Problem. Wir wollen uns diesem auch in seiner klassischen Formulierung nähern und den differentialgleichungstechnischen Hintergrund unangetastet lassen.

In diesem Kapitel stellen wir das Riemann'sche Problem vor und entwickeln eine Lösungstheorie dafür. Dabei stützen wir uns auf die Arbeit [P] von Josip Plemelj aus dem Jahre 1908, in welcher sich die wesentlichen Ideen zu seiner Lösung finden, die ihrerseits bereits auf David Hilbert zurückgehen. Wir arbeiten diese inzwischen mehr als hundert Jahre alten Ideen auf und kleiden sie in ein modernes Gewand. Dabei können wir heute präziser vorgehen als es mit den Mitteln des gerade begonnenen zwanzigsten Jahrhunderts möglich war. Wir weiten die Darstellung beträchtlich aus und können manche Ergebnisse etwas verallgemeinern.

In Abschnitt 3.1 geben wir eine präzise Definition des Riemann'schen Problems, eine moderne Fassung der klassischen Problemstellung. Dort studieren wir auch einfache (algebraische) Eigenschaften der Riemann'schen Lösungsmenge, was keinen größeren technischen Aufwand erfordert. In Abschnitt 3.2 definieren wir ein dem Riemann'schen verwandtes Problem, welches hier das Hilbert-Plemelj-Problem genannt werden soll. Dieses wird sich einer Behandlung mit der in Kapitel 2 entwickelten Integralgleichungstheorie als zugänglich erweisen, was wir im Abschnitt 3.4 genauer untersuchen. Davor zeigen wir im Abschnitt 3.3 den Zusammenhang zwischen dem Riemann'schen und dem Hilbert-Plemelj'schen Problem auf, was in den Hauptsatz 68 münden wird. Dort werden Potenzfunktionen der Form

$$\left(\frac{z-w_2}{z-w_1}\right)^{\varrho}$$

eine wesentliche Rolle spielen. In den letzten beiden Abschnitten 3.6 und 3.7 nutzen wir gewisse Strukturbedingungen der Lösungsräume des Riemann'schen und des Hilbert-Plemelj'schen Problems, um ihre Lösungsgesamtheit in einfacher Form darzustellen. Dazu bedienen wir uns einer abstrakteren Strukturanalyse, die wir in Abschnitt 3.5 darstellen und zum Hauptsatz 84 führt, welchen wir allgemeinen Plemelj'schen Darstellungssatz nennen. Ähnliche Aussagen hatte Plemelj bereits für die konkreten Lösungsräume. Unsere strukturelle Herangehensweise ist in den alten Arbeiten allerdings noch nicht zu finden.

Im abschließenden Kapitel 4 wenden wir die hier dargelegte Lösungstheorie auf ein lineares elliptisches Randwertproblem an.

3.1 Das Riemann'sche Problem

Zu $m \in \mathbb{N}$ bezeichnen wir die Menge

$$\mathbb{N}(m) := \{1, \ldots, m\}. \tag{84}$$

Im Folgenden wollen wir uns eine Abbildung

$$a \in \operatorname{Abb}\big(\mathbb{N}(m), A\big)$$

mit Werten in einer abstrakten Menge A zyklisch auf beliebige ganze Indizes fortgesetzt denken gemäß

$$a(j+km) := a(j), \quad \text{für } j = 1, \ldots, m, \ k \in \mathbb{Z}. \tag{85}$$

Offenbar ist $\text{Abb}(\mathbb{N}(m), A)$ äquivalent zur Menge A^m der m-Tupel von A-Elementen. Wir bezeichnen

$$A^m_{\neq} := \Big\{ a \in \text{Abb}\big(\mathbb{N}(m), A\big) \,:\, a \text{ ist injektiv} \Big\}. \tag{86}$$

Dann können wir $a \in A^m_{\neq}$ als m-Tupel $(a_1, \ldots, a_m) \in A^m$ von paarweise verschiedenen Elementen von A auffassen.

Definition 48. (Stückweise reguläre C^k-Gebiete) *Für $m \in \mathbb{N}$ sei $\zeta \in \mathbb{C}^m_{\neq}$. Wir nennen ein beschränktes Gebiet $G \subset \mathbb{C}$ mit topologischem Rand ∂G stückweise C^1-regulär mit potentiellen Ecken in ζ gemäß (86) und schreiben*

$$G \in \mathcal{C}^k(\zeta),$$

falls folgendes richtig ist:

i) Es gibt m eingebettete Kurven $c_1, \ldots, c_m \in \bar{\mathcal{E}}^k$ gemäß (29') mit

$$c_j(0) = \zeta_{j-1} \quad \textit{und} \quad c_j(1) = \zeta_j \quad \textit{für alle } j \in \mathbb{N}(m)$$

(wir beachten (85)), so dass

$$[c_j) \cap [c_l) = \varnothing \quad \textit{für alle } j, l \in \mathbb{N}(m) \textit{ mit } j \neq l$$

und

$$\bigcup_{j=1}^{m} [c_j) = \partial G.$$

ii) Zu jedem $j = 1, \ldots, m$ und jedem $t \in (0,1)$ gibt es eine Zahl $\eta = \eta(k,t) \in (0, +\infty)$ mit

$$c_j(t) + \lambda \cdot i \frac{c_j'(t)}{|c_j'(t)|} \in G \textit{ und } c_j(t) - \lambda \cdot i \frac{c_j'(t)}{|c_j'(t)|} \in \mathbb{C} \backslash \overline{G} \quad \textit{für alle } \lambda \in (0, \eta).$$

Wir verwenden im Folgenden die allgemein übliche Bezeichnung

$$\text{GL}_d := \big\{ A \in \mathbb{C}^{d \times d} : \ \det A \neq 0 \big\}$$

für die Menge der nichtsingulären komplexen $d \times d$-Matrizen. Zusammen mit der Matrizenmultiplikation bildet GL_d die sogenannte allgemeine lineare Gruppe.

Definition 49. (Funktionentheoretisches Riemann'sches Problem) *Seien $m, d \in \mathbb{N}$ und ein m-Tupel paarweise verschiedener Punkte*

$$\zeta = (\zeta_1, \ldots, \zeta_m) \in \mathbb{C}^m_{\neq}$$

fest vorgegeben. Seien weiter $G \in \mathcal{C}^1(\zeta)$ ein stückweise reguläres C^1-Gebiet mit möglichen Ecken $\zeta_1, \ldots, \zeta_m$ und Randbögen $c_1, \ldots, c_m$ gemäß Definition 48 sowie

$$U = (U^{(1)}, \ldots, U^{(m)}) \in \text{GL}^m_d$$

ein m-Tupel nichtsingulärer komplexer $d \times d$-Matrizen. Es bezeichne $Z = Z(\zeta)$ die Menge

$$Z = Z(\zeta) := \{\zeta_1, \dots, \zeta_m\}.$$

Wir nennen eine Außenfunktion $f \in \dot{H}^d(\infty)$ eine Lösung des funktionentheoretischen Riemann'schen Problems auf dem Gebiet G zum Übergangsverhalten (ζ, U) und schreiben

$$f \in \mathrm{Rie}_G(\zeta, U),$$

falls folgendes richtig ist:

i) Es gilt

$$f \in H^d(\mathbb{C}\backslash\overline{G}) \cap C^0(\mathbb{C}\backslash(G \cup Z), \mathbb{C}^d).$$

ii) Es gibt eine Innenfunktion

$$v \in H^d(G) \cap C^0(\overline{G}\backslash Z, \mathbb{C}^d)$$

derart, dass für $j = 1, \dots, m$ jeweils auf dem Bogen c_j die Linienwertgleichung

$$\mathrm{Liw}^-_{c_j} f = U^{(j)} \cdot \mathrm{Liw}^+_{c_j} v$$

erfüllt ist. v nennen wir eine korrespondierende Innenfunktion der Lösung f.

Für $j = 1, \dots, m$ jeweils nennen wir die Matrix $U^{(j)} \in \mathrm{GL}_d$ die Übergangssubstitution auf dem Bogen $(c_j) \subset \partial G$, die Matrix

$$Y^{(j)} := U^{(j+1)}(U^{(j)})^{-1} \in \mathrm{GL}_d$$

die zum singulären Punkt ζ_j gehörige Fundamentalsubstitution. Dabei beachten wir die zyklische Indexfortsetzung gemäß (85).

Das funktionentheoretische Riemann'sche Problem verlangt also nach außerhalb von $\overline{G}$ holomorphen Vektorfunktionen f, zu denen eine in G holomorphe Vektorfunktion v existiert, so dass deren Randwerte auf den Randstücken $(c_j) \subset \partial G$ jeweils durch die nichtsinguläre konstante Matrix $U^{(j)}$ ineinander übergehen. In Abschnitt 3.3 werden wir sehen, was es mit den Fundamentalsubstitutionen $Y^{(j)}$ auf sich hat.

Zunächst zeigen wir, dass es genau eine korrespondierende Innenfunktion v einer Lösung $f \in \mathrm{Rie}_G(\zeta, U)$ gibt. Nicht nur dazu benötigen wir den folgenden

Satz 50. *Es seien $\beta \in \mathcal{E}^1$ eine eingebettete ebene Kurve, $\Omega^\pm \in \mathcal{O}^\pm(\beta)$ links bzw. rechts an β grenzende offene Mengen gemäß Definition 19 sowie Funktionen $f^\pm$ aus der Klasse*

$$f^\pm \in H^d(\Omega^\pm) \cap C^0(\Omega^\pm \cup (\beta), \mathbb{C}^d),$$

welche der Linienwertbeziehung

$$\mathrm{Liw}^+_\beta f^+ = \mathrm{Liw}^-_\beta f^-$$

genügen mögen. Dann gilt für die Funktion

$$h(z) := \begin{cases} f^+(z), & \textit{falls } z \in \Omega^+ \\ (\mathrm{Liw}_\beta^- f^-)(z), & \textit{falls } z \in (\beta) \\ f^-(z), & \textit{falls } z \in \Omega^- \end{cases}$$

die Relation

$$h \in H^d\big(\Omega^+ \cup (\beta) \cup \Omega^-\big).$$

In anderen Worten sind f^+ und f^- holomorph über die Linie (β) fortsetzbar.

Beweis: Zunächst können wir

$$\Omega^+ \cap \Omega^- = \varnothing$$

annehmen. Offensichtlich ist h stetig auf (β) fortsetzbar, d.h. wir haben schon $h \in C^0\big(\Omega, \mathbb{C}^d\big)$, wobei die offene Menge

$$\Omega := \Omega^+ \cup (\beta) \cup \Omega^-$$

bezeichnet sei. Zum festen Punkt $w_0 \in (\beta)$ haben die Gebiete

$$G^\pm := \Omega^\pm \cap B_\varepsilon(w_0)$$

für jedes genügend kleine $\varepsilon > 0$ die Ränder

$$\partial G^\pm = S^\pm \cup \gamma,$$

wobei S^+ und S^- zwei sich ergänzende Kreislinienstücke sind mit

$$S^+ \cup S^- = \partial B_\varepsilon(w_0),$$

und $\gamma \in \bar{\mathcal{E}}^1$ eine Kurve ist mit

$$(\gamma) = (\beta) \cap B_\varepsilon(w_0) \subset (\beta).$$

Wir behandeln die Fälle $w \in G^+$ und $w \in G^-$ simultan: Für $w \in G^\pm$ erhalten wir mit dem Cauchy'schen Integralsatz zum Einen

$$0 = \int\limits_{z \in \partial G^\mp} \frac{h(z)}{z-w}\, dz = \int\limits_{z \in S^\mp} \frac{h(z)}{z-w}\, dz \mp \int\limits_{z \in \gamma} \frac{h(z)}{z-w}\, dz,$$

mit der Cauchy'schen Integralformel zum Anderen die Darstellung

$$2\pi i h(w) = \int\limits_{z \in \partial G^\pm} \frac{h(z)}{z-w}\, dz = \int\limits_{z \in S^\pm} \frac{h(z)}{z-w}\, dz \pm \int\limits_{z \in \gamma} \frac{h(z)}{z-w}\, dz.$$

Dabei sehen wir S^+, S^- als im üblichen Sinn positiv orientierte Kreislinienstücke an, γ als mit β gleichorientierte Kurve. Daraus ergibt sich

$$\begin{aligned} 2\pi i h(w) = 2\pi i h(w) + 0 &= \int\limits_{z \in S^\pm} \frac{h(z)}{z-w}\, dz \pm \int\limits_{z \in \gamma} \frac{h(z)}{z-w}\, dz + \int\limits_{z \in S^\mp} \frac{h(z)}{z-w}\, dz \mp \int\limits_{z \in \gamma} \frac{h(z)}{z-w}\, dz \\ &= \int\limits_{z \in S^\pm} \frac{h(z)}{z-w}\, dz + \int\limits_{z \in S^\mp} \frac{h(z)}{z-w}\, dz = \int\limits_{z \in \partial B_\varepsilon(w_0)} \frac{h(z)}{z-w}\, dz, \end{aligned}$$

also schließlich

$$h(w) = \frac{1}{2\pi i} \int\limits_{z \in \partial B_\varepsilon(w_0)} \frac{h(z)}{z-w}\, dz, \quad w \in G^+ \cup G^-.$$

Linke und rechte Seite dieser Gleichung sind als Funktionen in w stetig auf $B_\varepsilon(w_0)$ (fortsetzbar). Mit dieser Darstellung ist nun die stetige Fortsetzung von h auf $B_\varepsilon(w_0)$ analytisch, also holomorph. Da $w_0 \in (\beta)$ beliebig gewählt war, erhalten wir

$$h \in H^d(\Omega).$$

Q.e.d.

Mit Satz 50 erhalten wir folgende Fortsetzbarkeitsaussage für Lösungen des funktionentheoretischen Riemann'schen Problems:

Hilfssatz 51. *Gelten die Bezeichnungen aus Definition 49 und sei $f \in \mathrm{Rie}_G(\zeta, U)$ mit korrespondierender Innenfunktion v eine Lösung des Riemann'schen Problems. Dann ist f für $j = 1, \ldots, m$ jeweils über die Randlinie (c_j) holomorph ins Innere von G fortsetzbar, genauer gilt für die Funktion*

$$h^{(j)}(z) := \begin{cases} U^{(j)} v(z), & \textit{falls } z \in G \\ (\mathrm{Liw}_{c_j}^- f)(z), & \textit{falls } z \in (c_j) \\ f(z), & \textit{falls } z \in \mathbb{C}\backslash\overline{G} \end{cases}, \quad z \in (\mathbb{C}\backslash\partial G) \cup (c_j),$$

die Relation

$$h^{(j)} \in H^d\big((\mathbb{C}\backslash\partial G) \cup (c_j)\big).$$

Beweis: Sei $j \in \mathbb{N}(m)$ beliebig. Dann haben wir

$$U^{(j)} v \in H^d(G) \cap C^0(\overline{G}\backslash Z, \mathbb{C}^d).$$

Per definitionem gilt

$$\mathrm{Liw}_{c_j}^- f = U^{(j)} \,\mathrm{Liw}_{c_j}^+ v = \mathrm{Liw}_{c_j}^+ (U^{(j)} v).$$

Mit Satz 50 folgt

$$h^{(j)} \in H^d\big((\mathbb{C}\backslash\partial G) \cup (c_j)\big).$$

Q.e.d.

Wenn also $v^{(1)}, v^{(2)}$ korrespondierende Innenfunktionen derselben Riemann'schen Lösung $f \in \mathrm{Rie}_G(\zeta, U)$ sind, dann gilt für die Funktionen

$$h^{(1,\kappa)}(z) := \begin{cases} U^{(1)} v^{(\kappa)}(z), & \text{falls } z \in G \\ (\mathrm{Liw}_{c_1}^- f)(z), & \text{falls } z \in (c_1) \\ f(z), & \text{falls } z \in \mathbb{C}\backslash\overline{G} \end{cases}, \quad \kappa = 1, 2,$$

nach Hilfssatz 51 die Relation

$$h^{(1,\kappa)} \in H^d\big((\mathbb{C}\backslash\partial G) \cup (c_1)\big), \quad \kappa = 1, 2.$$

Wegen

$$h^{(1,1)}(z) = f(z) = h^{(1,2)}(z) \quad \text{für alle } z \in \mathbb{C}\backslash\overline{G}$$

folgt

$$h^{(1,1)}(z) \equiv h^{(1,2)}(z),$$

damit

$$U^{(1)}v^{(1)} = U^{(1)}v^{(2)}$$

und schließlich

$$v^{(1)} = v^{(2)}.$$

Dies fassen wir zusammen im

Satz 52. *Die korrespondierende Innenfunktion v einer Lösung $f \in \mathrm{Rie}_G(\zeta, U)$ eines Riemann'schen Problems gemäß Definition 49 ist durch f eindeutig bestimmt.*

Definition 53. *Es gelten die Bezeichnungen von Definition 49. Die nach Satz 52 eindeutig bestimmte korrespondierende Innenfunktion einer Riemann'schen Lösung $f \in \mathrm{Rie}_G(\zeta, U)$ sei im Folgenden stets f^+ genannt. Für $j = 1, \ldots, m$ jeweils erklären wir auf $\mathrm{Rie}_G(\zeta, U)$ den Fortsetzungsoperator $\mathbb{F}^{(j)}$ angewandt auf eine Lösung $f \in \mathrm{Rie}_G(\zeta, U)$ punktweise durch*

$$(\mathbb{F}^{(j)}f)(z) := \begin{cases} U^{(j)}f^+(z), & \text{falls } z \in G \\ (\mathrm{Liw}_{c_j}^- f)(z), & \text{falls } z \in (c_j) \\ f(z), & \text{falls } z \in \mathbb{C}\backslash\overline{G} \end{cases}, \quad z \in (\mathbb{C}\backslash\partial G) \cup (c_j).$$

Satz 54. *Gelten die Bezeichnungen von Definition 49 und sei $f \in \mathrm{Rie}_G(\zeta, U)$ mit korrespondierender Innenfunktion f^+. Dann sind für $j = 1, \ldots, m$ jeweils folgende Aussagen richtig:*

i) Es ist

$$\mathbb{F}^{(j)}f \in H^d\big((\mathbb{C}\backslash\partial G) \cup (c_j)\big).$$

ii) Es gelten

$$f = (\mathbb{F}^{(j)}f)\big|_{\mathbb{C}\backslash\overline{G}} \quad \textit{sowie} \quad f^+ = (U^{(j)})^{-1}(\mathbb{F}^{(j)}f)\big|_G.$$

iii) Auf dem Bogen $(c_j) \subset \partial G$ gilt

$$\mathrm{Liw}_{c_j}^+(\mathbb{F}^{(j+1)}f) = Y^{(j)} \cdot \mathrm{Liw}_{c_j}^-(\mathbb{F}^{(j+1)}f).$$

Beweis: i) und ii) folgen unmittelbar aus Definition 53 beziehungsweise Hilfssatz 51.

iii): Zunächst haben wir

$$\mathrm{Liw}_{c_j}^+(\mathbb{F}^{(j+1)}f) = \mathrm{Liw}_{c_j}^+(U^{(j+1)}f^+) \quad \text{und} \quad \mathrm{Liw}_{c_j}^-(\mathbb{F}^{(j+1)}f) = \mathrm{Liw}_{c_j}^- f.$$

Damit folgt

$$\begin{aligned} \mathrm{Liw}_{c_j}^+(\mathbb{F}^{(j+1)}f) &= \mathrm{Liw}_{c_j}^+(U^{(j+1)}f^+) = U^{(j+1)}\,\mathrm{Liw}_{c_j}^+ f^+ = U^{(j+1)} \cdot (U^{(j)})^{-1}\,\mathrm{Liw}_{c_j}^- f \\ &= Y^{(j)}\,\mathrm{Liw}_{c_j}^-(\mathbb{F}^{(j+1)}f). \end{aligned}$$

Q.e.d.

Bemerkung: Die Funktion $\mathbb{F}^{(j+1)}f$ ist somit um den (singulären) Punkt ζ_j herum analytisch fortsetzbar und erfährt bei analytischer Fortsetzung um ζ_j in mathematisch positivem Sinn die Fundamentalsubstitution

$$Y^{(j)} = U^{(j+1)}(U^{(j)})^{-1}.$$

Die Operatoren $\mathbb{F}^{(j)}$ sind allesamt lineare Operatoren auf $\mathrm{Rie}_G(\zeta, U)$, der, wie der nächste Satz zeigt, einen Untervektorraum von $\dot{H}^d(\infty)$ bildet:

Satz 55. *Es gelten die Bezeichnungen aus Definition 49.*

i) Sind $\lambda_1, \lambda_2 \in \mathbb{C}$ und $f^{(1)}, f^{(2)} \in \mathrm{Rie}_G(\zeta, U)$, so gilt

$$\lambda_1 f^{(1)} + \lambda_2 f^{(2)} \in \mathrm{Rie}_G(\zeta, U).$$

ii) Ist $f \in \mathrm{Rie}_G(\zeta, U)$ und $h \in H(\mathbb{C}\backslash Z)$ eine holomorphe skalarwertige Funktion in der komplexen Ebene, die höchstens in den Punkten $\zeta_1, \ldots, \zeta_m$ nichtregulär wird, so gilt

$$hf \in \mathrm{Rie}_G(\zeta, U).$$

Dabei verstehen wir hf als punktweise gebildete skalare Multiplikation gemäß

$$(hf)(z) = \big[h(f_1, \ldots, f_d)^T\big](z) := \big(h(z)f_1(z), \ldots, h(z)f_d(z)\big)^T.$$

Beweis i): Für beliebige $\lambda_1, \lambda_2 \in \mathbb{C}$ haben wir zunächst

$$\lambda_1 f^{(1)} + \lambda_2 f^{(2)} \in H^d(\mathbb{C}\backslash\overline{G}) \cap C^0\big(\mathbb{C}\backslash(G \cup Z)\mathbb{C}^d\big)$$

sowie

$$\lambda_1 f^{(1)+} + \lambda_2 f^{(2)+} \in H^d(G) \cap C^0(\overline{G}\backslash Z, \mathbb{C}^d).$$

Aus

$$\mathrm{Liw}^-_{c_j} f^{(\kappa)} = U^{(j)} \,\mathrm{Liw}^+_{c_j} f^{(\kappa)+}, \quad \text{für } j = 1, \ldots, m, \quad \kappa = 1, 2,$$

und der Linearität der Linienwertoperatoren $\mathrm{Liw}^{\pm}_{\beta}$ folgen für $j = 1, \ldots, m$ die Linienwertbeziehungen

$$\begin{aligned}
\mathrm{Liw}^-_{c_j}(\lambda_1 f^{(1)} + \lambda_2 f^{(2)}) &= \lambda_1 \,\mathrm{Liw}^-_{c_j} f^{(1)} + \lambda_2 \,\mathrm{Liw}^-_{c_j} f^{(2)} \\
&= \lambda_1 U^{(j)} \,\mathrm{Liw}^+_{c_j} f^{(1)+} + \lambda_2 U^{(j)} \,\mathrm{Liw}^+_{c_j} f^{(2)+} \\
&= U^{(j)}(\lambda_1 \,\mathrm{Liw}^+_{c_j} f^{(1)+}) + U^{(j)}(\lambda_2 \,\mathrm{Liw}^+_{c_j} f^{(2)+}) \\
&= U^{(j)} \cdot \mathrm{Liw}^+_{c_j}(\lambda_1 f^{(1)+} + \lambda_2 f^{(2)+}).
\end{aligned}$$

Folglich ist

$$\lambda_1 f^{(1)} + \lambda_2 f^{(2)} \in \mathrm{Rie}_G(\zeta, U).$$

$\mathrm{Rie}_G(\zeta, U)$ besitzt selbst also wieder Vektorraumstruktur und bildet einen Unterraum von $\dot{H}^d(\infty)$.

ii): Wenn $h \in H(\mathbb{C}\backslash Z)$ ist, so gilt zunächst

$$hf \in H^d(\mathbb{C}\backslash\overline{G}) \cap C^0\big(\mathbb{C}\backslash(G \cup Z), \mathbb{C}^d\big),$$

ebenso

$$hf^+ \in H^d(G) \cap C^0(\overline{G} \backslash Z, \mathbb{C}^d),$$

und wir berechnen unter Beachtung der Stetigkeit von h auf $\mathbb{C}\backslash Z$ für $j = 1, \ldots, m$ jeweils

$$\begin{aligned}\big[\mathrm{Liw}_{c_j}^-(hf)\big](z) &= h(z)(\mathrm{Liw}_{c_j}^- f)(z) = h(z)U^{(j)}(\mathrm{Liw}_{c_j}^+ f^+)(z) = U^{(j)}\big[h(z)(\mathrm{Liw}_{c_j}^+ f^+)(z)\big] \\ &= U^{(j)}\big[\mathrm{Liw}_{c_j}^+(hf^+)\big](z), \quad z \in (c_j).\end{aligned}$$

Q.e.d.

Damit gilt

$$\mathbb{F}^{(j)} \in \mathrm{Hom}\big[\mathrm{Rie}_G(\zeta, U), H^d\big((\mathbb{C}\backslash\partial G) \cup (c_j)\big)\big], \quad j = 1, \ldots, m.$$

Wir zeigen noch einen Adaptionssatz für das funktionentheoretische Riemann-Problem, eine nicht sehr wesentliche, aber eben doch bestehende technische Notwendigkeit, die wir erst im Beweis des Hauptsatzes 68 einsehen.

Haben wir eine Lösung $f \in \mathrm{Rie}_G(\zeta, U)$ des Riemann'schen Problems auf dem Gebiet G mit singulären Punkten ζ zum Übergangsverhalten (ζ, U), so können wir dessen Rand ∂G mit Ausnahme der Punkte $\zeta_1, \ldots, \zeta_m$ ein wenig deformieren zu einem Gebiet Γ und die Lösung f durch analytische Fortsetzung über die alten Randlinien auf die neuen Randlinien anpassen. Auf diese Weise erhalten wir eine an Γ adaptierte Lösung $\tilde{f} \in \mathrm{Rie}_\Gamma(\zeta, U)$ desselben Riemann'schen Problems (d.h. zum selben Übergangsverhalten (ζ, U)) auf dem deformierten Gebiet Γ, die im wesentlichen mit f übereinstimmt. Dies wollen wir jetzt genauer betrachten:

Definition 56. *Seien $\zeta \in \mathbb{C}^m_{\neq}$ und dazu zwei stückweise reguläre C^1-Gebiete $G, \Gamma \in \mathcal{C}^1(\zeta)$ mit Randbögen c_j, γ_j, $j = 1, \ldots, m$, im Sinne von Definition 48 gegeben. Wir nennen Γ zu G ζ-ähnlich und schreiben*

$$\Gamma \approx_\zeta G,$$

falls es m disjunkte Gebiete $\Theta_1, \ldots, \Theta_m \in \mathbb{C}$ mit

$$\Theta_j \cap \Theta_l = \varnothing \quad \textit{und} \quad \overline{\Theta_j} \cap \overline{\Theta_{j+1}} = \{\zeta_j\} \quad \textit{für alle } j, l = 1, \ldots, m, \ j \neq l \tag{87}$$

gibt, so dass

$$(c_j) \subset \Theta_j \quad \textit{und} \quad (\gamma_j) \subset \Theta_j \quad \textit{für } j = 1, \ldots, m. \tag{88}$$

Wir setzen

$$\Theta := \bigcup_{j=1}^m \Theta_j.$$

Für alle $G, \Gamma \in \mathcal{C}^1(\zeta)$ gelten offenbar

$$G \approx_\zeta G,$$

sowie die Implikation

$$\Gamma \approx_\zeta G \implies G \approx_\zeta \Gamma.$$

Die Relation $\approx_\zeta$ ist demnach reflexiv und symmetrisch.

Definition 57. *Seien* $\zeta \in \mathbb{C}^m_{\neq}$, $G, \Gamma \in \mathcal{C}^1(\zeta)$, $U \in \mathrm{GL}_d^m$ *und*

$$\Gamma \approx_\zeta G.$$

Wir erklären auf dem Raum $\mathrm{Rie}_G(\zeta, U)$ *den Adaptor* $\mathbb{D}_G^\Gamma$ *angewandt auf* $f \in \mathrm{Rie}_G(\zeta, U)$ *punktweise durch*

$$(\mathbb{D}_G^\Gamma f)(z) := \begin{cases} f(z), & \text{falls } z \in \mathbb{C}\backslash(G \cup Z \cup \Theta) \\ \left\{(\mathbb{F}^{(j)} f)(z), \right. & \text{falls } z \in \Theta_j \;\Big|_{j=1}^{m} \end{cases}, \quad z \in \mathbb{C}\backslash\overline{\Gamma}.$$

Dabei bezeichnet $\mathbb{F}^{(j)}$ *für* $j = 1, \ldots, m$ *jeweils den Fortsetzungsoperator aus Definition 53.*

Da die $\mathbb{F}^{(j)}$ lineare Operatoren auf $\mathrm{Rie}_G(\zeta, U)$ sind, ist auch der Adaptor $\mathbb{D}_G^\Gamma$ für feste einander ζ-ähnliche Gebiete $G, \Gamma \in \mathcal{C}^1(\zeta)$ linear.

Seien

$$G, \Gamma \in \mathcal{C}^1(\zeta) \quad \text{mit} \quad \Gamma \approx_\zeta G$$

und

$$f \in \mathrm{Rie}_G^d(\zeta, U)$$

eine Lösung des Riemann'schen Problems auf G zum Übergangsverhalten (ζ, U) mit korrespondierender Innenfunktion f^+. Dann folgt mit Definition 57 und Satz 54 i) und ii)

$$\mathbb{D}_G^\Gamma f \in H^d\big(\mathbb{C}\backslash(\Gamma \cup Z)\big),$$

die Funktion $\mathbb{D}_G^\Gamma f$ ist demnach durch f wohlbestimmt und unabhängig von der Konfiguration $\Theta_1, \ldots, \Theta_m$ mit (87) und (88). Erklären wir dazu die Funktion

$$v(z) := \begin{cases} f^+(z), & \text{falls } z \in G\backslash\Theta \\ \left\{(U^{(j)})^{-1}(\mathbb{F}^{(j)} f)(z), \right. & \text{falls } z \in \Theta_j \;\Big|_{j=1}^{m} \end{cases}, \quad z \in \Gamma,$$

so erhalten wir mit Satz 54 i) und ii) analog

$$v \in H^d(\overline{\Gamma}\backslash Z).$$

Auch v ist damit unabhängig von $\Theta_1, \ldots, \Theta_m$.

Wegen (88) und der Stetigkeit von $\mathbb{F}^{(j)} f$ auf Θ_j erhalten wir für $j = 1, \ldots, m$ jeweils

$$\mathrm{Liw}^-_{\gamma_j}(\mathbb{D}_G^\Gamma f) = \mathrm{Liw}^-_{\gamma_j}(\mathbb{F}^{(j)} f) = (\mathbb{F}^{(j)} f)\big|_{(\gamma_j)}$$

und

$$\mathrm{Liw}^+_{\gamma_j} v = \mathrm{Liw}^+_{\gamma_j}\left[(U^{(j)})^{-1}(\mathbb{F}^{(j)} f)\right] = (U^{(j)})^{-1}(\mathbb{F}^{(j)} f)\big|_{(\gamma_j)}.$$

Es folgt auf (γ_j) die Linienwertbeziehung

$$\mathrm{Liw}^-_{\gamma_j}(\mathbb{D}_G^\Gamma f) = (\mathbb{F}^{(j)} f)\big|_{(\gamma_j)} = U^{(j)} \cdot \left[(U^{(j)})^{-1}(\mathbb{F}^{(j)} f)\big|_{(\gamma_j)}\right] = U^{(j)}\, \mathrm{Liw}^+_{\gamma_j} v.$$

Wir haben also in $\mathbb{D}_G^\Gamma f$ eine Lösung des Riemann'schen Problems auf dem Gebiet Γ zum Übergangsverhalten (ζ, U) vor uns, d.h.

$$\mathbb{D}_G^\Gamma f \in \mathrm{Rie}_\Gamma(\zeta, U),$$

mit korrespondierender Innenfunktion

$$(\mathbb{D}_G^\Gamma f)^+ = v.$$

Damit ist $\mathbb{D}_G^\Gamma$ ein linearer Operator

$$\mathbb{D}_G^\Gamma\colon\ \mathrm{Rie}_G(\zeta, U) \longrightarrow \mathrm{Rie}_\Gamma(\zeta, U).$$

Nun gilt mit $\Gamma \approx_\zeta G$ auch $G \approx_\zeta \Gamma$. Also können wir auf die Riemann-Lösung

$$\mathbb{D}_G^\Gamma f \in \mathrm{Rie}_\Gamma(\zeta, U)$$

den Adaptor $\mathbb{D}_\Gamma^G$ anwenden und erhalten

$$\mathbb{D}_\Gamma^G(\mathbb{D}_G^\Gamma f) \in \mathrm{Rie}_G(\zeta, U),$$

wobei mit Definition 57

$$\big[\mathbb{D}_\Gamma^G(\mathbb{D}_G^\Gamma f)\big](z) = (\mathbb{D}_G^\Gamma f)(z) = f(z) \quad \text{für alle } z \in (\mathbb{C}\backslash\overline{G}) \cap (\mathbb{C}\backslash\overline{\Gamma})$$

richtig ist. Daraus folgt

$$\mathbb{D}_\Gamma^G(\mathbb{D}_G^\Gamma f) = f \in \mathrm{Rie}_G(\zeta, U).$$

Analog erhalten wir für beliebiges $f \in \mathrm{Rie}_\Gamma(\zeta, U)$ die Gleichung

$$\mathbb{D}_G^\Gamma(\mathbb{D}_\Gamma^G f) = f \in \mathrm{Rie}_\Gamma(\zeta, U).$$

Wir fassen diese Erkenntnis zusammen im

Satz 58. (Adaptionssatz) *Seien $\zeta \in \mathbb{C}_{\neq}^m$, $U \in \mathrm{GL}_d^m$ und $G, \Gamma \in \mathcal{C}^1(\zeta)$ stückweise reguläre Gebiete mit $\Gamma \approx_\zeta G$. Dann gelten*

$$\mathbb{D}_G^\Gamma \in \mathrm{Hom}\big(\mathrm{Rie}_G(\zeta, U), \mathrm{Rie}_\Gamma(\zeta, U)\big) \quad \textit{und} \quad \mathbb{D}_\Gamma^G \in \mathrm{Hom}\big(\mathrm{Rie}_\Gamma(\zeta, U), \mathrm{Rie}_G(\zeta, U)\big)$$

sowie

$$\mathbb{D}_\Gamma^G \circ \mathbb{D}_G^\Gamma = I = \mathbb{D}_G^\Gamma \circ \mathbb{D}_\Gamma^G.$$

Die Adaptoren $\mathbb{D}_G^\Gamma$ und $\mathbb{D}_\Gamma^G$ sind also zueinander invers.

3.2 Das Hilbert-Plemelj-Problem

Wir stellen nun ein dem Riemann'schen formal ähnliches Problem, das wohl zuerst David Hilbert in einer Arbeit über das Riemann'sche Problem behandelt hat. Josip Plemelj hat dieses Problem später systematischer betrachtet und weitgehend vollständig gelöst. Wir verwenden daher die Bezeichnung Hilbert-Plemelj-Problem. Wie üblich definieren wir dieses über seine Lösungsmenge:

Definition 59. (Hilbert-Plemelj-Problem) *Es sei $G \in \mathcal{C}^1$ ein reguläres C^1-Gebiet in der komplexen Ebene mit (positiv orientierter) Randkurve ∂G. Für eine matrixwertige Randfunktion*

$$A\colon\ \partial G \longrightarrow \mathcal{M}$$

mit Werten in $\mathcal{M} \subseteq \mathbb{C}^{d\times d}$ schreiben wir

$$A \in C^1(\partial G, \mathcal{M}) \quad \textit{bzw.} \quad A \in C^1_\alpha(\partial G, \mathcal{M}),$$

falls für alle Punkte $w \in \partial G$ der Grenzwert

$$A'(w) := \lim_{\substack{z\to w\\ z\in\partial G}} \frac{A(z)-A(w)}{z-w} \in \mathbb{C}^{d\times d}$$

existiert und die Funktion A' stetig bzw. Hölder-stetig mit Hölderexponent $\alpha \in (0,1]$ ist, d.h.

$$A' \in C^0(\partial G, \mathbb{C}^{d\times d}) \quad \textit{bzw.} \quad A' \in C^0_\alpha(\partial G, \mathbb{C}^{d\times d}).$$

Sei nun

$$A \in C^1(\partial G, \mathrm{GL}_d)$$

beliebig vorgeschrieben. Dann nennen wir eine Funktion $f \in \dot{H}^d(\infty)$ eine Lösung des Hilbert-Plemelj-Problems auf G zum Übergangsverhalten A und schreiben

$$f \in \mathrm{HiP}_G(A),$$

falls folgendes richtig ist:

i) Es gilt

$$f \in H^d(\mathbb{C}\backslash\overline{G}) \cap C^0\big(\mathbb{C}\backslash G, \mathbb{C}^d\big).$$

ii) Es gibt eine Innenfunktion

$$v \in H^d(G) \cap C^0(\overline{G}, \mathbb{C}^d)$$

derart, dass auf ∂G die Linienwertbeziehung

$$\mathrm{Liw}^-_{\partial G} f = A \cdot \mathrm{Liw}^+_{\partial G} v$$

erfüllt ist. Wir nennen v eine korrespondierende Innenfunktion von f.

Das Hilbert-Plemelj-Problem sucht, ähnlich dem Riemann'schen, nach außerhalb von $\overline{G}$ holomorphen Vektorfunktionen f, für welche es eine in G holomorphe Funktion v gibt, so dass deren Randerte jeweils durch die nichtsinguläre Matrix $A(w)$ ineinander übergehen. Im Unterschied zum Riemann'schen Problem ist das Übergangsverhalten A hier keine stückweise konstante (und unstetige), sondern eine variierende (dafür stetige und sogar stetig differenzierbare) Funktion auf ∂G. Dieses Problem können wir mittels der in Abschnitt 2.6 gezeigten Sätze in einem gewissen Sinn vollständig lösen.

Im Unterschied zum Riemann'schen Problem haben wir für Lösungen des Hilbert-Plemelj-Problems keine dem Hilfssatz 51 bzw. Satz 54 entsprechende Fortsetzbarkeitsaussage.

Hilbert-Plemelj-Lösungen sind im Allgemeinen nicht holomorph über den Rand ∂G ins Innere des Gebiets fortsetzbar. Der Hilfssatz 51 ist außerdem der Schlüssel zur Eindeutigkeit der korrespondierenden Innenfunktion für Lösungen des Riemann'schen Problems. Auch für Hilbert-Plemelj-Lösungen ist die korrespondierende Innenfunktion eindeutig. Dies erhalten wir jedoch nicht durch holomorphe Fortsetzung, sondern mit Hilfe des Satzes 20, d.h. der Cauchy'schen Integralformel.

Hilfssatz 60. *Die korrespondierende Innenfunktion v einer Lösung $f \in \mathrm{HiP}_G(A)$ eines Hilbert-Plemelj-Problems gemäß Definition 59 ist eindeutig bestimmt. Wenn die Funktion $\varphi := \mathrm{Liw}^-_{\partial G} f$ die Randwerte von f bezeichnet, so gilt*

$$f^+ := v = \mathrm{X}^+_G(A^{-1}\varphi).$$

Dabei bezeichnet X^+_G den inneren Cauchy'schen Integraloperator aus ($32^\pm$).

Beweis: Sei $v \in H^d(G) \cap C^0(\overline{G}, \mathbb{C}^d)$ eine beliebige korrespondierende Innenfunktion von $f \in \mathrm{HiP}_G(A)$. Dann gilt per definitionem

$$\psi := \mathrm{Liw}^+_{\partial G} v = A^{-1}\varphi.$$

Dann liefert (37 a) aus Satz 20 i) (Cauchy'sche Integralformel) die Identität

$$v = \mathrm{X}^+_G \psi = \mathrm{X}^+_G(A^{-1}\varphi).$$

Q.e.d.

Satz 55 behandelt gewisse einfache Strukturaussagen über die Riemann'sche Lösungmenge $\mathrm{Rie}_G(\zeta, U)$. Ähnliche Aussagen bezüglich ihrer Struktur gelten auch für $\mathrm{HiP}_G(A)$, wie der folgende Satz zeigt:

Satz 61. *Es seien $G \in \mathcal{C}^1$ ein reguläres C^1-Gebiet und $A \in C^1(\partial G, \mathrm{GL}_d)$ gemäß Definition 59 gegeben.*

i) Sind $\lambda_1, \lambda_2 \in \mathbb{C}$ und $f^{(1)}, f^{(2)} \in \mathrm{HiP}_G(A)$, so gilt

$$\lambda_1 f^{(1)} + \lambda_2 f^{(2)} \in \mathrm{HiP}_G(A).$$

ii) Sind $f \in \mathrm{HiP}_G(A)$ und $g \in H(\mathbb{C})$ eine ganze skalarwertige holomorphe Funktion, so ist

$$gf \in \mathrm{HiP}_G(A).$$

iii) Sind $f \in \mathrm{HiP}_G(A)$ und $h \in H(\mathbb{C}\backslash G)$ eine skalarwertige, bis zum Rand ∂G holomorphe Außenfunktion des Gebiets G mit der Eigenschaft

$$h(z) \neq 0 \quad \textit{für alle } z \in \partial G,$$

so ist $hA \in C^1(\partial G, \mathrm{GL}_d)$ (die Matrixfunktion hA bestimmt demnach ein reguläres Übergangsverhalten gemäß Definition 59) und es gilt

$$hf \in \mathrm{HiP}_G(hA).$$

Bemerkung: Es bildet demnach, wie beim Riemann'schen Problem, auch die Lösungsmenge $\mathrm{HiP}_G(A)$ eines jeden Hilbert-Plemelj-Problems einen Untervektorraum von $\dot{H}^d(\infty)$.

Beweis von Satz 61: Die Argumente für i) und ii) sind mit jenen im Beweis der entsprechenden Aussagen des Satzes 55 formal identisch.

iii): Wenn $h \in H(\mathbb{C}\backslash G)$, dann ist inbesondere $h \in C^1(\partial G, \mathbb{C})$ und damit

$$hA \in C^1(\partial G, \mathbb{C}^{d\times d}).$$

Wegen $h(z) \neq 0$ auf ∂G haben wir ferner

$$\det[(hA)(z)] = h(z)^d \det A(z) \neq 0 \quad \text{für alle } z \in \partial G,$$

also

$$hA \in C^1(\partial G, \mathrm{GL}_d).$$

Ferner erhalten wir auf ∂G die Linienwertbeziehung

$$\mathrm{Liw}^-_{\partial G}(hf) = h|_{\partial G}\,\mathrm{Liw}^-_{\partial G} f = h|_{\partial G}\big(A\,\mathrm{Liw}^+_{\partial G} v\big) = (hA)\,\mathrm{Liw}^+_{\partial G} v.$$

Q.e.d.

Im nächsten Abschnitt wird es mittels gewisser Potenzfunktionen gelingen, Lösungen eines Riemann'schen Problems $\mathrm{Rie}_G(\zeta, U)$ zurückzuführen auf ein Hilbert-Plemelj-Problem $\mathrm{HiP}_\Gamma(A)$ auf einem ζ-ähnlichen regulären C^1-Gebiet

$$\Gamma \in \mathcal{C}^1(\zeta) \cap \mathcal{C}^1 \quad \text{mit} \quad \Gamma \approx_\zeta G,$$

und einem Übergangsverhalten

$$A \in \mathbb{C}^1_\alpha(\partial G, \mathrm{GL}_d),$$

das Hölder-stetig differenzierbar auf $\partial\Gamma$ variiert. Mittels Integralgleichungsmethoden, deren Grund wir im Kapitel 2 gelegt haben, werden wir in den nachfolgenden Abschnitten schließlich die Hilbert-Plemelj'sche Lösungsmenge $\mathrm{HiP}_\Gamma(A)$ bestimmen.

3.3 Der Potenzfunktionenansatz

Es seien $w_1, w_2 \in \mathbb{C}$ zwei voneinander verschiedene Punkte. Zu diesen erklären wir den Ausdruck

$$Q(z) = Q_{w_1,w_2}(z) := \frac{z - w_2}{z - w_1} = 1 - \frac{w_2 - w_1}{z - w_1}. \tag{89}$$

Wegen $w_1 \neq w_2$ ist

$$Q:\ \mathbb{C}\backslash\{w_1\} \longrightarrow \mathbb{C}\backslash\{1\} \quad \text{bzw.} \quad Q:\ \mathbb{C}\cup\{\infty\} \longrightarrow \mathbb{C}\cup\{\infty\}$$

eine Möbiustransformation und als solche konform, d.h. bijektiv und beiderseits holomorph. Haben wir in $\beta \in \mathcal{E}^1$ mit $\beta(0) = w_1$ und $\beta(1) = w_2$ eine eingebettete C^1-Kurve von w_1 nach w_2, so ist deren Bild unter Q die eingebettete C^1-Kurve $Q \circ \beta$ vom unendlich fernen Punkt ∞ hin zum Nullpunkt $0 \in \mathbb{C}$. Es bezeichne $[\beta] \subset \mathbb{C}$ wie in (30) das abgeschlossene Bild von β. Dann ist das Gebiet

$$\mathbb{C} \setminus Q([\beta]) = \mathbb{C} \setminus (Q \circ \beta)\big([0,1]\big) \subset \mathbb{C}\setminus\{0\}$$

mit

$$1 \in \mathbb{C} \setminus Q([\beta])$$

einfach zusammenhängend und

$$Q: \ \mathbb{C} \setminus [\beta] \longrightarrow \mathbb{C} \setminus Q([\beta])$$

konform. Es gibt nun (genau) eine auf $\mathbb{C} \setminus Q([\beta])$ stetige komplexe Logarithmusfunktion

$$\log = \log_\beta \in H\big(\mathbb{C}\setminus Q([\beta])\big) \quad \text{mit} \quad \log_\beta(1) = 0,$$

vermöge welcher wir zum komplexen Exponenten $R \in \mathbb{C}$ den Potenzausdruck

$$Q_\beta^R := \exp\big(R \cdot \log_\beta \circ Q_{\beta(0),\beta(1)}\big) \in H\big(\mathbb{C}\setminus[\beta]\big) \cap H(\infty) \tag{90}$$

bilden. Diesen können wir punktweise quasi schreiben als

$$Q_\beta^R(z) = \Big(\frac{z-w_2}{z-w_1}\Big)^R = \Big(\frac{z-\beta(1)}{z-\beta(0)}\Big)^R,$$

wobei wir uns als Verzweigungslinie des hinteren Ausdrucks die Kurve β denken. Offenbar gelten

$$Q_\beta^0 \equiv 1$$

sowie für beliebige Exponenten $R, S \in \mathbb{C}$ das Potenzgesetz

$$Q_\beta^{R+S} = Q_\beta^R \cdot Q_\beta^S. \tag{91}$$

Desweiteren beobachten wir das Grenzverhalten

$$\begin{aligned} Q_\beta^R(\infty) &= \lim_{z\to\infty} Q_\beta^R(z) = \lim_{z\to\infty} \exp\big[R \cdot \log_\beta\big(Q_{\beta(0),\beta(1)}(z)\big)\big] \\ &= \exp\Big\{R \cdot \log_\beta\Big[\lim_{z\to\infty} Q_{\beta(0),\beta(1)}(z)\Big]\Big\} = \exp\big[R \cdot \log_\beta(1)\big] = e^0 = 1. \end{aligned}$$

Es gilt der folgende, etwas technisch anmutende Satz, der im Beweis des Hauptsatzes 68 eine bedeutende Rolle spielen wird.

Satz 62. *Es seien $w = (w_1, w_2) \in \mathbb{C}^2_{\neq}$ beliebig vorgegeben und $\beta, \gamma \in \bar{\mathcal{E}}^1$ eingebettete Kurven mit*

$$\beta(0) = \gamma(0) = w_1 \quad \textit{und} \quad \beta(1) = \gamma(1) = w_2.$$

Diese mögen ein stückweise reguläres C^1-Gebiet $G \in \mathcal{C}^1(w)$ gemäß Definition 48 begrenzen, so dass

$$[\beta] \subset \partial G \ \textit{und}\ G \in \mathcal{O}^+(\beta) \quad \textit{sowie} \quad [\gamma] \subset \partial G \ \textit{und}\ G \in \mathcal{O}^-(\gamma).$$

Dabei sind $\mathcal{O}^\pm(\ldots)$ gemäß Definition 19 zu verstehen. Dann ist für beliebige Exponenten $R \in \mathbb{C}$ folgendes richtig:

i) Es gilt

$$Q_\beta^R(z) = Q_\gamma^R(z) \text{ für alle } z \in \mathbb{C}\backslash\overline{G}.$$

ii) Es gilt

$$Q_\beta^R(z) = e^{2\pi i R} Q_\gamma^R(z) \text{ für alle } z \in G.$$

Beweis: Die Abbildung $Q = Q_{w_1,w_2}$ gemäß (89) bildet das Gebiet G konform auf das Gebiet $Q(G) \subset \mathbb{C}$ ab, welches von den Kurven

$$Q \circ \beta,\ Q \circ \gamma \in \mathcal{E}^1$$

begrenzt wird. Die Konformität von Q spiegelt sich geometrisch in ihrem winkeltreuen Charakter wider, daher gilt

$$Q(G) \in \mathcal{O}^+(Q \circ \beta) \quad \text{und} \quad Q(G) \in \mathcal{O}^-(Q \circ \gamma).$$

Ferner bildet Q das Außengebiet $\mathbb{C} \setminus \overline{G}$ konform auf das Gebiet $Q(\mathbb{C}\backslash\overline{G})$ ab, wobei

$$Q(\mathbb{C}\backslash\overline{G}) = \mathbb{C} \setminus \overline{Q(G)}.$$

Zwischen den entsprechenden komplexen Logarithmusfunktionen

$$\log_\beta \in H\big(\mathbb{C}\backslash Q([\beta])\big) \quad \text{und} \quad \log_\gamma \in H\big(\mathbb{C}\backslash Q([\gamma])\big)$$

mit

$$0 = \log_\beta(1) = \log_\gamma(1)$$

bestehen dann die Beziehungen

$$\log_\beta(z) = \log_\gamma(z) \quad \text{für alle } z \in \mathbb{C}\backslash\overline{Q(G)} = Q(\mathbb{C}\backslash\overline{G})$$

und

$$\log_\beta(z) = \log_\gamma(z) + 2\pi i \quad \text{für alle } z \in Q(G),$$

bzw.

$$\log_\beta\big(Q(z)\big) = \log_\gamma\big(Q(z)\big) \text{ für alle } z \in \mathbb{C}\backslash\overline{G}$$

sowie

$$\log_\beta\big(Q(z)\big) = \log_\gamma\big(Q(z)\big) + 2\pi i \text{ für alle } z \in G.$$

Daraus folgt für beliebige $R \in \mathbb{C}$ schließlich

$$Q_\beta^\varrho(z) = \exp\big[R \log_\beta\big(Q(z)\big)\big] = \exp\big[R \log_\gamma\big(Q(z)\big)\big] = Q_\gamma^R(z) \quad \text{für alle } z \in \mathbb{C}\backslash\overline{G}$$

und

$$Q_\beta^R(z) = \exp\big[R \log_\beta\big(Q(z)\big)\big] = \exp\big[R \log_\gamma\big(Q(z)\big) + 2\pi i\big] = e^{2\pi i R} Q_\gamma^R(z) \quad \text{für alle } z \in G.$$

Q.e.d.

Satz 63. *Es seien eine eingebettete Kurve $\beta \in \bar{\mathcal{E}}^1$ mit $\beta(0) \neq \beta(1)$ und der Exponent $R \in \mathbb{C}$ beliebig vorgegeben. Dann gilt für die Potenzfunktion $Q_\beta^R \in H(\mathbb{C}\backslash[\beta]) \cap H(\infty)$ auf (β) die Linienwertbeziehung*

$$\operatorname{Liw}_\beta^+ Q_\beta^R = e^{2\pi i R} \cdot \operatorname{Liw}_\beta^- Q_\beta^R.$$

Beweis: Wegen der Stetigkeit der Exponentialfunktion erhalten wir

$$\begin{aligned}\left(\mathrm{Liw}_\beta^\pm Q_\beta^R\right)\left(\beta(t)\right) &= \left\{\mathrm{Liw}_\beta^\pm\left[\exp\left(R\cdot \log_\beta\circ Q\right)\right]\right\}\left(\beta(t)\right)\\ &= \exp\left\{R\cdot\left[\mathrm{Liw}_\beta^\pm\left(\log_\beta\circ Q\right)\right]\left(\beta(t)\right)\right\},\quad t\in(0,1).\end{aligned}$$

Die Winkeltreue der Abbildung $Q = Q_{\beta(0),\beta(1)}$ bewirkt, dass

$$\left[\mathrm{Liw}_\beta^\pm(\log_\beta\circ Q)\right]\left(\beta(t)\right) = \left(\mathrm{Liw}_{Q\circ\beta}^\pm \log_\beta\right)\left((Q\circ\beta)(t)\right)\quad \text{für alle } t\in(0,1).$$

Da offenbar

$$\mathrm{Liw}_{Q\circ\beta}^+ \log_\beta = \mathrm{Liw}_{Q\circ\beta}^- \log_\beta + 2\pi i$$

gilt, folgt

$$\begin{aligned}\left(\mathrm{Liw}_\beta^+ Q_\beta^R\right)\left(\beta(t)\right) &= \exp\left[R\cdot\left(\mathrm{Liw}_{Q\circ\beta}^+\log_\beta\right)\left((Q\circ\beta)(t)\right)\right]\\ &= \exp\left\{R\cdot\left[\left(\mathrm{Liw}_{Q\circ\beta}^-\log_\beta\right)\left((Q\circ\beta)(t)\right)+2\pi i\right]\right\}\\ &= \exp(2\pi i R)\cdot\exp\left[R\cdot\left(\mathrm{Liw}_{Q\circ\beta}^-\log_\beta\right)\left((Q\circ\beta)(t)\right)\right]\\ &= e^{2\pi i R}\cdot\left(\mathrm{Liw}_\beta^- Q_\beta^R\right)\left(\beta(t)\right)\quad \text{für alle } t\in(0,1).\end{aligned}$$

Q.e.d.

Ist der Exponent $R = k\in\mathbb{Z}$ eine ganze Zahl, so gilt

$$e^{2\pi i k} = 1$$

und nach Satz 63

$$\mathrm{Liw}_\beta^+ Q_\beta^k = \mathrm{Liw}_\beta^- Q_\beta^k.$$

Damit können wir Satz 50 auf

$$f^+ = f^- := Q_\beta^k$$

anwenden und Q_β^k holomorph über die Linie (β) fortsetzen. Wir erhalten

$$Q_\beta^k \in H(\mathbb{C}\backslash\{\beta(0),\beta(1)\})\quad \text{für alle } k\in\mathbb{Z}, \tag{92}$$

was wir auch an der punktweisen Darstellung

$$Q_\beta^k(z) = \left(\frac{z-\beta(1)}{z-\beta(0)}\right)^k$$

ablesen.

Durch Anwendung der Exponentialreihe exp auf quadratische Matrizen können wir den Potenzausdruck (90) auf matrixwertige Exponenten $R\in\mathbb{C}^{d\times d}$ ausdehnen und erhalten die Matrixpotenzfunktion

$$Q_\beta^R = \exp\left(R\cdot\log\circ Q_{\beta(0),\beta(1)}\right)\in H^{d\times d}\left(\mathbb{C}\backslash[\beta]\right)\cap H^{d\times d}(\infty).$$

Nun ist die Auswertung des Matrixexponentials besonders einfach, wenn das Argument eine Diagonalmatrix ist. Hat in der Tat der Exponent R die Gestalt

$$R = \left(\varrho_k\delta_{kl}\right)_{k,l=1,\dots,d} = \begin{pmatrix}\varrho_1 & & 0\\ & \ddots & \\ 0 & & \varrho_d\end{pmatrix},\quad \varrho_k\in\mathbb{C},\ k=1,\dots,d,$$

so gilt die Darstellung

$$Q_\beta^R = \left(Q_\beta^{\varrho_k}\delta_{kl}\right)_{k,l=1,\dots,d} = \begin{pmatrix} Q_\beta^{\varrho_1} & & 0 \\ & \ddots & \\ 0 & & Q_\beta^{\varrho_d} \end{pmatrix} \in H^{d\times d}(\mathbb{C}\backslash[\beta]) \cap H^{d\times d}(\infty),$$

bzw. punktweise

$$Q_\beta^R(z) = \begin{pmatrix} \left(\frac{z-w_2}{z-w_1}\right)^{\varrho_1} & & 0 \\ & \ddots & \\ 0 & & \left(\frac{z-w_2}{z-w_1}\right)^{\varrho_d} \end{pmatrix}.$$

Zum Vektor

$$\lambda = (\lambda_1, \dots, \lambda_d) \in \mathbb{C}^d$$

bezeichne

$$\operatorname{Diag}(\lambda) := \left(\lambda_k\delta_{kl}\right)_{k,l=1,\dots,d} = \begin{pmatrix} \lambda_1 & & 0 \\ & \ddots & \\ 0 & & \lambda_d \end{pmatrix} \in \mathbb{C}^{d\times d} \tag{93}$$

die entsprechende Diagonalmatrix mit Diagonaleinträgen $\lambda_1, \dots, \lambda_d$.

Das Potenzgesetz (91) sowie die Sätze 62 und 63 bleiben in gleicher Form auch für diagonalgestaltige Exponenten

$$R = \operatorname{Diag}(\varrho),\ S = \operatorname{Diag}(\sigma) \in \mathbb{C}^{d\times d} \quad \text{mit} \quad \varrho, \sigma \in \mathbb{C}^d$$

richtig. Setzen wir mit dem ganzzahligen Vektor $k \in \mathbb{Z}^d$ die Diagonalmatrix

$$K := \operatorname{Diag}(k)$$

als Exponent, so erhalten wir analog zu (92)

$$Q_\beta^K \in H^{d\times d}(\mathbb{C}\backslash\{\beta(0), \beta(1)\}).$$

Für $K = 0 \in \mathbb{C}^{d\times d}$ ist offenbar

$$Q_\beta^0 \equiv \mathbb{I}_d.$$

Daraus folgt mit (91) die Gleichung

$$\left(Q_\beta^{\operatorname{Diag}(\varrho)}\right)^{-1} = Q_\beta^{-\operatorname{Diag}(\varrho)} \quad \text{für alle } \varrho \in \mathbb{C}^d. \tag{94}$$

Hilfssatz 64. *Sei $Y \in \mathrm{GL}_d$ eine nichtsinguläre diagonalisierbare Matrix. Dann gibt es einen Vektor $\varrho \in \mathbb{C}^d$ und eine nichtsinguläre Matrix $C \in \mathrm{GL}_d$, so dass mit $R := \operatorname{Diag}(\varrho)$ die Darstellung*

$$Y = C\exp(2\pi i R)C^{-1} \tag{95}$$

richtig ist.

Beweis: Wenn Y diagonalisierbar ist, so können wir

$$Y = CDC^{-1} = C\operatorname{Diag}(\lambda)C^{-1}$$

schreiben, wobei $D = \mathrm{Diag}(\lambda)$ eine Diagonalmatrix der Eigenwerte von Y ist, die wir im Vektor

$$\lambda = (\lambda_1, \dots, \lambda_d)$$

zusammenfassen, und $C = C(\lambda) \in \mathrm{GL}_d$ die korrespondierende Matrix aus Eigenvektoren. Wegen $\det Y \neq 0$ finden wir Zahlen $\varrho_1, \dots, \varrho_m \in \mathbb{C}$, so dass

$$e^{2\pi i \varrho_j} = \lambda_j \neq 0 \quad \text{für alle } j = 1, \dots, m.$$

Fassen wir

$$\varrho := (\varrho_1, \dots, \varrho_d) \in \mathbb{C}^d \quad \text{und} \quad R := \mathrm{Diag}(\varrho)$$

zusammen, so folgt

$$D = \mathrm{Diag}(\lambda) = \exp\big(2\pi i \,\mathrm{Diag}(\varrho)\big) = \exp(2\pi i R)$$

und schließlich

$$Y = CDC^{-1} = C \exp(2\pi i R) C^{-1}.$$

Q.e.d.

Satz 65. *Sei $\beta \in \bar{\mathcal{E}}^1$ eine eingebettete Kurve mit $\beta(0) \neq \beta(1) =: \zeta$. Desweiteren sei h eine Vektorfunktion mit folgenden Eigenschaften:*

a) Es gibt links und rechts an β grenzende offene Mengen $\Omega^\pm \in \mathcal{O}^\pm(\beta)$ und eine Zahl $r > 0$, so dass

$$h \in H^d\big(B_r(\zeta)\backslash[\beta]\big) \cap C^0\big[B_r(\zeta) \cap \big(\Omega^+ \cup (\beta)\big)\big] \cap C^0\big[B_r(\zeta) \cap \big(\Omega^- \cup (\beta)\big)\big],$$

d.h. h ist in einer Umgebung von ζ und außerhalb der Linie $[\beta]$ holomorph und von links und rechts jeweils stetig auf die Linie (β) fortsetzbar.

b) Auf $(\beta) \cap B_r(\zeta)$ gilt die Linienwertbeziehung

$$(\mathrm{Liw}_\beta^+ h)(z) = Y \cdot (\mathrm{Liw}_\beta^- h)(z), \quad z \in (\beta) \cap B_r(\zeta),$$

mit

$$Y := C \exp(2\pi i R) C^{-1},$$

wobei $C \in \mathrm{GL}_d$ und $R = \mathrm{Diag}(\varrho)$, $\varrho \in \mathbb{C}^d$.

Dann gibt es eine in ζ punktiert holomorphe Vektorfunktion

$$\varphi \in H^d\big(B_r(\zeta)\backslash\{\zeta, \beta(0)\}\big),$$

so dass die Darstellung

$$h(z) = C \cdot Q_\beta^R(z) \cdot \varphi(z), \quad z \in B_r(\zeta)\backslash[\beta]$$

richtig ist.

Beweis: Wir betrachten die Potenzfunktionen

$$Q_\beta^R,\ Q_\beta^{-R} \in H^{d\times d}(\mathbb{C}\backslash[\beta]).$$

Nach (94) ist

$$Q_\beta^{-R} = \left(Q_\beta^R\right)^{-1}.$$

Der Satz 63 liefert die Linienwertbeziehung

$$\operatorname{Liw}_\beta^+ Q_\beta^{-R} = \exp(-2\pi i R) \cdot \operatorname{Liw}_\beta^- Q_\beta^{-R} = \operatorname{Liw}_\beta^- Q_\beta^{-R} \cdot \exp(-2\pi i R).$$

Die Vertauschbarkeit der Matrizen $e^{-2\pi i R}$ und $Q_\beta^{-R}(z)$ rührt von ihrer Diagonalgestalt her. Dann berechnen wir für die Funktion $(CQ_\beta^R)^{-1}$ die Linienwertbeziehung

$$\begin{aligned}\operatorname{Liw}_\beta^+\left[\left(CQ_\beta^R\right)^{-1}\right] &= \operatorname{Liw}_\beta^+(Q_\beta^{-R}C^{-1}) = (\operatorname{Liw}_\beta^+ Q_\beta^{-R})C^{-1} = (\operatorname{Liw}_\beta^- Q_\beta^{-R})\exp(-2\pi i R)C^{-1} \\ &= (\operatorname{Liw}_\beta^- Q_\beta^{-R})C^{-1}\cdot C\exp(-2\pi i R)C^{-1} = \operatorname{Liw}_\beta^-(Q_\beta^{-R}C^{-1})\cdot Y^{-1} \\ &= \operatorname{Liw}_\beta^-\left[\left(CQ_\beta^R\right)^{-1}\right]\cdot Y^{-1}.\end{aligned} \tag{96}$$

Die Vektorfunktion

$$\left(CQ_\beta^R\right)^{-1}\cdot h = Q_\beta^{-R}C^{-1}\cdot h$$

besitzt nun wegen a) die Eigenschaft

$$(CQ_\beta^R)^{-1}\cdot h \in H^d\big(B_r(\zeta)\backslash[\beta]\big) \cap C^0\big[B_r(\zeta)\cap\big(\Omega^+\cup(\beta)\big)\big] \cap C^0\big[B_r(\zeta)\cap\big(\Omega^-\cup(\beta)\big)\big].$$

Weiter gilt

$$\left\{\operatorname{Liw}_\beta^\pm\left[\left(CQ_\beta^R\right)^{-1}\cdot h\right]\right\}(z) = \left[\operatorname{Liw}_\beta^\pm\left(CQ_\beta^R\right)^{-1}\right](z)\cdot\left(\operatorname{Liw}_\beta^\pm h\right)(z), \quad z\in(\beta)\cap B_r(\zeta).$$

Zusammen mit (96) und Voraussetzung b) erhalten wir

$$\begin{aligned}\left\{\operatorname{Liw}_\beta^+\left[\left(CQ_\beta^R\right)^{-1}\cdot h\right]\right\}(z) &= \left[\operatorname{Liw}_\beta^+\left(CQ_\beta^R\right)^{-1}\right](z)\cdot\left(\operatorname{Liw}_\beta^+ h\right)(z) \\ &= \left[\operatorname{Liw}_\beta^-\left(CQ_\beta^R\right)^{-1}\right](z)\cdot Y^{-1}\cdot Y\cdot\left(\operatorname{Liw}_\beta^- h\right)(z) \\ &= \left[\operatorname{Liw}_\beta^-\left(CQ_\beta^R\right)^{-1}\right](z)\cdot\left(\operatorname{Liw}_\beta^- h\right)(z) \\ &= \left\{\operatorname{Liw}_\beta^-\left[\left(CQ_\beta^R\right)^{-1}\cdot h\right]\right\}(z), \quad z\in(\beta)\cap B_r(\zeta).\end{aligned}$$

Setzen wir in Satz 50

$$f^+ = f^- = \varphi := \left(CQ_\beta^R\right)^{-1}\cdot h,$$

so liefert dieser die holomorphe Fortsetzbarkeit von φ über die Linie $(\beta)\cap B_r(\zeta)$ hinweg, d.h. es gilt

$$\varphi = \left(CQ_\beta^R\right)^{-1}\cdot h \in H^d\big(B_r(\zeta)\backslash\{\zeta,\beta(1)\}\big).$$

Schließlich folgt mit

$$h(z) = CQ_\beta^R(z)\cdot\varphi(z), \quad z\in B_r(\zeta)\backslash[\beta],$$

die gewünschte Darstellung. Q.e.d.

Seien nun $\zeta \in \mathbb{C}^m_{\neq}$, $G \in \mathcal{C}^1(\zeta)$ mit den Randbögen $c_1, \dots, c_m \in \bar{\mathcal{E}}^1$ und $U \in \mathrm{GL}^m_d$ derart gegeben, dass die Fundamentalsubstitutionen

$$Y^{(j)} = U^{(j+1)}(U^{(j)})^{-1}, \quad j = 1, \dots, m,$$

allesamt diagonalisierbar sind (wir beachten (85)). Dann haben wir nach Hilfssatz 64 Darstellungen

$$Y^{(j)} = C^{(j)} \exp(2\pi i R^{(j)})(C^{(j)})^{-1}, \quad j = 1, \dots, m,$$

mit $C^{(j)} \in \mathrm{GL}_d$ und Diagonalmatrizen $R = \mathrm{Diag}(\varrho^{(j)})$, $\varrho^{(j)} \in \mathbb{C}$. Wenn nun $f \in \mathrm{Rie}^d_G(\zeta, U)$ eine Lösung des Riemann'schen Problems auf G zum Übergangsverhalten (ζ, U) ist, so genügt nach Satz 54 für $j = 1, \dots, m$ jeweils die fortgesetzte Funktion

$$\mathbb{F}^{(j+1)} f \in H^d\big((\mathbb{C} \backslash \partial G) \cup (c_{j+1})\big)$$

aus Definition 53 auf der Linie (c_j) der Linienwertrelation

$$\mathrm{Liw}^+_{c_j}(\mathbb{F}^{(j+1)} f) = Y^{(j)} \cdot \mathrm{Liw}^-_{c_j}(\mathbb{F}^{(j+1)} f).$$

Somit können wir Satz 65 auf $\mathbb{F}^{(j+1)} f$ anwenden und erhalten eine in $c_j(1) = \zeta_j$ punktiert holomorphe Vektorfunktion

$$\varphi^{(j)} \in \dot{H}^d(\zeta_j)$$

gemäß (13'), so dass für ein $\varepsilon > 0$ die Darstellung

$$(\mathbb{F}^{(j+1)} f)(z) = C^{(j)} Q^{R^{(j)}}_{c_j}(z) \cdot \varphi^{(j)}(z), \quad z \in B_\varepsilon(\zeta_j) \setminus [c_j], \tag{97}$$

richtig ist. Nach Satz 11 besitzt $\varphi^{(j)}$ eine Entwicklung

$$\varphi^{(j)}(z) = \mathrm{Lau}_{\zeta_j, a^{(j)}}(z) = \sum_{k \in \mathbb{Z}} a^{(j)}_k (z - \zeta_j)^k, \quad z \in B_\varepsilon(\zeta_j) \setminus \{\zeta_j\},$$

mit der Laurent-Koeffizientenfolge in ζ_j

$$a^{(j)} := [\varphi^{(j)}]_{\zeta_j} \in \mathrm{Abb}(\mathbb{Z}, \mathbb{C}^d)$$

aus (18). Interessant ist nun der Fall, wo die Laurent-Entwicklung nach unten abbricht, wenn also gemäß (20) in Definition 12

$$\mathrm{Ord}_{\zeta_j}(\varphi^{(j)}) > -\infty$$

ausfällt. Sei also

$$\mathrm{Ord}_{\zeta_j}(\varphi^{(j)}) = n^{(j)},$$

mit einer Zahl $n_j \in \mathbb{Z}$. Dann gilt

$$(z - \zeta_j)^{-n^{(j)}} \varphi^{(j)}(z) = (z - \zeta_j)^{-n^{(j)}} \sum_{k = n^{(j)}}^{\infty} a^{(j)}_k (z - \zeta_j)^k = \sum_{k=0}^{\infty} a^{(j)}_{k + n^{(j)}} (z - \zeta_j)^k \in H^d(\zeta_j)$$

und damit

$$\tilde{\varphi}^{(j)}(z) := Q^{-n^{(j)}}_{c_j}(z) \cdot \varphi(z) = \Big(\frac{z - \zeta_j}{z - \zeta_{j-1}}\Big)^{-n^{(j)}} \varphi^{(j)} = \frac{(z - \zeta_j)^{-n^{(j)}}}{(z - \zeta_{j-1})^{-n^{(j)}}} \varphi^{(j)}(z) \in H^d(\zeta_j).$$

Es folgt für $\mathbb{F}^{(j+1)}f$ die Darstellung

$$(\mathbb{F}^{(j+1)}f)(z) = C^{(j)}Q_{c_j}^{R^{(j)}}(z)\varphi^{(j)}(z) = C^{(j)}Q_{c_j}^{R^{(j)}}(z)\Big(\frac{z-\zeta_j}{z-\zeta_{j-1}}\Big)^{n^{(j)}}\Big(\frac{z-\zeta_j}{z-\zeta_{j-1}}\Big)^{-n^{(j)}}\varphi^{(j)}(z)$$
$$= C^{(j)}Q_{c_j}^{R^{(j)}}(z)Q_{c_j}^{n^{(j)}}(z)\cdot Q_{c_j}^{-n^{(j)}}(z)\varphi^{(j)}(z), \quad z \in B_\varepsilon(\zeta_j)\setminus[c_j],$$

also

$$(\mathbb{F}^{(j+1)}f)(z) = C^{(j)}Q_{c_j}^{\tilde{R}^{(j)}}(z)\cdot\tilde{\varphi}^{(j)}(z), \quad z \in B_\varepsilon(\zeta_j)\setminus[c_j], \tag{97'}$$

mit der in ζ_j holomorphen Vektorfunktion

$$\tilde{\varphi}^{(j)} = Q_{c_j}^{-n^{(j)}}\varphi^{(j)} \in H^d(\zeta_j)$$

und der Matrix

$$\tilde{R}^{(j)} := R^{(j)} + n^{(j)}\mathbb{I}_d.$$

Wir kommen damit zu einer besonderen Klasse von Riemann'schen Lösungen:

Definition 66. *Es gelten die Bezeichnungen von Definition 49 des Riemann'schen Problems. Zur Größe $r \in \mathbb{R}$ nennen wir eine Vektorfunktion $f \in \dot{H}^d(\infty)$ eine Lösung des Riemann'schen Problems auf dem Gebiet G zum Übergangsverhalten (ζ, U) mit maximaler Wachstumsordnung r in den Ecken ζ, und schreiben*

$$f \in \mathrm{Rie}_G^r(\zeta, U),$$

falls folgendes gilt:

i) Es ist $f \in \mathrm{Rie}_G(\zeta, U)$.

ii) Es gibt Zahlen $\varepsilon > 0$ und $c \in [0, +\infty)$, so dass mit den Fortsetzungsoperatoren $\mathbb{F}^{(j)}$ aus Definition 53 für $j = 1, \ldots, m$ jeweils die Abschätzungen

$$|(\mathbb{F}^{(j+1)}f)(z)| \le c|z-\zeta_j|^r \quad \textit{für alle } z \in B_\varepsilon(\zeta_j)\setminus[c_j]$$

richtig sind.

Riemann-Lösungen $f \in \mathrm{Rie}_G^r(\zeta, U)$ wachsen in den singulären Punkten also höchstens in der Größenordnung $|z-\zeta_j|^r$. $\mathrm{Rie}_G^r(\zeta, U)$ ist offenbar ein Untervektorraum von $\mathrm{Rie}_G(\zeta, U)$ und es gilt

$$\mathrm{Rie}_G^r(\zeta, U) \subseteq \mathrm{Rie}_G^s(\zeta, U) \quad \text{für alle } r, s \in \mathbb{R} \text{ mit } s \le r. \tag{98}$$

Wenn $f \in \mathrm{Rie}_G^r(\zeta, U)$, dann muss in einer Darstellung von $(\mathbb{F}^{(j+1)}f)$ gemäß (97)

$$\mathrm{Ord}_{\zeta_j}(\varphi^{(j)}) > -\infty \quad \text{für alle } j = 1, \ldots, m$$

richtig sein, und wir können zu einer Entwicklung gemäß (97') mit in ζ_j regulärem $\tilde{\varphi}^{(j)}$ übergehen. Wir fassen zusammen:

Satz 67. *Seien $r \in \mathbb{R}$ beliebig, $\zeta \in \mathbb{C}^m_{\neq}$, $G \in \mathcal{C}^1(\zeta)$ mit den Randbögen $c_1, \ldots, c_m \in \bar{\mathcal{E}}^1$ und $U \in \mathrm{GL}_d^m$ derart gegeben, dass*

$$Y^{(j)} = U^{(j+1)}(U^{(j)})^{-1} = C^{(j)} \exp(2\pi i R^{(j)})(C^{(j)})^{-1}, \quad j = 1, \ldots, m.$$

Ist nun eine beliebige Riemann'schen Lösung $f \in \mathrm{Rie}_G^r(\zeta, U)$ vorgegeben, so existieren für alle $j = 1, \ldots, m$ jeweils eine Zahl $n^{(j)} \in \mathbb{Z}$ sowie eine in ζ_j holomorphe Vektorfunktion $\varphi^{(j)} \in H^d(\zeta_j)$ derart, dass die holomorphe Fortsetzung

$$\mathbb{F}^{(j+1)} f \in H^d\big((\mathbb{C} \backslash \partial G) \cup (c_{j+1})\big)$$

in der Umgebung des singulären Punktes ζ_j eine Darstellung

$$(\mathbb{F}^{(j+1)} f)(z) = C^{(j)} Q_{c_j}^{R^{(j)} + n^{(j)} \mathbb{I}_d}(z) \cdot \varphi^{(j)}(z), \quad z \in B_\varepsilon(\zeta_j) \setminus [c_j],$$

besitzt.

Der nun folgende Satz ist fundamental für die weitere Behandlung des Riemann'schen Problems. Eine rudimentäre Form dieser Aussage findet sich in Plemeljs Arbeit [P]. Die Ansatzfunktionen V und W aus (102) tauchen bereits in Hilberts Arbeit über das Riemann'sche Problem auf. Wir geben diesen großen Ideen eine präzise Fassung und einen detaillierten Beweis.

Hauptsatz 68. *Es seien $\zeta \in \mathbb{C}^m_{\neq}$, $G \in \mathcal{C}^1(\zeta)$ mit Bögen $c_1, \ldots, c_m \in \bar{\mathcal{E}}^1$ und $U \in \mathrm{GL}_d^m$ vorgegeben und die Bezeichnungsweisen von Definition 49 gültig. Die Werte $U^{(j)}$ des Tupels*

$$U = \big(U^{(1)}, \ldots, U^{(m)}\big) \in \mathrm{GL}_d^m$$

seien überdies so beschaffen, dass die Fundamentalsubstitutionen $Y^{(j)}$ allesamt diagonalisierbar sind.

Behauptung I: Dann gibt es für $j = 1, \ldots, m$ jeweils einen Vektor

$$\varrho^{(j)} = (\varrho_1^{(j)}, \ldots, \varrho_d^{(j)}) \in \mathbb{C}^d$$

mit der Eigenschaft

$$\mathrm{Re}\, \varrho_k^{(j)} < -1 \quad \text{für alle } k = 1, \ldots, d \tag{99}$$

und eine nichtsinguläre Matrix

$$C^{(j)} \in \mathrm{GL}_d,$$

so dass mit dem Matrixexponenten

$$R^{(j)} := \mathrm{Diag}(\varrho^{(j)}) = \Big(\varrho_k^{(j)} \delta_{kl}\Big)_{k,l=1,\ldots,d} = \begin{pmatrix} \varrho_1^{(j)} & & 0 \\ & \ddots & \\ 0 & & \varrho_d^{(j)} \end{pmatrix} \in \mathbb{C}^{d \times d}$$

die nachfolgende Darstellung für $Y^{(j)}$ richtig ist:

$$U^{(j+1)}(U^{(j)})^{-1} = Y^{(j)} = C^{(j)} \exp\big(2\pi i R^{(j)}\big)(C^{(j)})^{-1}. \tag{100}$$

Behauptung II: Es gibt ferner ein dem Gebiet G gemäß Definition 56 ζ-ähnliches, (auch in den ζ_j) reguläres C^1-Gebiet

$$\Gamma \in \mathcal{C}^1(\zeta) \cap \mathcal{C}^1 \quad mit \quad \Gamma \approx_\zeta G, \tag{101}$$

und Randbögen $\gamma_j \in \bar{\mathcal{E}}^1$ derart, dass die überlagerten Matrixpotenzfunktionen

$$V := \sum_{j=1}^{m} (U^{(j+1)})^{-1} C^{(j)} Q_{\gamma_j}^{R^{(j)}} \quad und \quad W := \sum_{j=1}^{m} C^{(j)} Q_{\gamma_j}^{R^{(j)}} \tag{102}$$

folgende Eigenschaften besitzen:

i) Es gelten

$$V \in H^{d\times d}(\overline{\Gamma}\backslash Z) \quad und \quad W \in H^{d\times d}(\mathbb{C}\backslash(\Gamma \cup Z)) \cap H^{d\times d}(\infty).$$

ii) Die Randwerte

$$\mathcal{V} := \mathrm{Liw}^{+}_{\partial\Gamma\backslash Z} V \in C^0(\partial\Gamma\backslash Z, \mathbb{C}^{d\times d}) \quad und \quad \mathcal{W} := \mathrm{Liw}^{-}_{\partial\Gamma\backslash Z} W \in C^0(\partial\Gamma\backslash Z, \mathbb{C}^{d\times d})$$

erfüllen die Bedingung

$$\det \mathcal{V}(z) \neq 0 \quad und \quad \det \mathcal{W}(z) \neq 0 \quad für\ alle\ z \in \partial\Gamma\backslash Z.$$

iii) Es gibt links und rechts an die (positiv orientierte) Randkurve $\partial\Gamma$ grenzende offene Mengen $\Omega^\pm \in \mathcal{O}^\pm(\partial\Gamma)$, so dass

$$V^{-1} \in M^{d\times d}(\Gamma) \cap C^0(\Omega^+ \cup \partial\Gamma, \mathbb{C}^{d\times d})$$

und

$$W^{-1} \in M^{d\times d}(\mathbb{C}\backslash\overline{\Gamma}) \cap M^{d\times d}(\infty) \cap C^0(\Omega^- \cup \partial\Gamma, \mathbb{C}^{d\times d}).$$

Ferner gelten

$$V^{-1},\ W^{-1} \in C^0(\partial\Gamma, \mathbb{C}^{d\times d})$$

sowie

$$\mathrm{Liw}^{+}_{\partial\Gamma} V^{-1} = \mathcal{V}^{-1} \quad und \quad \mathrm{Liw}^{-}_{\partial\Gamma} W^{-1} = \mathcal{W}^{-1}.$$

iv) Es gibt einen Exponenten $\alpha \in (0,1]$ und Zahlen $\varepsilon > 0$, $c \in [0,+\infty)$ derart, dass für $l = 1,\dots,m$ jeweils die Abschätzungen

$$|V^{-1}(z)| \leq c|z-\zeta_l|^{\alpha+1} \quad für\ alle\ z \in \overline{\Gamma} \cap B_\varepsilon(\zeta_l)$$

und

$$|W^{-1}(z)| \leq c|z-\zeta_l|^{\alpha+1} \quad für\ alle\ z \in (\mathbb{C}\backslash\Gamma) \cap B_\varepsilon(\zeta_l)$$

richtig sind. Dabei verstehen wir $|\cdot|$ für matrixwertige Argumente gemäß (70).

v) Bezeichnet

$$\mathcal{U} : \partial\Gamma \backslash Z \longrightarrow \{U^{(1)}, \ldots, U^{(m)}\}$$

die stückweise konstante Randfunktion mit

$$\mathcal{U}(z) := \left\{ U^{(j)}, \text{ falls } z \in (\gamma_j) \right|_{j=1}^{m}, \quad z \in \partial\Gamma, \tag{103}$$

so ist

$$\mathcal{W}^{-1} \cdot \mathcal{U} \cdot \mathcal{V} : \ \partial\Gamma \backslash Z \longrightarrow \mathbb{C}^{d\times d},$$

stetig in die singulären Punkte ζ_j auf ganz $\partial\Gamma$ fortsetzbar und mit dem Exponenten $\alpha \in (0,1]$ aus iv) gilt

$$\mathcal{W}^{-1}\mathcal{U}\mathcal{V} \in C^1_\alpha(\partial\Gamma, \mathrm{GL}_d).$$

vi) Es gibt ein festes skalarwertiges Polynom $\chi \in$ Poly gemäß (28) in Definition 18, so dass für alle f folgende Implikation richtig ist:

$$f \in \mathrm{Rie}_G^{-1}(\zeta, U) \quad \Longrightarrow \quad \chi W^{-1} \cdot \mathbb{D}_G^\Gamma f \in \mathrm{HiP}_\Gamma(\mathcal{W}^{-1}\mathcal{U}\mathcal{V}).$$

Eine Lösung f des Riemann'schen Problems auf G zum Übergangsverhalten (ζ, U), welche gemäß Definition 66 in den ζ_j höchstens in der Größenordnung $|z-\zeta_j|^{-1}$ wächst, erzeugt mit $\chi W^{-1} \cdot \mathbb{D}_G^\Gamma f$ eine Lösung des Hilbert-Plemelj-Problems auf Γ zum Übergangsverhalten $\mathcal{W}^{-1}\mathcal{U}\mathcal{V}$. Dabei meint $\mathbb{D}_G^\Gamma$ den Adaptor aus Definition 57.

vii) Es gibt ein festes skalarwertiges Polynom $\psi \in$ Poly, so dass für alle f die Implikation

$$f \in \mathrm{HiP}_\Gamma(\mathcal{W}^{-1}\mathcal{U}\mathcal{V}) \quad \Longrightarrow \quad \mathbb{D}_\Gamma^G(\psi W f) \in \mathrm{Rie}_G^{-1}(\zeta, U)$$

gilt. D.h. jede Lösung f des Hilbert-Plemelj-Problems auf Γ zum Übergangsverhalten $\mathcal{W}^{-1}\mathcal{U}\mathcal{V}$ erzeugt eine Riemann-Lösung $\mathbb{D}_\Gamma^G(\psi W f) \in \mathrm{Rie}_G^{-1}(\zeta, U)$.

Beweis: Behauptung I sehen wir sehr leicht ein. Die Vektoren $\varrho^{(j)} \in \mathbb{C}^d$ und die Matrizen $C^{(j)} \in \mathrm{GL}_d$ für Darstellung (100) erhalten wir mit Hilfssatz 64. Wegen

$$\exp(2\pi i k \mathbb{I}_d) = \mathbb{I}_d \quad \text{für alle } k \in \mathbb{Z}$$

können wir erreichen, dass die $\varrho_k^{(j)}$ Bedingung (99) erfüllen.

Behauptung II: Teil II.1: Offenbar gibt es reguläre C^1-Gebiete $\Theta_1, \ldots, \Theta_m \in \mathcal{C}^1$, so dass Bedingung (87) sowie

$$(c_j) \subset \Theta_j \quad \text{für alle } j = 1, \ldots, m \tag{104}$$

erfüllt sind. Dann bilden die Mengen

$$G^{(1)} := G \setminus \Big(\bigcup_{j=1}^m \Theta_j\Big) \quad \text{und} \quad G^{(2)} := G \cup \Big(\bigcup_{j=1}^m \Theta_j\Big)$$

stückweise reguläre C^1-Gebiete $G^{(1)}, G^{(2)} \in \mathcal{C}^1(\zeta)$ mit

$$G^{(1)} \subset G \subset G^{(2)} \quad \text{und} \quad G^{(2)} \setminus \overline{G^{(1)}} = \bigcup_{j=1}^m \Theta_j.$$

Die Randbögen von $G^{(\kappa)}$ zwischen den singulären Punkten ζ_{j-1} und ζ_j gemäß Definition 48 bezeichnen wir mit

$$c_j^{(\kappa)} \in \bar{\mathcal{E}}^1, \quad j = 1, \ldots, m, \ \kappa = 1, 2.$$

Für $\kappa = 1, 2$ superponieren wir die Potenzfunktionen

$$Q_{c_j^{(\kappa)}}^{R^{(j)}} \in H^{d\times d}\big(\mathbb{C}\backslash[c_j^{(\kappa)}]\big) \cap H^{d\times d}(\infty), \quad j = 1, \ldots, m,$$

und bilden

$$\Phi := \sum_{j=1}^{m} (U^{(j+1)})^{-1} C^{(j)} Q_{c_j^{(2)}}^{R^{(j)}} \quad \text{und} \quad \Psi := \sum_{j=1}^{m} C^{(j)} Q_{c_j^{(1)}}^{R^{(j)}}.$$

Φ und Ψ sind beide sowohl auf dem Innen- als auch auf dem Außengebiet von $G^{(2)}$ bzw. $G^{(1)}$ definiert. Dabei interessiert uns Φ jedoch eher in ihrer Eigenschaft als Innen-, Ψ als Außenfunktion. Die Sätze 50 und 63 liefern die holomorphe Fortsetzbarkeit von $\Phi|_{G^{(2)}}$ über die Linien $(c_j^{(2)})$, bzw. von $\Psi|_{\mathbb{C}\backslash\overline{G^{(1)}}}$ über $(c_j^{(1)})$ hinaus, $j = 1, \ldots, m$. Daher haben wir

$$\Phi \in H^{d\times d}\big(\overline{G^{(2)}}\backslash Z\big) \quad \text{und} \quad \Psi \in H^{d\times d}\big(\mathbb{C}\backslash(G^{(1)} \cup Z)\big) \cap H^{d\times d}(\infty).$$

Dann sind die Determinanten

$$\det \Phi \in H\big(\overline{G^{(2)}}\backslash Z\big) \quad \text{und} \quad \det \Psi \in H\big(\mathbb{C}\backslash(G^{(1)} \cup Z)\big) \cap H(\infty)$$

in $\overline{G^{(2)}}\backslash Z$ bzw. $\overline{\mathbb{C}}\backslash(G^{(1)} \cup Z)$ skalarwertige analytische Funktionen. Als solche besitzen Φ bzw. Ψ in diesen Bereichen, wenn überhaupt, dann isolierte Nullstellen. Häufungen dieser Nullstellen könnten höchstens in den singulären Punkten $\zeta_1, \ldots, \zeta_m$ auftreten. Dass dies nicht möglich ist, zeigt für $l = 1, \ldots, m$ jeweils die Betrachtung der Determinanten in der Umgebung des Punktes ζ_l.

Unter Beachtung des Potenzgesetzes (91) können wir $\det \Phi(z)$ schreiben als

$$\begin{aligned} \det \Phi(z) &= \det\Big((U^{(l+1)})^{-1} C^{(l)} Q_{c_l^{(2)}}^{R^{(l)}}(z) + \sum_{\substack{j=1 \\ j\neq l}}^{m} (U^{(j+1)})^{-1} C^{(j)} Q_{c_j^{(2)}}^{R^{(j)}}(z)\Big) \\ &= \det\Big[(U^{(l+1)})^{-1} C^{(l)} Q_{c_l^{(2)}}^{R^{(l)}}(z)\big(\mathbb{I}_d + F^{(l)}(z)\big)\Big] \\ &= \frac{\det C^{(l)}}{\det U^{(l+1)}} \cdot Q_{c_l^{(2)}}^{\sum_{k=1}^{d} \varrho_k^{(l)}}(z) \cdot \det\big(\mathbb{I}_d + F^{(l)}(z)\big), \quad z \in G^{(2)}, \end{aligned} \tag{105}$$

mit

$$\begin{aligned} F^{(l)}(z) &:= \big[(U^{(l+1)})^{-1} C^{(l)} Q_{c_l^{(2)}}^{R^{(l)}}(z)\big]^{-1} \sum_{\substack{j=1 \\ j\neq l}}^{m} (U^{(j+1)})^{-1} C^{(j)} Q_{c_j^{(2)}}^{R^{(j)}}(z) \\ &= Q_{c_l^{(2)}}^{-R^{(l)}}(z) (C^{(l)})^{-1} U^{(l+1)} \sum_{\substack{j=1 \\ j\neq l}}^{m} (U^{(j+1)})^{-1} C^{(j)} Q_{c_j^{(2)}}^{R^{(j)}}(z), \quad z \in G^{(2)}. \end{aligned}$$

$\det \Psi(z)$ erscheint als

$$\begin{aligned}\det \Psi(z) &= \det\Big(C^{(l)} Q_{c_l^{(1)}}^{R^{(l)}}(z) + \sum_{\substack{j=1\\ j\neq l}}^{m} C^{(j)} Q_{c_j^{(1)}}^{R^{(j)}}(z)\Big)\\ &= \det\Big[C^{(l)} Q_{c_l^{(1)}}^{R^{(l)}}(z)\big(\mathbb{I}_d + P^{(l)}(z)\big)\Big]\\ &= \det C^{(l)} \cdot Q_{c_l^{(1)}}^{\sum_{k=1}^{d} \varrho_k^{(l)}}(z) \cdot \det\big(\mathbb{I}_d + P^{(l)}(z)\big), \quad z \in \mathbb{C}\backslash\overline{G^{(1)}},\end{aligned} \tag{105'}$$

mit

$$\begin{aligned}P^{(l)}(z) &:= \big[C^{(l)} Q_{c_l^{(1)}}^{R^{(l)}}(z)\big]^{-1} \sum_{\substack{j=1\\ j\neq l}}^{m} C^{(j)} Q_{c_j^{(1)}}^{R^{(j)}}(z)\\ &= Q_{c_l^{(1)}}^{-R^{(l)}}(z)(C^{(l)})^{-1} \sum_{\substack{j=1\\ j\neq l}}^{m} C^{(j)} Q_{c_j^{(1)}}^{R^{(j)}}(z), \quad z \in \mathbb{C}\backslash\overline{G^{(1)}}.\end{aligned}$$

Die Bedingung (99) an die Exponenten $\varrho_k^{(j)}$ liefert nun

$$F^{(l)} \in C^0\big(\overline{G^{(2)}} \cap B_\varepsilon(\zeta_l), \mathbb{C}^{d\times d}\big) \quad \text{und} \quad P^{(l)} \in C^0\big((\mathbb{C}\backslash G^{(1)}) \cap B_\varepsilon(\zeta_l), \mathbb{C}^{d\times d}\big), \tag{106}$$

mit

$$\lim_{\substack{z\to\zeta_l\\ z\in G^{(2)}}} F^{(l)}(z) = 0 = \lim_{\substack{z\to\zeta_l\\ z\in\mathbb{C}\backslash\overline{G^{(1)}}}} P^{(l)}(z), \tag{107}$$

da die Ausdrücke

$$\sum_{\substack{j=1\\ j\neq l}}^{m} (U^{(j+1)})^{-1} C^{(j)} Q_{c_j^{(2)}}^{R^{(j)}}(z) \quad \text{und} \quad \sum_{\substack{j=1\\ j\neq l}}^{m} C^{(j)} Q_{c_j^{(2)}}^{R^{(j)}}(z)$$

um ζ_l beschränkt bleiben. Schließlich erhalten wir

$$\lim_{\substack{z\to\zeta_l\\ z\in G^{(2)}}} |\det \Phi(z)| = \left|\frac{\det C^{(l)}}{\det U^{(l+1)}}\right| \lim_{\substack{z\to\zeta_l\\ z\in G^{(2)}}} \left|Q_{c_l^{(2)}}^{\sum_{k=1}^{d} \varrho_k^{(l)}}(z)\right| \left|\det\big(\mathbb{I}_d + F^{(l)}(z)\big)\right| = +\infty$$

sowie

$$\lim_{\substack{z\to\zeta_l\\ z\in\mathbb{C}\backslash\overline{G^{(1)}}}} |\det \Psi(z)| = |\det C^{(l)}| \lim_{\substack{z\to\zeta_l\\ z\in\mathbb{C}\backslash\overline{G^{(1)}}}} \left|Q_{c_l^{(1)}}^{\sum_{k=1}^{d} \varrho_k^{(l)}}(z)\right| \left|\det\big(\mathbb{I}_d + P^{(l)}(z)\big)\right| = +\infty.$$

Insbesondere haben wir für eine hinreichend kleine Zahl $\varepsilon_1 > 0$ die Bedingungen

$$\det \Phi(z) \neq 0 \quad \text{für alle } z \in G^{(2)} \cap B_{\varepsilon_1}(\zeta_l)$$

bzw.

$$\det \Psi(z) \neq 0 \quad \text{für alle } z \in \big(\mathbb{C}\backslash\overline{G^{(1)}}\big) \cap B_{\varepsilon_1}(\zeta_l).$$

Wir schließen daraus:

A) Die Funktion $\det \Phi\big|_{G^{(2)}}$ besitzt eine höchstens endliche Anzahl $n^{(2)} \in N_0$ von Nullstellen

$$w_1^{(2)}, \dots, w_{n^{(2)}}^{(2)} \in G^{(2)},$$

so dass

$$\det \Phi(w_k^{(2)}) = 0 \quad \text{für alle } k = 1, \dots, n^{(2)}$$

und

$$\det \Phi(z) \neq 0 \quad \text{für alle } z \in G^{(2)} \setminus \{w_1^{(2)}, \dots, w_{n^{(2)}}^{(2)}\}.$$

B) Die Funktion $\det \Psi\big|_{\mathbb{C}\setminus\overline{G^{(1)}}}$ besitzt eine höchstens endliche Anzahl $n^{(1)} \in N_0$ von Nullstellen

$$w_1^{(1)}, \dots, w_{n^{(1)}}^{(1)} \in \mathbb{C}\setminus\overline{G^{(1)}},$$

so dass

$$\det \Psi(w_k^{(1)}) = 0 \quad \text{für alle } k = 1, \dots, n^{(1)}$$

und

$$\det \Phi(z) \neq 0 \quad \text{für alle } z \in \mathbb{C}\setminus\Big(\overline{G^{(1)}} \cup \{w_1^{(1)}, \dots, w_{n^{(1)}}^{(1)}\}\Big).$$

Nach der Adjunktenformel sind die Inversen Φ^{-1} und Ψ^{-1} meromorphe Matrixfunktionen

$$\Phi^{-1} \in M^{d\times d}\big(G^{(2)}\big) \quad \text{und} \quad \Psi^{-1} \in M^{d\times d}\big(\mathbb{C}\setminus\overline{G^{(1)}}\big) \cap M^{d\times d}(\infty).$$

Teil II.2: Wir zeigen, dass Φ^{-1} von $G^{(2)}$ und Ψ^{-1} von $\mathbb{C}\setminus\overline{G^{(1)}}$ aus Hölder-stetig differenzierbar in die singulären Punkte ζ_l fortsetzbar sind. Für $\mu, \nu = 1, \dots, d$ mögen die skalarwertigen Funktionen

$$\varphi^{\mu\nu} \in M(G^{(2)}) \quad \text{und} \quad \psi^{\mu\nu} \in M\big(\mathbb{C}\setminus\overline{G^{(1)}}\big) \cap M(\infty)$$

die Einträge der Inversen Φ^{-1} bzw. Ψ^{-1} bezeichnen. Mit der Adjunktenformel können wir diese konkret darstellen durch

$$\varphi^{\mu\nu}(z) = \frac{(-1)^{\mu+\nu}\sigma_{\nu\mu}\big(\Phi(z)\big)}{\det \Phi(z)}, \quad z \in G^{(2)},$$

bzw.

$$\psi^{\mu\nu}(z) = \frac{(-1)^{\mu+\nu}\sigma_{\nu\mu}\big(\Psi(z)\big)}{\det \Psi(z)}, \quad z \in \mathbb{C}\setminus\overline{G^{(1)}},$$

wobei für eine beliebige quadratische Matrix $A = (a_{\iota\kappa})_{\iota,\kappa=1,\dots,d} \in \mathbb{C}^{d\times d}$ die Zahl $\sigma_{\iota\kappa}(A)$ diejenige Unterdeterminante von A bezeichnet, die entsteht, wenn man die ι-te Zeile und die κ-te Spalte von A löscht, also

$$\sigma_{\iota\kappa}(A) := \det \begin{pmatrix} a_{1,1} & \cdots & a_{1,\kappa-1} & a_{1,\kappa+1} & \cdots & a_{1,d} \\ \vdots & & \vdots & \vdots & & \vdots \\ a_{\iota-1,1} & \cdots & a_{\iota-1,\kappa-1} & a_{\iota-1,\kappa+1} & \cdots & a_{\iota-1,d} \\ a_{\iota+1,1} & \cdots & a_{\iota+1,\kappa-1} & a_{\iota+1,\kappa+1} & \cdots & a_{\iota+1,d} \\ \vdots & & \vdots & \vdots & & \vdots \\ a_{d,1} & \cdots & a_{d,\kappa-1} & a_{d,\kappa+1} & \cdots & a_{d,d} \end{pmatrix} \in \mathbb{C}, \quad \iota, \kappa = 1, \dots, d.$$

Mit (105) und (105') folgt für alle $l = 1, \ldots, m$ und alle $\mu, \nu = 1, \ldots, d$ jeweils

$$\varphi^{\mu\nu}(z) = \frac{(-1)^{\mu+\nu}\sigma_{\nu\mu}\big(\Phi(z)\big)}{\dfrac{\det C^{(l)}}{\det U^{(l+1)}} \cdot Q_{c_l^{(2)}}^{\sum_{k=1}^d \varrho_k^{(l)}}(z) \cdot \det\big(\mathbb{I}_d + F^{(l)}(z)\big)} = \frac{(-1)^{\mu+\nu} Q_{c_l^{(2)}}^{-\sum_{k=1}^d \varrho_k^{(l)}}(z) \cdot \sigma_{\nu\mu}\big(\Phi(z)\big)}{\dfrac{\det C^{(l)}}{\det U^{(l+1)}} \cdot \det\big(\mathbb{I}_d + F^{(l)}(z)\big)},$$

und damit

$$\begin{aligned}\varphi^{\mu\nu}(z) &= Q_{c_l^{(2)}}(z) \cdot \frac{(-1)^{\mu+\nu} Q_{c_l^{(2)}}^{-1-\sum_{k=1}^d \varrho_k^{(l)}}(z) \cdot \sigma_{\nu\mu}\Big(\sum_{j=1}^m (U^{(j+1)})^{-1} C^{(j)} Q_{c_j^{(1)}}^{R^{(j)}}(z)\Big)}{\dfrac{\det C^{(l)}}{\det U^{(l+1)}} \cdot \det\big(\mathbb{I}_d + F^{(l)}(z)\big)} \\ &= Q_{c_l^{(2)}}(z) \cdot S_{\mu\nu}^{(l)}(z), \quad z \in G^{(2)},\end{aligned} \tag{108}$$

sowie

$$\psi^{\mu\nu}(z) = \frac{(-1)^{\mu+\nu}\sigma_{\nu\mu}\big(\Psi(z)\big)}{\det C^{(l)} \cdot Q_{c_l^{(1)}}^{\sum_{k=1}^d \varrho_k^{(l)}}(z) \cdot \det\big(\mathbb{I}_d + P^{(l)}(z)\big)} = \frac{(-1)^{\mu+\nu} Q_{c_l^{(1)}}^{-\sum_{k=1}^d \varrho_k^{(l)}}(z) \cdot \sigma_{\nu\mu}\big(\Psi(z)\big)}{\det C^{(l)} \cdot \det\big(\mathbb{I}_d + P^{(l)}(z)\big)},$$

und folglich

$$\begin{aligned}\psi^{\mu\nu}(z) &= Q_{c_l^{(1)}}(z) \cdot \frac{(-1)^{\mu+\nu} Q_{c_l^{(1)}}^{-1-\sum_{k=1}^d \varrho_k^{(l)}}(z) \cdot \sigma_{\nu\mu}\Big(\sum_{j=1}^m C^{(j)} Q_{c_j^{(1)}}^{R^{(j)}}(z)\Big)}{\det C^{(l)} \cdot \det\big(\mathbb{I}_d + P^{(l)}(z)\big)} \\ &= Q_{c_l^{(1)}}(z) \cdot \tilde{S}_{\mu\nu}^{(l)}(z), \quad z \in \mathbb{C}\backslash\overline{G^{(1)}}.\end{aligned} \tag{108'}$$

In den Unterdeterminanten

$$\begin{aligned}\sigma_{\nu\mu}(\Psi(z)) &= \sigma_{\nu\mu}\Big(\sum_{j=1}^m (U^{(j+1)})^{-1} C^{(j)} Q_{c_j^{(1)}}^{R^{(j)}}(z)\Big) \\ &= \sigma_{\nu\mu}\Big((U^{(l+1)})^{-1} C^{(l)} Q_{c_l^{(1)}}^{R^{(l)}}(z) + \sum_{\substack{j=1 \\ j\neq l}}^m (U^{(j+1)})^{-1} C^{(j)} Q_{c_j^{(1)}}^{R^{(j)}}(z)\Big)\end{aligned}$$

und

$$\sigma_{\nu\mu}(\Phi(z)) = \sigma_{\nu\mu}\Big(\sum_{j=1}^m C^{(j)} Q_{c_j^{(1)}}^{R^{(j)}}(z)\Big) = \sigma_{\nu\mu}\Big(C^{(l)} Q_{c_l^{(1)}}^{R^{(l)}}(z) + \sum_{\substack{j=1 \\ j\neq l}}^m C^{(j)} Q_{c_j^{(1)}}^{R^{(j)}}(z)\Big)$$

taucht nun der Faktor $Q^{\varrho^{(l)}_\mu}_{c^{(1)}_l}(z)$ nicht auf. Wegen (99) sowie (106) und (107) gelten dann für die Funktionen

$$S^{(l)}_{\mu\nu}(z) := \frac{(-1)^{\mu+\nu} Q^{-1-\sum_{k=1}^d \varrho^{(l)}_k}_{c^{(2)}_l}(z) \cdot \sigma_{\nu\mu}\Big(\sum_{j=1}^m (U^{(j+1)})^{-1} C^{(j)} Q^{R^{(j)}}_{c^{(1)}_j}(z)\Big)}{\dfrac{\det C^{(l)}}{\det U^{(l+1)}} \cdot \det\big(\mathbb{I}_d + F^{(l)}(z)\big)}$$

und

$$\tilde{S}^{(l)}_{\mu\nu}(z) := \frac{(-1)^{\mu+\nu} Q^{-1-\sum_{k=1}^d \varrho^{(l)}_k}_{c^{(1)}_l}(z) \cdot \sigma_{\nu\mu}\Big(\sum_{j=1}^m C^{(j)} Q^{R^{(j)}}_{c^{(1)}_j}(z)\Big)}{\det C^{(l)} \cdot \det\big(\mathbb{I}_d + P^{(l)}(z)\big)}$$

die Relationen

$$S^{(l)}_{\mu\nu} \in H\big(\overline{G^{(2)}} \cap [B_{\varepsilon_1}(\zeta_l)\backslash\{\zeta_l\}]\big) \cap C^0\big(\overline{G^{(2)}} \cap B_{\varepsilon_1}(\zeta_l), \mathbb{C}\big)$$

und

$$\tilde{S}^{(l)}_{\mu\nu} \in H\big((\mathbb{C}\backslash G^{(1)}) \cap [B_{\varepsilon_1}(\zeta_l)\backslash\{\zeta_l\}]\big) \cap C^0\big((\mathbb{C}\backslash G^{(1)}) \cap B_{\varepsilon_1}(\zeta_l), \mathbb{C}\big).$$

Überdies finden wir ein $\alpha \in (0,1]$ sowie ein $c_1 \in [0,+\infty)$, so dass

$$|S^{(l)}_{\mu\nu}(z)| \le c_1|z-\zeta_l|^\alpha, \quad \Big|\frac{d}{dz}S^{(l)}_{\mu\nu}(z)\Big| \le c_1|z-\zeta_l|^{\alpha-1} \quad \text{für alle } z \in G^{(2)} \cap B_{\varepsilon_1}(\zeta_l) \tag{109}$$

und

$$|\tilde{S}^{(l)}_{\mu\nu}(z)| \le c_1|z-\zeta_l|^\alpha, \quad \Big|\frac{d}{dz}\tilde{S}^{(l)}_{\mu\nu}(z)\Big| \le c_1|z-\zeta_l|^{\alpha-1} \quad \text{für alle } z \in (\mathbb{C}\backslash\overline{G^{(1)}}) \cap B_{\varepsilon_1}(\zeta_l). \tag{109'}$$

Beachten wir

$$Q_{c^{(2)}_l}(z) = Q_{\zeta_{l-1},\zeta_l}(z) = \Big(\frac{z-\zeta_l}{z-\zeta_{l-1}}\Big) = Q_{c^{(2)}_l}(z),$$

so folgen mit (108) bzw. (108') für $\varphi^{\mu\nu}$ bzw. $\psi^{\mu\nu}$ Abschätzungen

$$|\varphi^{\mu\nu}(z)| \le c_2|z-\zeta_l|^{1+\alpha}, \quad z \in G^{(2)} \cap B_{\varepsilon_1}(\zeta_l), \tag{110}$$

und

$$|\psi^{\mu\nu}(z)| \le c_2|z-\zeta_l|^{1+\alpha}, \quad z \in (\mathbb{C}\backslash\overline{G^{(1)}}) \cap B_{\varepsilon_1}(\zeta_l). \tag{110'}$$

Für die Ableitungen $\frac{d}{dz}\varphi^{\mu\nu}$ und $\frac{d}{dz}\psi^{\mu\nu}$ erhalten wir

$$\begin{aligned}\Big|\frac{d}{dz}\varphi^{\mu\nu}(z)\Big| &= \Big|\frac{d}{dz}\big[Q_{c^{(2)}_l}(z) \cdot S^{(l)}_{\mu\nu}(z)\big]\Big| \\ &= \Big|\frac{d}{dz}Q_{c^{(2)}_l}(z) \cdot S^{(l)}_{\mu\nu}(z) + Q_{c^{(2)}_l}(z) \cdot \frac{d}{dz}S^{(l)}_{\mu\nu}(z)\Big| \\ &\le c_3|z-\zeta_l|^\alpha, \quad z \in G^{(2)} \cap B_{\varepsilon_1}(\zeta_l).\end{aligned} \tag{111}$$

und

$$\begin{aligned}\Big|\frac{d}{dz}\psi^{\mu\nu}(z)\Big| &= \Big|\frac{d}{dz}\big[Q_{c^{(1)}_l}(z) \cdot \tilde{S}^{(l)}_{\mu\nu}(z)\big]\Big| \\ &= \Big|\frac{d}{dz}Q_{c^{(1)}_l}(z) \cdot \tilde{S}^{(l)}_{\mu\nu}(z) + Q_{c^{(1)}_l}(z) \cdot \frac{d}{dz}\tilde{S}^{(l)}_{\mu\nu}(z)\Big| \\ &\le c_3|z-\zeta_l|^\alpha, \quad z \in (\mathbb{C}\backslash\overline{G^{(1)}}) \cap B_{\varepsilon_1}(\zeta_l).\end{aligned} \tag{111'}$$

Dabei sind $c_2, c_3 \in [0, +\infty)$. $\varphi^{\mu\nu}$ und $\psi^{\mu\nu}$ sind demnach Hölder-stetig differenzierbar von $G^{(2)}$ bzw. $\mathbb{C}\backslash\overline{G^{(1)}}$ in den singulären Punkt ζ_l fortsetzbar mit

$$\varphi^{\mu\nu}(\zeta_l) := \lim_{\substack{z\to\zeta_l \\ z\in G^{(2)}}} \varphi^{\mu\nu}(z) = 0 = \lim_{\substack{z\to\zeta_l \\ z\in\mathbb{C}\backslash\overline{G^{(1)}}}} \psi^{\mu\nu}(z) =: \psi^{\mu\nu}(\zeta_l)$$

und

$$\frac{d}{dz}\varphi^{\mu\nu}(\zeta_l) := \lim_{\substack{z\to\zeta_l \\ z\in G^{(2)}}} \frac{d}{dz}\varphi^{\mu\nu}(z) = 0 = \lim_{\substack{z\to\zeta_l \\ z\in\mathbb{C}\backslash\overline{G^{(1)}}}} \frac{d}{dz}\psi^{\mu\nu}(z) =: \frac{d}{dz}\psi^{\mu\nu}(\zeta_l).$$

Teil II.3: Wegen A) und B) aus Teil II.1 können wir ein auch in den ζ_j reguläres C^1-Gebiet

$$\Gamma \in \mathcal{C}^1(\zeta) \cap \mathcal{C}^1$$

mit Randbögen $\gamma_j \in \bar{\mathcal{E}}^1$ zwischen den ζ_{j-1} und ζ_j, $j = 1, \ldots, m$, finden, so dass folgendes richtig ist:

C) Es ist
$$(\gamma_j) \subset \Theta_j \text{ für alle } j = 1, \ldots, m.$$

D) Es gelten
$$\det \Phi(z) \neq 0 \quad \text{und} \quad \det \Psi(z) \neq 0 \quad \text{für alle } z \in \partial\Gamma\backslash Z.$$

Aus C) und (104) folgt zunächst
$$\Gamma \approx_\zeta G.$$

Mit den Θ_j aus Teil II.1 definieren wir dic Cebictc

$$\Theta_j^+ := \Gamma \cap \Theta_j \in \mathcal{C}^1\big((\zeta_{j-1}, \zeta_j)\big) \quad \text{und} \quad \Theta_j^- := (\mathbb{C}\backslash\overline{\Gamma}) \cap \Theta_j \in \mathcal{C}^1\big((\zeta_{j-1}, \zeta_j)\big).$$

Dann ist für $j = 1, \ldots, m$ jeweils folgendes richtig: Θ_j^+ grenzt links an die Kurve γ_j und rechts an die Kurve $c_j^{(1)}$, d.h. es ist gemäß Definition 19

$$[\gamma_j] \subset \partial\Theta_j^+ \text{ und } \Theta_j^+ \in \mathcal{O}^+(\gamma_j) \quad \text{sowie} \quad [c_j^{(1)}] \subset \partial\Theta_j^+ \text{ und } \Theta_j^+ \in \mathcal{O}^-(c_j^{(1)}), \tag{112}$$

Θ_j^- grenzt links an die Kurve $c_j^{(2)}$ und rechts an γ_j, d.h.

$$[c_j^{(2)}] \subset \partial\Theta_j^- \text{ und } \Theta_j^- \in \mathcal{O}^+(c_j^{(2)}) \quad \text{sowie} \quad [\gamma_j] \subset \partial\Theta_j^- \text{ und } \Theta_j^- \in \mathcal{O}^-(\gamma_j). \tag{112$^-$}$$

Wir setzen nun

$$V := \sum_{j=1}^{m} (U^{(j+1)})^{-1} C^{(j)} Q_{\gamma_j}^{R^{(j)}} \quad \text{und} \quad W := \sum_{j=1}^{m} C^{(j)} Q_{\gamma_j}^{R^{(j)}}.$$

Dann gelten

$$V \in H^{d\times d}(\overline{\Gamma}\backslash Z) \quad \text{und} \quad W \in H^{d\times d}\big(\mathbb{C}\backslash(\Gamma \cup Z)\big) \cap H^{d\times d}(\infty).$$

Satz 62 i) liefert wegen (112) und (112⁻) für alle $j = 1, \ldots, m$ die Identitäten

$$Q_{\gamma_j}^{R^{(j)}}(z) = Q_{c_j^{(2)}}^{R^{(j)}}(z) \text{ für alle } z \in \Gamma \quad \text{sowie} \quad Q_{\gamma_j}^{R^{(j)}}(z) = Q_{c_j^{(1)}}^{R^{(j)}}(z) \text{ für alle } z \in \mathbb{C}\backslash\overline{\Gamma},$$

und damit

$$V(z) = \sum_{j=1}^{m} (U^{(j+1)})^{-1} C^{(j)} Q_{\gamma_j}^{R^{(j)}}(z) = \sum_{j=1}^{m} (U^{(j+1)})^{-1} C^{(j)} Q_{c_j^{(2)}}^{R^{(j)}}(z) = \Phi(z) \quad \text{für alle } z \in \Gamma$$

und

$$W(z) = \sum_{j=1}^{m} C^{(j)} Q_{\gamma_j}^{R^{(j)}}(z) = \sum_{j=1}^{m} C^{(j)} Q_{c_j^{(1)}}^{R^{(j)}}(z) = \Psi(z) \quad \text{für alle } z \in \mathbb{C}\backslash\overline{\Gamma}.$$

In Kurzform schreibt sich dies als

$$V\big|_\Gamma = \Phi\big|_\Gamma \quad \text{und} \quad W\big|_{\mathbb{C}\backslash\overline{\Gamma}} = \Psi\big|_{\mathbb{C}\backslash\overline{\Gamma}}.$$

Die Randwerte

$$\mathcal{V} := \mathrm{Liw}^{+}_{\partial\Gamma\backslash Z} V = \Phi\big|_{\partial\Gamma\backslash Z} \in C^0\big(\partial\Gamma\backslash Z, \mathbb{C}^{d\times d}\big)$$

und

$$\mathcal{W} := \mathrm{Liw}^{-}_{\partial\Gamma\backslash Z} W = \Psi\big|_{\partial\Gamma\backslash Z} \in C^0\big(\partial\Gamma\backslash Z, \mathbb{C}^{d\times d}\big)$$

erfüllen nach D) die Bedingung

$$\det \mathcal{V}(z) = \det \Phi(z) \neq 0 \quad \text{und} \quad \det \mathcal{W}(z) = \det \Psi(z) \neq 0 \quad \text{für alle } z \in \partial\Gamma\backslash Z.$$

Ferner haben wir

$$V^{-1}\big|_\Gamma = \Phi^{-1}\big|_\Gamma \in M^{d\times d}(\Gamma) \quad \text{und} \quad W^{-1}\big|_{\mathbb{C}\backslash\overline{\Gamma}} = \Psi^{-1}\big|_{\mathbb{C}\backslash\overline{\Gamma}} \in M^{d\times d}\big(\mathbb{C}\backslash\overline{\Gamma}\big) \cap M^{d\times d}(\infty).$$

Wegen (110) ist

$$V^{-1}\big|_\Gamma = \Phi^{-1}\big|_\Gamma$$

stetig auf ganz $\overline{\Gamma}$, wegen (110') ist

$$W^{-1}\big|_{\mathbb{C}\backslash\overline{\Gamma}} = \Psi^{-1}\big|_{\mathbb{C}\backslash\overline{\Gamma}}$$

stetig auf $\mathbb{C}\backslash\Gamma$ fortsetzbar. Es gibt also links und rechts an $\partial\Gamma$ grenzende offene Mengen $\Omega^{\pm} \in \mathcal{O}^{\pm}$ gemäß Definition 19, so dass

$$V^{-1}\big|_\Gamma = \Phi^{-1}\big|_\Gamma \in M^{d\times d}(\Gamma) \cap C^0(\Omega^+ \cup \partial\Gamma, \mathbb{C}^{d\times d})$$

und

$$W^{-1}\big|_{\mathbb{C}\backslash\overline{\Gamma}} = \Psi^{-1}\big|_{\mathbb{C}\backslash\overline{\Gamma}} \in M^{d\times d}\big(\mathbb{C}\backslash\overline{\Gamma}\big) \cap M^{d\times d}(\infty) \cap C^0(\Omega^- \cup \partial\Gamma, \mathbb{C}^{d\times d}).$$

Folglich existieren die Linienwerte

$$\mathrm{Liw}^{+}_{\partial\Gamma} V^{-1} = \mathrm{Liw}^{+}_{\partial\Gamma} \Phi^{-1} = \Phi^{-1}\big|_{\partial\Gamma} \in C^0(\partial\Gamma, \mathbb{C}^{d\times d})$$

sowie

$$\mathrm{Liw}^{-}_{\partial\Gamma} W^{-1} = \mathrm{Liw}^{-}_{\partial\Gamma} \Psi^{-1} = \Psi^{-1}\big|_{\partial\Gamma} \in C^0(\partial\Gamma, \mathbb{C}^{d\times d}),$$

und es gelten

$$\mathcal{V}^{-1} = \Phi^{-1}\big|_{\partial\Gamma} = \mathrm{Liw}^{+}_{\partial\Gamma} V^{-1} \quad \text{sowie} \quad \mathcal{W}^{-1} = \Psi^{-1}\big|_{\partial\Gamma} = \mathrm{Liw}^{-}_{\partial\Gamma} W^{-1}.$$

In den singulären Punkten erhalten wir mit (110) und (110') die Abschätzungen aus iv). Damit sind die Aussagen II.i), ii), iii) und iv) von Satz 68 gezeigt.

Teil II.4: Wir wenden uns der Aussage II.v) zu. Zunächst setzen wir die Randfunktion $\mathcal{U}$ aus (103) jeweils konstant vom Randstück (c_j) auf die Zusammenhangskomponente Θ_j fort durch die Funktion

$$T : G^{(2)}\backslash\overline{G^{(1)}} \longrightarrow \{U^{(1)}, \ldots, U^{(m)}\}$$

mit

$$T(z) := \Big\{U^{(j)}, \text{ falls } z \in \Theta_j\Big|_{j=1}^{m}, \quad z \in G^{(2)}\backslash\overline{G^{(1)}}.$$

Dann gilt

$$T(z) = \mathcal{U}(z) \quad \text{für alle } z \in \partial\Gamma\backslash Z.$$

Auf der Differenzmenge $G^{(2)} \setminus \overline{G^{(1)}}$ betrachten wir jetzt die Funktion

$$A := \Psi^{-1} \cdot T \cdot \Phi, \tag{113}$$

die offenbar

$$A \in M^{d\times d}\big(G^{(2)}\backslash\overline{G^{(1)}}\big)$$

sowie

$$A(z) = \Psi^{-1}(z) \cdot T(z) \cdot \Phi(z) = \mathcal{W}^{-1}(z)\mathcal{U}(z)\mathcal{V}(z) \quad \text{für alle } z \in \partial\Gamma\backslash Z$$

erfüllt. A ist also die holomorphe Fortsetzung der Randfunktion $\mathcal{W}^{-1}\mathcal{U}\mathcal{V}$ aus Behauptung II.v) auf die offene Menge $G^{(2)} \setminus \overline{G^{(1)}}$, welche wir auch schreiben können als

$$A = \Psi^{-1}T\Phi - \Psi^{-1}\Psi + \mathbb{I}_d = \Psi^{-1}\big(T\Phi - \Psi\big) + \mathbb{I}_d = \Psi^{-1}F + \mathbb{I}_d, \tag{114}$$

mit der holomorphen Matrixfunktion

$$F := T\Phi - \Psi \in H^{d\times d}\big(G^{(2)}\backslash\overline{G^{(1)}}\big). \tag{115}$$

Wir zeigen nun, dass $A = \Psi^{-1}F + \mathbb{I}_d$ Hölder-stetig differenzierbar in die singulären Punkte ζ_l fortsetzbar ist. Nach Teil II.2 ist Ψ^{-1} schon Hölder-stetig differenzierbar in die ζ_l fortsetzbar. Die Untersuchung der Funktion F aus (115) wird ergeben, dass F sowie deren erste Ableitung $\frac{d}{dz}F$ sowohl von Θ_l, als auch von Θ_{l+1} aus stetig in den singulären Punkt ζ_l fortgesetzt werden können, dass also die (nicht notwendig identischen) Grenzwerte

$$\lim_{\substack{z\to\zeta_l \\ z\in\Theta_l}} F(z) \quad \text{und} \quad \lim_{\substack{z\to\zeta_l \\ z\in\Theta_{l+1}}} F(z)$$

sowie

$$\lim_{\substack{z\to\zeta_l \\ z\in\Theta_l}} \frac{d}{dz}F(z) \quad \text{und} \quad \lim_{\substack{z\to\zeta_l \\ z\in\Theta_{l+1}}} \frac{d}{dz}F(z)$$

existieren. Dazu berechnen wir für jedes $l = 1, \dots, m$ jeweils ihren Wert auf Θ_l sowie auf Θ_{l+1}, d.h. in den Zusammenhangskomponenten von $G^{(2)} \backslash \overline{G^{(1)}}$, welche an den singulären Punkt ζ_l grenzen:

Teil II.4.1: Sei $z \in \Theta_l$ beliebig und fest. Dann nimmt T den Wert

$$T(z) = U^{(l)}$$

an und es gilt

$$\begin{aligned} F(z) &= T(z)\Phi(z) - \Psi(z) = U^{(l)}\Phi(z) - \Psi(z) \\ &= U^{(l)} \sum_{j=1}^{m} (U^{(j+1)})^{-1} C^{(j)} Q^{R^{(j)}}_{c_j^{(2)}}(z) - \sum_{j=1}^{m} C^{(j)} Q^{R^{(j)}}_{c_j^{(1)}}(z) \\ &= \sum_{j=1}^{m} \Big[U^{(l)} (U^{(j+1)})^{-1} C^{(j)} Q^{R^{(j)}}_{c_j^{(2)}}(z) - C^{(j)} Q^{R^{(j)}}_{c_j^{(1)}}(z) \Big]. \end{aligned}$$

Für den Summationsindex $j = l$ ist zum Einen

$$U^{(l)}(U^{(j+1)})^{-1} = U^{(l)}(U^{(l+1)})^{-1} = (Y^{(l)})^{-1} = C^{(l)} \exp\big(-2\pi i R^{(l)}\big)(C^{(l)})^{-1},$$

zum Anderen liefert Satz 62 ii) wegen (112) und unter Beachtung von $z \in \Theta_l$ die Gleichung

$$Q^{R^{(l)}}_{c_l^{(2)}}(z) = \exp\big(2\pi i R^{(l)}\big) Q^{R^{(l)}}_{c_l^{(1)}}(z).$$

Dann folgt

$$U^{(l)}(U^{(l+1)})^{-1} C^{(l)} Q^{R^{(l)}}_{c_l^{(2)}}(z) - C^{(l)} Q^{R^{(l)}}_{c_l^{(1)}}(z) = 0.$$

Der l-te Summand in der obigen Summendarstellung von F entfällt demnach. Für die übrigen Indizes haben wir (wegen $z \in \Theta_l$) nach Satz 62 i)

$$Q^{R^{(j)}}_{c_j^{(2)}}(z) = Q^{R^{(j)}}_{c_j^{(1)}}(z), \quad j = 1, \dots, m,\ j \neq l.$$

Speziell im Fall $j = l - 1 \neq l$ ist dann

$$U^{(l)}(U^{(l)})^{-1} C^{(l-1)} Q^{R^{(l-1)}}_{c_{l-1}^{(2)}}(z) - C^{(l-1)} Q^{R^{(l-1)}}_{c_{l-1}^{(1)}}(z) = 0,$$

so dass auch der $(l-1)$-te Summand in obiger Summe wegfällt. F besitzt auf Θ_l schließlich die Darstellung

$$F(z) = T(z)\Phi(z) - \Psi(z) = \sum_{\substack{j=1 \\ j \notin \{l, l-1\}}}^{m} \big[U^{(l)}(U^{(j+1)})^{-1} - \mathbb{I}_d\big] C^{(j)} Q^{R^{(j)}}_{c_j^{(1)}}(z), \quad z \in \Theta_l. \tag{116}$$

Teil II.4.2: Eine ähnliche Situation finden wir auf Θ_{l+1} vor: Sei $z \in \Theta_{l+1}$ beliebig und fest. Dann beträgt

$$T(z) = U^{(l+1)}$$

und damit

$$\begin{aligned}F(z) &= T(z)\Phi(z) - \Psi(z) = U^{(l+1)}\Phi(z) - \Psi(z)\\ &= U^{(l+1)}\sum_{j=1}^{m}(U^{(j+1)})^{-1}C^{(j)}Q^{R^{(j)}}_{c_j^{(2)}}(z) - \sum_{j=1}^{m}C^{(j)}Q^{R^{(j)}}_{c_j^{(1)}}(z)\\ &= \sum_{j=1}^{m}\Big[U^{(l+1)}(U^{(j+1)})^{-1}C^{(j)}Q^{R^{(j)}}_{c_j^{(2)}}(z) - C^{(j)}Q^{R^{(j)}}_{c_j^{(1)}}(z)\Big].\end{aligned}$$

Hier haben wir für den Summationsindex $j = l+1$ die Identität

$$U^{(l+1)}(U^{(j+1)})^{-1} = U^{(l+1)}(U^{(l+2)})^{-1} = (Y^{l+1})^{-1} = C^{(l+1)}\exp\big(-2\pi i R^{(l+1)}\big)(C^{(l+1)})^{-1},$$

ferner ergibt Satz 42 ii) wiederum wegen (112) (und da $z \in \Theta_{l+1}$ ist) die Gleichung

$$Q^{R^{(l+1)}}_{c_{l+1}^{(2)}}(z) = \exp\big(2\pi i R^{(l+1)}\big)Q^{R^{(l+1)}}_{c_{l+1}^{(1)}}(z).$$

Damit folgt

$$U^{(l+1)}(U^{(l+2)})^{-1}C^{(l+1)}Q^{R^{(l+1)}}_{c_{l+1}^{(2)}}(z) - C^{(l+1)}Q^{R^{(l+1)}}_{c_{l+1}^{(1)}}(z) = 0,$$

der $(l+1)$-te Summand entfällt also. Für alle anderen Indizes ist

$$Q^{R^{(j)}}_{c_j^{(2)}}(z) = Q^{R^{(j)}}_{c_j^{(1)}}(z), \quad j = 1,\ldots,m,\ j \neq l+1,$$

so dass speziell für $j = l$ der Summand

$$U^{(l+1)}(U^{(l+1)})^{-1}C^{(l)}Q^{R^{(l)}}_{c_l^{(2)}}(z) - C^{(l)}Q^{R^{(l)}}_{c_l^{(1)}}(z) = 0$$

aus- und damit wegfällt. F erscheint auf Θ_{l+1} also in der Form

$$F(z) = T(z)\Phi(z) - \Psi(z) = \sum_{\substack{j=1\\ j\notin\{l,l+1\}}}^{m}\big[U^{(l+1)}(U^{(j+1)})^{-1} - \mathbb{I}_d\big]C^{(j)}Q^{R^{(j)}}_{c_j^{(1)}}(z), \quad z \in \Theta_{l+1}. \tag{116'}$$

Teil II.4.3: Drücken wir nun die $Q^{R^{(j)}}_{\gamma_j}(z)$ durch

$$Q^{R^{(j)}}_{c_j^{(1)}}(z) = \begin{pmatrix} \left(\frac{z-\zeta_j}{z-\zeta_{j-1}}\right)^{\varrho_1^{(j)}} & & 0\\ & \ddots & \\ 0 & & \left(\frac{z-\zeta_j}{z-\zeta_{j-1}}\right)^{\varrho_d^{(j)}}\end{pmatrix}$$

aus, so erkennen wir, dass der singuläre Punkt ζ_l in (116) lediglich im Summanden mit dem Index $j = l+1$, d.h. in

$$\begin{aligned}&\big[U^{(l)}(U^{(l+1)})^{-1} - \mathbb{I}_d\big]C^{(l+1)}Q^{R^{(l+1)}}_{c_{l+1}^{(1)}}(z)\\ &= \big[U^{(l)}(U^{(l+2)})^{-1} - \mathbb{I}_d\big]C^{(l+1)}\begin{pmatrix} \left(\frac{z-\zeta_{l+1}}{z-\zeta_l}\right)^{\varrho_1^{(l+1)}} & & 0\\ & \ddots & \\ 0 & & \left(\frac{z-\zeta_{l+1}}{z-\zeta_l}\right)^{\varrho_d^{(l+1)}}\end{pmatrix}\end{aligned}$$

vorkommt, während er in (116') bereits verschwunden ist. Wegen (99) gelten

$$\lim_{\substack{z\to\zeta_l\\ z\in\Theta_l}} Q^{R^{(l+1)}}_{c^{(1)}_{l+1}}(z) = \lim_{\substack{z\to\zeta_l\\ z\in\Theta_l}} \begin{pmatrix} \left(\frac{z-\zeta_{l+1}}{z-\zeta_l}\right)^{\varrho_1^{(l+1)}} & & 0 \\ & \ddots & \\ 0 & & \left(\frac{z-\zeta_{l+1}}{z-\zeta_l}\right)^{\varrho_d^{(l+1)}} \end{pmatrix} = 0 \in \mathbb{C}^{d\times d},$$

sowie

$$\begin{aligned} &\lim_{\substack{z\to\zeta_l\\ z\in\Theta_l}} \frac{d}{dz} Q^{R^{(l+1)}}_{c^{(1)}_{l+1}}(z) \\ = &\lim_{\substack{z\to\zeta_l\\ z\in\Theta_l}} \begin{pmatrix} \varrho_1^{(l+1)} \frac{\zeta_{l+1}-\zeta_l}{(z-\zeta_l)^2}\left(\frac{z-\zeta_{l+1}}{z-\zeta_l}\right)^{\varrho_1^{(l+1)}-1} & & 0 \\ & \ddots & \\ 0 & & \varrho_d^{(l+1)} \frac{\zeta_{l+1}-\zeta_l}{(z-\zeta_l)^2}\left(\frac{z-\zeta_{l+1}}{z-\zeta_l}\right)^{\varrho_d^{(l+1)}-1} \end{pmatrix} = 0 \in \mathbb{C}^{d\times d}. \end{aligned}$$

Somit existieren die Grenzwerte

$$\lim_{\substack{z\to\zeta_l\\ z\in\Theta_l}} F(z) = \sum_{\substack{j=1\\ j\notin\{l-1,l,l+1\}}}^{m} \left[U^{(l)}(U^{(j+1)})^{-1} - \mathbb{I}_d\right] C^{(j)} Q^{R^{(j)}}_{c^{(1)}_j}(\zeta_l) \in \mathbb{C}^{d\times d}$$

und

$$\lim_{\substack{z\to\zeta_l\\ z\in\Theta_l}} \frac{d}{dz}F(z) = \sum_{\substack{j=1\\ j\notin\{l-1,l,l+1\}}}^{m} \left[U^{(l)}(U^{(j+1)})^{-1} - \mathbb{I}_d\right] C^{(j)} \frac{d}{dz} Q^{R^{(j)}}_{c^{(1)}_j}(\zeta_l) \in \mathbb{C}^{d\times d}.$$

Da ζ_l in (116') nicht vorkommt, existieren

$$\lim_{\substack{z\to\zeta_l\\ z\in\Theta_{l+1}}} F(z) = \sum_{\substack{j=1\\ j\notin\{l,l+1\}}}^{m} \left[U^{(l+1)}(U^{(j+1)})^{-1} - \mathbb{I}_d\right] C^{(j)} Q^{R^{(j)}}_{c^{(1)}_j}(\zeta_l) \in \mathbb{C}^{d\times d}$$

und

$$\lim_{\substack{z\to\zeta_l\\ z\in\Theta_{l+1}}} \frac{d}{dz}F(z) = \sum_{\substack{j=1\\ j\notin\{l,l+1\}}}^{m} \left[U^{(l+1)}(U^{(j+1)})^{-1} - \mathbb{I}_d\right] C^{(j)} \frac{d}{dz} Q^{R^{(j)}}_{c^{(1)}_j}(\zeta_l) \in \mathbb{C}^{d\times d}.$$

Teil II.4.4: Zusammen mit (110') und (111') erhalten wir für die Matrixfunktion A aus (113) mittels Darstellung (114) eine Abschätzung

$$\begin{aligned} \left|\frac{d}{dz}A(z)\right| &= \left|\frac{d}{dz}\left[\Psi^{-1}(z)F(z) + \mathbb{I}_d\right]\right| = \left|\left(\frac{d}{dz}\Psi^{-1}(z)\right)F(z) + \Psi^{-1}(z)\frac{d}{dz}F(z)\right| \\ &\le c_4|z-\zeta_l|^\alpha \quad \text{für alle } z \in (G^{(2)}\setminus\overline{G^{(1)}}) \cap B_{\varepsilon_1}(\zeta_l). \end{aligned}$$

A ist somit Hölder-stetig differenzierbar in den singulären Punkt ζ_l fortsetzbar mit

$$A(\zeta_l) := \lim_{\substack{z\to\zeta_l\\ z\in G^{(2)}\setminus\overline{G^{(1)}}}} A(z) = \lim_{\substack{z\to\zeta_l\\ z\in G^{(2)}\setminus\overline{G^{(1)}}}} \left[\Psi^{-1}(z)F(z) + \mathbb{I}_d\right] = \mathbb{I}_d$$

und

$$\frac{d}{dz}A(\zeta_l) := \lim_{\substack{z\to\zeta_l \\ z\in G^{(2)}\setminus\overline{G^{(1)}}}} \frac{d}{dz}A(z) = 0 \in \mathbb{C}^{d\times d}.$$

Daraus folgt für die Randfunktion $\mathcal{W}^{-1}\mathcal{U}\mathcal{V}$ aus II.v) schließlich

$$\mathcal{W}^{-1}\mathcal{U}\mathcal{V} = A\big|_{\partial\Gamma} \in C^1_\alpha(\partial\Gamma, \mathbb{C}^{d\times d}).$$

Ferner ist

$$\det A(z) = \det\big(\Psi^{-1}(z)T(z)\Phi(z)\big) = \frac{\det T(z)\det\Phi(z)}{\det\Psi(z)} \neq 0 \quad \text{für alle } z \in \partial\Gamma\setminus Z$$

sowie

$$\det A(\zeta_l) = \det \mathbb{I}_d = 1 \quad \text{für alle } l \in \mathbb{N}(m).$$

Dies bedeutet

$$\mathcal{W}^{-1}\mathcal{U}\mathcal{V} \in C^1_\alpha(\partial\Gamma, \mathrm{GL}_d).$$

Teil II.5: Wir zeigen II.vi). Wenn

$$f \in \mathrm{Rie}^{-1}_G(\zeta, U)$$

ist, so löst f das Riemann'sche Problem auf dem Ausgangsgebiet G zum Übergangsverhalten (ζ, U), zusätzlich genügen die $\mathbb{F}^{(j+1)}f$ in den ζ_j gemäß Definition 66 jeweils der Wachstumsbedingung

$$|(\mathbb{F}^{(j+1)}f)(z)| \leq c|z-\zeta_j|^{-1} \quad \text{für alle } z \in B_\varepsilon(\zeta_j) \setminus [c_j].$$

Zu Γ mit der Eigenschaft (101) bilden wir mit dem Adaptor $\mathbb{D}^\Gamma_G$ die Funktion

$$\tilde{f} := \mathbb{D}^\Gamma_G f.$$

Da $\Gamma \approx_\zeta G$, liefert Satz 58 die Relation

$$\tilde{f} \in \mathrm{Rie}_\Gamma(\zeta, U).$$

Insbesondere ist

$$\tilde{f} \in H^d(\mathbb{C}\setminus\overline{\Gamma}) \cap C^0\big(\mathbb{C}\setminus(\Gamma\cup Z)\big) \quad \text{und} \quad \tilde{f}^+ \in H^d(\Gamma) \cap C^0\big(\overline{\Gamma}\setminus Z\big).$$

Aus der Definition 57 des Adaptors $\mathbb{D}^\Gamma_G$ erhalten wir für $j = 1, \ldots, m$ jeweils

$$|(\mathbb{F}^{(j+1)}\tilde{f})(z)| \leq \tilde{c}|z-\zeta_j|^{-1} \quad \text{für alle } z \in B_\varepsilon(\zeta_j) \setminus [\gamma_j],$$

und Definition 53 bzw. Satz 54 ii) ergeben für $\tilde{f}$ und deren korrespondierende Innenfunktion $\tilde{f}^+$ die Abschätzungen

$$|\tilde{f}(z)| = |(\mathbb{F}^{(j+1)}\tilde{f})(z)| \leq \tilde{c}|z-\zeta_j|^{-1} \quad \text{für alle } z \in (\mathbb{C}\setminus\overline{\Gamma}) \cap B_\varepsilon(\zeta_j),$$

und

$$|\tilde{f}^+(z)| = |(U^{(j)})^{-1}(\mathbb{F}^{(j+1)}\tilde{f})(z)| \leq \tilde{c}^+|z-\zeta_j|^{-1} \quad \text{für alle } z \in \Gamma \cap B_\varepsilon(\zeta_j),$$

mit Konstanten $\tilde{c}, \tilde{c}^+ \in [0, +\infty)$. Zusammen mit den Abschätzungen aus II.iv) erhalten wir für die Vektorfunktionen $W^{-1}\tilde{f}$ und $V^{-1}\tilde{f}^+$ in den singulären Punkten ein Verhalten

$$|(W^{-1}\tilde{f})(z)| = |W^{-1}(z)\tilde{f}(z)| \leq |W^{-1}(z)| \cdot |\tilde{f}(z)| \leq \tilde{c}_1|z - \zeta_j|^\alpha, \quad z \in (\mathbb{C}\backslash\overline{\Gamma}) \cap B_\varepsilon(\zeta_j)$$

und

$$|(V^{-1}\tilde{f}^+)(z)| = |V^{-1}(z)\tilde{f}^+(z)| \leq |V^{-1}(z)| \cdot |\tilde{f}^+(z)| \leq \tilde{c}_1^+|z - \zeta_j|^\alpha, \quad z \in \Gamma \cap B_\varepsilon(\zeta_j).$$

Auch dies jeweils für $j = 1, \ldots, m$. (Wir beachten Bemerkung 40.) Mit II.iii) folgen

$$W^{-1}\tilde{f} \in M^d(\mathbb{C}\backslash\overline{\Gamma}) \cap C^0(\Omega^- \cup \partial\Gamma, \mathbb{C}^d) \quad \text{und} \quad V^{-1}\tilde{f}^+ \in M^d(\Gamma) \cap C^0(\Omega^+ \cup \partial\Gamma, \mathbb{C}^d).$$

Somit existieren auf ganz $\partial\Gamma$ die Linienwerte

$$\mathrm{Liw}^-_{\partial\Gamma}(W^{-1}\tilde{f}) \in C^0(\partial\Gamma, \mathbb{C}^d) \quad \text{und} \quad \mathrm{Liw}^+_{\partial\Gamma}(V^{-1}\tilde{f}^+) \in C^0(\partial\Gamma, \mathbb{C}^d).$$

Außerhalb der singulären Punkte, d.h. auf $\partial\Gamma\backslash Z$ gelten

$$\mathrm{Liw}^-_{\partial\Gamma\backslash Z}(W^{-1}\tilde{f}) = (\mathrm{Liw}^-_{\partial\Gamma\backslash Z} W^{-1}) \cdot (\mathrm{Liw}^-_{\partial\Gamma\backslash Z} \tilde{f}) = \mathcal{W}^{-1} \cdot (\mathrm{Liw}^-_{\partial\Gamma\backslash Z} \tilde{f})$$

und

$$\mathrm{Liw}^+_{\partial\Gamma\backslash Z}(V^{-1}\tilde{f}^+) = (\mathrm{Liw}^+_{\partial\Gamma\backslash Z} V^{-1}) \cdot (\mathrm{Liw}^+_{\partial\Gamma\backslash Z} \tilde{f}^+) = \mathcal{V}^{-1} \cdot (\mathrm{Liw}^+_{\partial\Gamma\backslash Z} \tilde{f}^+).$$

Mit der Riemann'schen Linienwertbeziehung

$$\mathrm{Liw}^-_{\partial\Gamma\backslash Z} \tilde{f} = \mathcal{U} \cdot \mathrm{Liw}^+_{\partial\Gamma\backslash Z} \tilde{f}^+$$

zwischen $\tilde{f}$ und $\tilde{f}^+$ erhalten wir zwischen $W^{-1}\tilde{f}$ und $V^{-1}\tilde{f}^+$ auf $\partial\Gamma\backslash Z$ die Linienwertrelation

$$\begin{aligned}\mathrm{Liw}^-_{\partial\Gamma\backslash Z}(W^{-1}\tilde{f}) &= \mathcal{W}^{-1} \cdot (\mathrm{Liw}^-_{\partial\Gamma\backslash Z} \tilde{f}) = \mathcal{W}^{-1} \cdot \mathcal{U} \cdot \mathrm{Liw}^+_{\partial\Gamma\backslash Z} \tilde{f}^+ \\ &= \mathcal{W}^{-1} \cdot \mathcal{U} \cdot \mathcal{V} \cdot \mathrm{Liw}^+_{\partial\Gamma\backslash Z}(V^{-1}\tilde{f}^+).\end{aligned}$$

Wegen

$$\mathrm{Liw}^-_{\partial\Gamma\backslash Z}(W^{-1}\tilde{f}),\ \mathrm{Liw}^+_{\partial\Gamma\backslash Z}(V^{-1}\tilde{f}^+),\ \mathcal{W}^{-1}\mathcal{U}\mathcal{V} \in C^0(\partial\Gamma)$$

bleibt obige Linienwertbeziehung auch in den ζ_j bestehen und wir erhalten

$$\mathrm{Liw}^-_{\partial\Gamma}(W^{-1}\tilde{f}) = \mathcal{W}^{-1}\mathcal{U}\mathcal{V} \cdot \mathrm{Liw}^+_{\partial\Gamma}(V^{-1}\tilde{f}^+). \tag{117}$$

Seien nun mit $w_1, \ldots, w_K$, $K \in \mathbb{N}_0$, die sämtlichen Nullstellen von $\det W\big|_{\mathbb{C}\backslash\overline{\Gamma}}$, und mit $w_{K+1}, \ldots, w_{K+N}$, $N \in \mathbb{N}_0$, die sämtlichen Nullstellen von $\det V\big|_\Gamma$ bezeichnet. Jeder Nullstelle w_k sei ihre Ordnung

$$n_k := \begin{cases} \mathrm{Ord}_{w_k}(\det W), & \text{falls } k \in \mathbb{N}(K) \\ \mathrm{Ord}_{w_k}(\det V), & \text{falls } k \in \mathbb{N}(K+N)\backslash\mathbb{N}(K) \end{cases}, \quad k = 1, \ldots, K+N,$$

zugeordnet. Mit den Linearfaktoren ℓ_{w_k} gemäß (27) in Definition 18 erklären wir das skalarwertige Polynom

$$\chi := \prod_{k=1}^{K+N} \ell_{w_k}^{n_k} \in \mathrm{Poly},$$

mit

$$\chi(z) = \prod_{k=1}^{K+N} (z - w_k)^{n_k}, \quad z \in \mathbb{C}.$$

Durch punktweise skalare Multiplikation mit χ verschwinden die Pole von W^{-1} und V^{-1} und wir erhalten auf ganz $\mathbb{C}\backslash\overline{\Gamma}$ bzw. Γ reguläre Matrixfunktionen

$$\chi W^{-1} \in H^{d\times d}(\mathbb{C}\backslash\Gamma) \quad \text{und} \quad \chi V^{-1} \in H^{d\times d}(\overline{\Gamma}).$$

Damit gelten

$$\chi W^{-1}\tilde{f} \in H^d(\mathbb{C}\backslash\overline{\Gamma}) \cap C^0(\mathbb{C}\backslash\Gamma, \mathbb{C}^d) \quad \text{sowie} \quad \chi V^{-1}\tilde{f}^+ \in H^d(\Gamma) \cap C^0(\overline{\Gamma}, \mathbb{C}^d),$$

und mit (117) haben wir

$$\begin{aligned}\operatorname{Liw}^-_{\partial\Gamma}(\chi W^{-1}\tilde{f}) = \chi\big|_{\partial\Gamma} \operatorname{Liw}^-_{\partial\Gamma}(W^{-1}\tilde{f}) &= \chi\big|_{\partial\Gamma} \mathcal{W}^{-1}\mathcal{U}\mathcal{V} \cdot \operatorname{Liw}^+_{\partial\Gamma}(V^{-1}\tilde{f}^+) \\ &= \mathcal{W}^{-1}\mathcal{U}\mathcal{V} \cdot \operatorname{Liw}^+_{\partial\Gamma}(\chi V^{-1}\tilde{f}^+).\end{aligned}$$

Es ist also $\chi W^{-1}\tilde{f}$ eine Lösung des Hilbert-Plemelj-Problems auf Γ zum Übergangsverhalten $\mathcal{W}^{-1}\mathcal{U}\mathcal{V}$ mit korrespondierender Innenfunktion $\chi V^{-1}\tilde{f}^+$ im Sinne von Definition 59, d.h.

$$\chi W^{-1}\tilde{f} = \chi W^{-1}\mathbb{D}^\Gamma_G f \in \operatorname{HiP}_\Gamma(\mathcal{W}^{-1}\mathcal{U}\mathcal{V}).$$

Teil II.6: Abschließend zeigen wir Aussage II.vii) von Satz 68. Sei dazu

$$f \in \operatorname{HiP}_\Gamma(\mathcal{W}^{-1}\mathcal{U}\mathcal{V})$$

eine Hilbert-Plemelj-Lösung auf Γ zum Übergangsverhalten $\mathcal{W}^{-1}\mathcal{U}\mathcal{V}$. Diese erfüllt

$$f \in H^d(\mathbb{C}\backslash\overline{\Gamma}) \cap C^0(\mathbb{C}\backslash\Gamma, \mathbb{C}^d).$$

Deren korrespondierende Innenfunktion f^+ können wir nach Hilfssatz 60 durch

$$f^+ = \mathrm{X}^+_\Gamma\big((\mathcal{V}^{-1}\mathcal{U}^{-1}\mathcal{W})(\operatorname{Liw}^-_{\partial\Gamma} f)\big)$$

darstellen, und es gilt

$$f^+ \in H^d(\Gamma) \cap C^0(\overline{\Gamma}, \mathbb{C}^d).$$

Zwischen f und f^+ besteht per definitionem die Linienwertbeziehung

$$\operatorname{Liw}^-_{\partial\Gamma} f = (\mathcal{W}^{-1}\mathcal{U}\mathcal{V}) \operatorname{Liw}^+_{\partial\Gamma} f^+.$$

Dann erhalten wir für die Funktionen $\mathcal{W}f$ und $\mathcal{V}f^+$ die Relationen

$$Wf \in H^d(\mathbb{C}\backslash\overline{\Gamma}) \cap C^0\big(\mathbb{C}\backslash(\Gamma \cup Z), \mathbb{C}^d\big) \quad \text{und} \quad Vf^+ \in H^d(\Gamma) \cap C^0(\overline{\Gamma}\backslash Z, \mathbb{C}^d).$$

Auf $\partial\Gamma\backslash Z$ gelten

$$\operatorname{Liw}^-_{\partial\Gamma\backslash Z}(Wf) = (\operatorname{Liw}^-_{\partial\Gamma\backslash Z} W) \cdot (\operatorname{Liw}^-_{\partial\Gamma\backslash Z} f) = \mathcal{W} \cdot (\operatorname{Liw}^-_{\partial\Gamma\backslash Z} f)$$

und

$$\operatorname{Liw}^+_{\partial\Gamma\backslash Z}(Vf^+) = (\operatorname{Liw}^+_{\partial\Gamma\backslash Z} V) \cdot (\operatorname{Liw}^+_{\partial\Gamma\backslash Z} f^+) = \mathcal{V} \cdot (\operatorname{Liw}^+_{\partial\Gamma\backslash Z} f^+).$$

Daraus folgt zwischen Wf und Vf^+ die Linienwertrelation

$$\begin{aligned}\mathrm{Liw}^-_{\partial\Gamma\backslash Z}(Wf) &= \mathcal{W}\cdot(\mathrm{Liw}^-_{\partial\Gamma\backslash Z}\, f) = \mathcal{W}\cdot(\mathcal{W}^{-1}\mathcal{U}\mathcal{V})\,\mathrm{Liw}^+_{\partial\Gamma}\, f^+ = \mathcal{U}\cdot\mathcal{V}\cdot(\mathrm{Liw}^+_{\partial\Gamma\backslash Z}\, f^+)\\ &= \mathcal{U}\cdot\big(\mathrm{Liw}^+_{\partial\Gamma\backslash Z}(Vf^+)\big).\end{aligned}$$

Wf ist somit eine Lösung des Riemann'schen Problems auf Γ zum Übergangsverhalten (ζ, U) mit korrespondierender Innenfunktion Vf^+, d.h.

$$Wf \in \mathrm{Rie}_\Gamma(\zeta, U).$$

Wählen wir die Zahl $k \in \mathbb{N}$ so groß, dass

$$\mathrm{Re}\,\varrho_k^{(j)} + k \geq -1 \quad \text{für alle } k = 1, \ldots, d,\ j = 1, \ldots, m,$$

dann gelten mit dem Polynom

$$\psi := \prod_{j=1}^{m} \ell_{\zeta_j}^k$$

für $l = 1, \ldots, m$ jeweils offenbar Abschätzungen

$$|(\psi W)(z)| = |\psi(z)||W(z)| \leq c|z - \zeta_j|^{-1} \quad \text{für alle } z \in (\mathbb{C}\backslash\overline{\Gamma}) \cap B_\varepsilon(\zeta_j)$$

sowie

$$|(\psi V)(z)| = |\psi(z)||V(z)| \leq c|z - \zeta_j|^{-1} \quad \text{für alle } z \in \Gamma \cap B_\varepsilon(\zeta_j).$$

Mit Bemerkung (40) folgen wegen der Stetigkeit von f bzw. f^+ bis zum Rand $\partial\Gamma$ die Ungleichungen

$$|(\psi Wf)(z)| \leq |(\psi W)(z)||f(z)| \leq c|z - \zeta_j|^{-1} \quad \text{für alle } z \in (\mathbb{C}\backslash\overline{\Gamma}) \cap B_\varepsilon(\zeta_j)$$

sowie

$$|(\psi Vf^+)(z)| = |(\psi V)(z)||f^+(z)| \leq c|z - \zeta_j|^{-1} \quad \text{für alle } z \in \Gamma \cap B_\varepsilon(\zeta_j).$$

Dabei sind $\varepsilon > 0$ und $c \in [0, +\infty)$. Zusammen mit Satz 55 ii) erhalten wir

$$\psi Wf \in \mathrm{Rie}_\Gamma^{-1}(\zeta, U),$$

Satz 58 liefert schließlich

$$\mathbb{D}_\Gamma^G(\psi Wf) \in \mathrm{Rie}_G^{-1}(\zeta, U).$$

Mit dieser Feststellung schließlich ist Satz 68 vollständig bewiesen. Q.e.d.

3.4 Die Integralgleichungsmethode

Wir wenden uns dem Hilbert-Plemelj-Problem aus Definition 59 zu. Daher setzen wir in diesem Abschnitt stets $G \in \mathcal{C}^1$ als reguläres C^1-Gebiet gemäß Definition 5 voraus. Wir setzen ferner

$$A:\ \partial G \longrightarrow \mathrm{GL}_d$$

als eine auf ∂G wenigstens stetig differenzierbare, später sogar Hölder-stetig differenzierbare nichtsingulär-matrixwertige Randfunktion voraus, d.h.

$$A \in C^1(\partial G, \mathrm{GL}_d) \quad \text{oder} \quad A \in C^1_\alpha(\partial G, \mathrm{GL}_d).$$

Wir zeigen zunächst, dass die Randwerte einer Hilbert-Plemelj-Lösung stets einer Fredholm'schen Integralgleichung genügen.

Sei auf G zum Übergangsverhalten

$$A \in C^1(\partial G, \mathrm{GL}_d)$$

eine Hilbert-Plemelj-Lösung

$$f \in \mathrm{HiP}_G(A)$$

gegeben. Dann ist

$$f \in H^d(\mathbb{C}\backslash\overline{G}) \cap C^0(\mathbb{C}\backslash G, \mathbb{C}^d) \subset \dot{H}^d(\infty).$$

Wir bezeichnen deren Randwerte auf ∂G mit

$$\varphi := \mathrm{Liw}^-_{\partial G} f,$$

sowie mit dem Hauptteiloperator $\mathrm{X}^+_{\mathbb{C}}$ aus (33) die ganze holomorphe Funktion

$$g := \mathrm{X}^+_{\mathbb{C}} f \in H^d(\mathbb{C}).$$

Satz 20 ii) liefert für f die Darstellung

$$f = g - \mathrm{X}^-_G \varphi$$

sowie die Aussage

A) Es ist $\varphi \in C^0_{\mathrm{X}}(\partial G, \mathbb{C}^d)$, d.h. auf φ können wir den Cauchy'schen Hauptwertoperator $\mathrm{X}_{\partial G}$ aus (36) anwenden, wobei $\mathrm{X}_{\partial G}\varphi \in C^0(\partial G, \mathbb{C}^d)$, und φ genügt der Gleichung

$$\frac{1}{2}\varphi = g|_{\partial G} - \mathrm{X}_{\partial G}\varphi.$$

Weil nach Voraussetzung $f \in \mathrm{HiP}_G(A)$ das Hilbert-Plemelj-Problem auf G zum Übergangsverhalten A löst, liefert gleichzeitig die Funktion $A^{-1}\varphi$ die Randwerte der (eindeutig bestimmten) korrespondierenden Innenfunktion

$$f^+ \in H^d(G) \cap C^0(\overline{G}, \mathbb{C}^d),$$

d.h.

$$\mathrm{Liw}^+_{\partial G} f^+ = A^{-1}\varphi.$$

Nach Satz 20 i) gelten $f^+ = \mathrm{X}^+_G(A^{-1}\varphi)$ sowie die Aussage

B) Es ist $A^{-1}\varphi \in C^0_{\mathrm{X}}(\partial G, \mathbb{C}^d)$ und $A^{-1}\varphi$ erfüllt die Gleichung

$$\frac{1}{2}(A^{-1}\varphi) = \mathrm{X}_{\partial G}(A^{-1}\varphi).$$

Da $A^{-1}\varphi$ die Randwerte einer holomorphen Innenfunktion sind, verschwindet nach Satz 22 i) das zugehörige äußere Cauchy-Integral, d.h.

$$X_G^-(A^{-1}\varphi) = 0. \tag{118}$$

Mit A) und B) erhalten wir

$$0 = g|_{\partial G} - \frac{1}{2}\varphi - \mathrm{X}_{\partial G}\,\varphi \quad \text{und} \quad 0 = \frac{1}{2}(A^{-1}\varphi) - \mathrm{X}_{\partial G}(A^{-1}\varphi).$$

Damit folgt die Gleichung

$$\begin{aligned} g|_{\partial G} - \frac{1}{2}\varphi - \mathrm{X}_{\partial G}\,\varphi &= 0 = A\cdot 0 = A\cdot\left[\frac{1}{2}(A^{-1}\varphi) - \mathrm{X}_{\partial G}(A^{-1}\varphi)\right] \\ &= A\cdot\frac{1}{2}(A^{-1}\varphi) - A\cdot\mathrm{X}_{\partial G}(A^{-1}\varphi) = \frac{1}{2}\varphi - A\cdot\mathrm{X}_{\partial G}(A^{-1}\varphi), \end{aligned}$$

also

$$g|_{\partial G} = \varphi - \left[A\cdot\mathrm{X}_{\partial G}(A^{-1}\varphi) - \mathrm{X}_{\partial G}\,\varphi\right].$$

Wenn wir die Cauchy'schen Hauptwertoperatoren $\mathrm{X}_{\partial G}$ ausschreiben, erhalten wir für φ die Integralgleichung

$$\begin{aligned} g(w) &= \varphi(w) - \left\{\frac{A(w)}{2\pi i}\lim_{\varepsilon\to 0+}\int\limits_{\substack{z\in\partial G\\|z-w|\geq\varepsilon}}\frac{A^{-1}(z)\varphi(z)}{z-w}\,dz - \frac{1}{2\pi i}\lim_{\varepsilon\to 0+}\int\limits_{\substack{z\in\partial G\\|z-w|\geq\varepsilon}}\frac{\varphi(z)}{z-w}\,dz\right\} \\ &= \varphi(w) - \frac{1}{2\pi i}\lim_{\varepsilon\to 0+}\int\limits_{\substack{z\in\partial G\\|z-w|\geq\varepsilon}}\frac{A(w)A^{-1}(z)-\mathbb{I}_d}{z-w}\varphi(z)\,dz, \quad w\in\partial G. \end{aligned}$$

Wir wissen zunächst nur, dass obiges Integral als Hauptwert existiert. Ein Blick auf die Kernmatrix

$$\begin{aligned} 2\pi i J_A(w,z) &:= \frac{A(w)A^{-1}(z)-\mathbb{I}_d}{z-w} = \frac{A(w)A^{-1}(z)-A(z)A^{-1}(z)}{z-w} \\ &= \frac{A(w)-A(z)}{z-w}A^{-1}(z) \end{aligned} \tag{119}$$

zeigt jedoch, dass J_A stetig auf der Paarmenge $\partial G\times\partial G$ ist, wenn wir $A\in C^1(\partial G,\mathrm{GL}_d)$ voraussetzen. Somit existiert obiges Integral sogar im eigentlichen Riemann'schen Sinne. Die Funktion φ genügt also der Fredholm'schen Integralgleichung

$$g(w) = \varphi(w) - \int\limits_{z\in\partial G} J_A(w,z)\varphi(z)\,dz, \quad w\in\partial G,$$

was wir mit dem Integraloperator $\int_{\partial G} J_A$ aus (75) in der Form

$$\mathrm{X}_{\mathbb{C}}^+ f\big|_{\partial G} = g|_{\partial G} = \varphi - \textstyle\int_{\partial G} J_A\varphi \tag{120}$$

schreiben können. Gemäß (83) ist also $\varphi\in\mathrm{Fred}_{\partial G}(J_A,g)$, wobei zusätzlich (118) gilt. Diese Erkenntnis halten wir fest im

Satz 69. *Seien $G \in \mathcal{C}^1$ ein reguläres C^1-Gebiet und das Übergangsverhalten*

$$A \in C^1(\partial G, \mathrm{GL}_d)$$

beliebig vorgeschrieben. Dann ist die Kernfunktion J_A aus (119) stetig auf $\partial G \times \partial G$, d.h.

$$J_A \in C^0(\partial G \times \partial G, \mathbb{C}^{d\times d}).$$

Ist $f \in \mathrm{HiP}_G(A)$ eine beliebige Lösung des Hilbert-Plemelj-Problems auf G zum Übergangsverhalten A, deren Randwerte mit $\varphi := \mathrm{Liw}^-_{\partial G} f$ und Hauptteil mit $g := \mathrm{X}^+_{\mathbb{C}} f$ abgekürzt seien, so besitzt f die Darstellung

$$f = g - \mathrm{X}^-_G \varphi$$

und es gelten

$$\varphi \in \mathrm{Fred}_{\partial G}(J_A, g) \quad \text{und} \quad \mathrm{X}^-_G(A^{-1}\varphi) = 0.$$

Die Randwerte einer vorgegebenen Hilbert-Plemelj-Lösung $f \in \mathrm{HiP}_G(A)$ auf G zum Übergangsverhalten A genügen einer Fredholm'schen Integralgleichung auf der Randkurve ∂G mit Kern J_A und rechter (bzw. linker) Seite $\mathrm{X}^+_{\mathbb{C}} f\big|_{\partial G}$.

Zur Randfunktion $A \in C^1(\partial G, \mathrm{GL}_d)$ und zur ganzen holomorphen Funktion $g \in H^d(\mathbb{C})$ erklären wir die Menge der Hilbert-Plemelj-Lösungen mit Hauptteil g:

$$\mathrm{HiP}_G(A, g) := \Big\{ f \in \mathrm{HiP}_G(A) : \ \mathrm{X}^+_{\mathbb{C}} f = g \Big\}. \tag{121}$$

Dann ist offenbar $\mathrm{HiP}_G(A, 0)$ ein Untervektorraum von $\mathrm{HiP}_G(A)$. Dieser ist sogar endlichdimensional:

Satz 70. *Seien $G \in \mathcal{C}^1$ ein reguläres C^1-Gebiet und $A \in C^1(\partial G, \mathrm{GL}_d)$ gegeben. Dann bildet die Menge $\mathrm{HiP}_G(A, 0)$ einen endlichdimensionalen Untervektorraum von $\mathrm{HiP}_G(A)$ mit*

$$\dim\big[\mathrm{HiP}_G(A, 0)\big] \le \dim\big[\mathrm{Fred}_{\partial G}(J_A, 0)\big] \in \mathbb{N}_0.$$

Beweis: Die Unterraumeigenschaft von $\mathrm{HiP}_G(A, 0)$ ergibt sich sofort aus der Vektorraumeigenschaft von $\mathrm{HiP}_G(A)$ und der Linearität des Operators $\mathrm{X}^+_{\mathbb{C}}$.

Es sei nun $n \in \mathbb{N}$ eine natürliche Zahl. Zu dieser möge es ein n-Tupel von Lösungen

$$\big(f^{(1)}, \dots, f^{(n)}\big) \in \big[\mathrm{HiP}_G(A, 0)\big]^n$$

geben, das linear unabhängig ist. Setzen wir

$$\varphi^{(i)} := \mathrm{Liw}^-_{\partial G} f^{(i)}, \quad i = 1, \dots, n,$$

so gilt mit Satz 20 (37 ii) die Darstellung

$$f^{(i)} = -\,\mathrm{X}^-_G \varphi^{(i)}, \quad i = 1, \dots, n,$$

mit der linearen Abbildung $-\,\mathrm{X}^-_G$, und es muss somit auch das Randfunktionen-Tupel

$$\big(\varphi^{(1)}, \dots, \varphi^{(n)}\big) \in \big[C^0(\partial G, \mathbb{C}^d)\big]^n$$

linear unabhängig sein. Nach Satz 69 gilt

$$\varphi^{(i)} \in \mathrm{Fred}_{\partial G}(J_A, 0), \quad i = 1, \ldots, n.$$

Nun ist gemäß Satz 45 der Vektorraum $\mathrm{Fred}_{\partial G}(J_A, 0)$ endlichdimensional, wonach die Zahl n die Größe $\dim[\mathrm{Fred}_{\partial G}(J_A, 0)]$ nicht überschreiten kann. Folglich muss auch $\mathrm{HiP}_G(A, 0)$ endlichdimensional sein und

$$0 \leq \dim\big[\mathrm{HiP}_G(A, 0)\big] \leq \dim\big[\mathrm{Fred}_{\partial G}(J_A, 0)\big] \in \mathbb{N}_0.$$

Q.e.d.

Mit Satz 70 ergibt sich der folgende

Hilfssatz 71. *Seien $G \in \mathcal{C}^1$ ein reguläres C^1-Gebiet und $A \in C^1(\partial G, \mathrm{GL}_d)$. Wenn $w \in G$ ein beliebiger innerer Punkt von G und $k \in \mathbb{N}_0$ eine Zahl mit*

$$k \geq \dim\big(\mathrm{HiP}_G(A, 0)\big) \in \mathbb{N}_0$$

sind, so gilt mit dem Linearfaktor ℓ_w aus Definition 18 die Identität

$$\mathrm{HiP}_G(\ell_w^k A, 0) = \{0\}.$$

Beweis: Wäre Hilfssatz 71 falsch, so gäbe es einen Punkt $w \in G$ und eine natürliche Zahl $N \in \mathbb{N}_0$ mit $N \geq \dim[\mathrm{HiP}_G(A, 0)]$, so dass

$$\{0\} \subsetneqq \mathrm{HiP}_G(\ell_w^N A, 0),$$

das heißt, wir finden eine Hilbert-Plemelj-Lösung

$$0 \neq f \in \mathrm{HiP}_G(\ell_w^N A, 0).$$

Dann gilt $\mathrm{X}_{\mathbb{C}}^+ f = 0 \in H^d(\mathbb{C})$, also wegen (40) $\lim_{z\to\infty} f(z) = 0$. Damit folgt für alle $k \in \mathbb{N}_0$ natürlich

$$\lim_{z\to\infty} \ell_w^{-k}(z) f(z) = \lim_{z\to\infty} \frac{f(z)}{(z-w)^k} = 0,$$

also

$$\mathrm{X}_{\mathbb{C}}^+(\ell_w^{-k} f) = 0 \quad \text{für alle } k \in \mathbb{N}_0. \tag{122}$$

Satz 61 iii) liefert

$$0 \neq \ell_w^{-N} f \in \mathrm{Rie}_G^d(A, 0),$$

Satz 61 ii) zusammen mit (122) ergeben

$$\ell_w^k \ell_w^{-N} f = \ell_w^{k-N} f \in \mathrm{HiP}_G(A, 0) \quad \text{für alle } k = 0, \ldots, N.$$

Nun ist das $(N+1)$-Tupel von Lösungen

$$\big(\ell_w^{-N} f,\ \ell_w \ell_w^{-N} f,\ \ldots,\ \ell_w^N \ell_w^{-N} f\big) = \big(\ell_w^{-N} f,\ \ell_w^{1-N} f,\ \ldots,\ f\big) \in \big[\mathrm{HiP}_G(A, 0)\big]^{N+1}$$

linear unabhängig, woraus wir schließlich die falsche Aussage

$$\dim\big[\mathrm{HiP}_G(A, 0)\big] \geq N + 1 > N \geq \dim\big[\mathrm{HiP}_G(A, 0)\big]$$

erhalten. Q.e.d.

Nach Satz 69 löst die Randfunktion $\varphi = \text{Liw}^-_{\partial G} f$ einer Hilbert-Plemelj-Lösung $f \in \text{HiP}_G(A, g)$ die Fredholm-Integralgleichung (120) und genügt der Bedingung (118). Dabei besitzt f die Darstellung $f = g - \text{X}^-_G \varphi$. Umgekehrt erzeugt eine Lösung φ von (120), die (118) erfüllt, durch $f := g - \text{X}^-_G \varphi$ eine Hilbert-Plemelj-Lösung $f \in \text{HiP}_G(A, g)$. Davon handelt der folgende

Satz 72. *Seien $G \in \mathcal{C}^1$ ein reguläres C^1-Gebiet, $A \in C^1_\alpha(\partial G, \text{GL}_d)$ ein auf ∂G Hölder-stetig differenzierbares Übergangsverhalten, mit einem $\alpha \in (0,1]$, sowie die ganze holomorphe Funktion $g \in H^d(\mathbb{C})$ beliebig vorgegeben. Dann gelten die Inklusion*

$$\text{Fred}_{\partial G}(\pm J_A, g) \subseteq C^0_\alpha(\partial G, \mathbb{C}^d) \subseteq C^0_\text{X}(\partial G, \mathbb{C}^d),$$

sowie die folgenden Aussagen:

o) Wenn $\varphi \in \text{Fred}_{\partial G}(\pm J_A, g)$, so gilt die Gleichung

$$-g|_{\partial G} \pm \text{LiX}^\pm_G \varphi = \pm A \cdot \text{LiX}^\mp_G(A^{-1}\varphi).$$

i^+) Ist $\varphi \in \text{Fred}_{\partial G}(J_A, g)$, so löst die Funktion $\text{X}^-_G(A^{-1}\varphi)$ das homogene Hilbert-Plemelj-Problem auf G zum Übergangsverhalten A^{-1}, d.h.

$$\text{X}^-_G(A^{-1}\varphi) \in \text{HiP}_G(A^{-1}, 0).$$

ii^+) Wenn die Fredholm-Lösung $\varphi \in \text{Fred}_{\partial G}(J_A, g)$ zusätzlich die Bedingung

$$\text{X}^-_G(A^{-1}\varphi) = 0$$

erfüllt, so ist $g - \text{X}^-_G \varphi$ eine Lösung des Hilbert-Plemelj-Problems auf G zum Übergangsverhalten A mit Hauptteil g, d.h.

$$g - \text{X}^-_G \varphi \in \text{HiP}_G(A, g).$$

i^-) Wenn $\varphi \in \text{Fred}_{\partial G}(-J_A, 0)$, so folgt

$$\text{X}^-_G \varphi \in \text{HiP}_G(A, 0).$$

ii^-) Wenn die Fredholm-Lösung $\varphi \in \text{Fred}_{\partial G}(-J_A, 0)$ zusätzlich die Bedingung $\text{X}^-_G \varphi = 0$ erfüllt, so folgt

$$\varphi = \text{LiX}^+_G \varphi,$$

d.h. φ ist Randfunktion der holomorphen Innenfunktion $\text{X}^+_G \varphi$.

$\text{LiX}^\pm_G$ bezeichnen die Cauchy'schen Randwertoperatoren aus (41).

Fassen wir die Aussagen der Sätze 69 und 72 ii^+ zusammen, so finden wir einen vollständigen Überblick über die Beziehung zwischen Hilbert-Plemelj- und Fredholm-Lösungen. Im Vergleich zu Plemelj, der die Integralgleichungsmethode nur auf Hilbert-Plemelj-Lösungen mit konstantem Hauptteil angewandt hat, erhalten wir für beliebige Hilbert-Plemelj-Lösungen folgenden Zusammenhang:

Hauptsatz 73. *Wenn $G \in \mathcal{C}^1$, $A \in C^1_\alpha(\partial G, \mathrm{GL}_d)$ und $g \in H^d(\mathbb{C})$ sind, so gilt die Identität*

$$\mathrm{HiP}_G(A,g) = \Big\{ g - \mathrm{X}^-_G \varphi : \ \varphi \in \mathrm{Fred}_{\partial G}(J_A, g) \ \textit{und} \ \mathrm{X}^-_G(A^{-1}\varphi) = 0 \Big\}.$$

Dabei steht die Frage noch aus, ob es zu Hauptteilen $g \neq 0$ überhaupt Hilbert-Plemelj-Lösungen gibt, d.h. ob

$$\mathrm{HiP}_G(A,g) \neq \varnothing.$$

Aber auch darauf werden wir mit Satz 72 eine befriedigende Antwort finden.

Beweis von Satz 72 o): Setzen wir $A \in C^1_\alpha(\partial G, \mathrm{GL}_d)$ voraus, so gibt es offenbar eine Konstante $M \in [0, +\infty)$, so dass die Abschätzung

$$\begin{aligned} |J_A(w_1,z) - J_A(w_2,z)| &= \frac{1}{2\pi}\Big|\frac{A(w_1)-A(z)}{z-w_1} - \frac{A(w_2)-A(z)}{z-w_2}\Big||A^{-1}(z)| \\ &\leq M|w_1-w_2|^\alpha \quad \text{für alle } w_1, w_2, z \in \partial G \end{aligned} \tag{123}$$

richtig ist. Mit $A \in C^1_\alpha(\partial G, \mathrm{GL}_d)$ ist offenbar auch $A^{-1} \in C^1_\alpha(\partial G, \mathrm{GL}_d)$.

Wenn weiterhin $g \in H^d(\mathbb{C})$ eine ganze holomorphe Funktion ist, so gilt $g \in C^1(\partial G, \mathbb{C}^d)$, also insbesondere $g \in C^0_\alpha(\partial G, \mathbb{C}^d)$. Eine beliebige Fredholm-Lösung

$$\varphi \in \mathrm{Fred}_{\partial G}(\pm J_A, g)$$

(falls es eine solche gibt) ist nach Satz 46 zunächst stetig auf der (geschlossenen) Kurve ∂G. Zusätzlich liefert Satz 47 wegen (123) und $g \in C^0_\alpha(\partial G, \mathbb{C}^d)$ sogar

$$\varphi \in C^0_\alpha(\partial G, \mathbb{C}^d).$$

Damit ist auch

$$A^{-1}\varphi \in C^0_\alpha(\partial G, \mathbb{C}^d).$$

Mit Satz 21 folgen

$$\varphi \in C^0_{\mathrm{X}}(\partial G, \mathbb{C}^d) \quad \text{und} \quad A^{-1}\varphi \in C^0_{\mathrm{X}}(\partial G, \mathbb{C}^d)$$

und wir können die Cauchy'schen Haupt- und Randwertoperatoren $\mathrm{X}_{\partial G}$, $\mathrm{LiX}^\pm_G$ auf φ und $A^{-1}\varphi$ anwenden.

Wir behandeln die Fälle

$$\varphi \in \mathrm{Fred}_{\partial G}(+J_A, g) \quad \text{und} \quad \varphi \in \mathrm{Fred}_{\partial G}(-J_A, g)$$

simultan: Wenn also $\varphi \in \mathrm{Fred}_{\partial G}(\pm J_A, g)$ ist, so gilt für alle $w \in \partial G$ folgende Gleichung:

$$\begin{aligned} g(w) &= \varphi(w) - \int\limits_{z \in \partial G} \pm J_A(w,z)\varphi(z)\,dz \\ &= \varphi(w) \mp \lim_{\varepsilon \to 0+} \frac{1}{2\pi i} \int\limits_{\substack{z \in \partial G \\ |z-w| \geq \varepsilon}} \frac{A(w)A^{-1}(z) - \mathbb{I}_d}{z-w}\varphi(z)\,dz \\ &= \varphi(w) \mp \left\{ A(w) \lim_{\varepsilon \to 0+} \frac{1}{2\pi i} \int\limits_{\substack{z \in \partial G \\ |z-w| \geq \varepsilon}} \frac{A^{-1}(z)\varphi(z)}{z-w}\,dz - \lim_{\varepsilon \to 0+} \frac{1}{2\pi i} \int\limits_{\substack{z \in \partial G \\ |z-w| \geq \varepsilon}} \frac{\varphi(z)}{z-w}\,dz \right\} \\ &= \varphi(w) \mp \big\{ A(w)\big[\mathrm{X}_{\partial G}(A^{-1}\varphi)\big](w) - (\mathrm{X}_{\partial G}\varphi)(w) \big\}. \end{aligned}$$

Damit folgt

$$\begin{aligned}
g|_{\partial G} &= \varphi \mp \left[A \cdot \mathrm{X}_{\partial G}(A^{-1}\varphi) - \mathrm{X}_{\partial G}\,\varphi\right] = \varphi \mp A \cdot \mathrm{X}_{\partial G}(A^{-1}\varphi) \pm \mathrm{X}_{\partial G}\,\varphi \\
&= \frac{1}{2}\varphi + \frac{1}{2}\varphi \mp A \cdot \mathrm{X}_{\partial G}(A^{-1}\varphi) \pm \mathrm{X}_{\partial G}\,\varphi = \pm\,\mathrm{X}_{\partial G}\,\varphi + \frac{1}{2}\varphi - \left[\pm A \cdot \mathrm{X}_{\partial G}(A^{-1}\varphi) - \frac{1}{2}\varphi\right] \\
&= \pm\,\mathrm{X}_{\partial G}\,\varphi + \frac{1}{2}\varphi - \left[\pm A \cdot \mathrm{X}_{\partial G}(A^{-1}\varphi) - A\frac{1}{2}(A^{-1}\varphi)\right] \\
&= \pm\,\mathrm{X}_{\partial G}\,\varphi + \frac{1}{2}\varphi - A\left[\pm\,\mathrm{X}_{\partial G}(A^{-1}\varphi) - \frac{1}{2}(A^{-1}\varphi)\right],
\end{aligned}$$

also

$$\pm\,\mathrm{X}_{\partial G}\,\varphi + \frac{1}{2}\varphi - g|_{\partial G} = A\left[\pm\,\mathrm{X}_{\partial G}(A^{-1}\varphi) - \frac{1}{2}(A^{-1}\varphi)\right].$$

Mit den Operatorgleichungen

$$\mathrm{LiX}_G^{\pm} = \mathrm{X}_{\partial G} \pm \frac{1}{2}I$$

aus (42) ergibt sich

$$-g|_{\partial G} \pm \mathrm{LiX}_G^{\pm}\,\varphi = \pm A \cdot \mathrm{LiX}_G^{\mp}(A^{-1}\varphi).$$

i$^+$) und ii$^+$): Im Fall $\varphi \in \mathrm{Fred}^d_{\partial G}(+J_A, g)$ liefert o) die Gleichung

$$-g|_{\partial G} + \mathrm{LiX}_G^{+}\,\varphi = A \cdot \mathrm{LiX}_G^{-}(A^{-1}\varphi). \tag{124}$$

Gemäß Satz 21 gelten die Relationen

$$\tilde{f} := \mathrm{X}_G^{-}(A^{-1}\varphi) \in H^d(\mathbb{C}\backslash\overline{G}) \cap C^0(\mathbb{C}\backslash G, \mathbb{C}^d)$$

und

$$\tilde{f}^{+} := -g + \mathrm{X}_G^{+}\,\varphi \in H^d(G) \cap C^0(\overline{G}, \mathbb{C}^d)$$

sowie die Linienwertbeziehung

$$\begin{aligned}
\mathrm{Liw}_{\partial G}^{-}\,\tilde{f} &= \mathrm{Liw}_{\partial G}^{-}\big(\mathrm{X}_G(A^{-1}\varphi)\big) = \mathrm{LiX}_G^{-}(A^{-1}\varphi) = A^{-1} \cdot \big(-g|_{\partial G} + \mathrm{LiX}_G^{+}\,\varphi\big) \\
&= A^{-1} \cdot \mathrm{Liw}_{\partial G}^{+}\big(-g + \mathrm{X}_G\,\varphi\big) = A^{-1} \cdot \mathrm{Liw}_{\partial G}^{+}\,\tilde{f}^{+}.
\end{aligned}$$

Demnach ist $\tilde{f}$ eine Hilbert-Plemelj-Lösung auf G zum Übergangsverhalten A^{-1}, d.h.

$$\tilde{f} = \mathrm{X}_G^{-}(A^{-1}\varphi) \in \mathrm{HiP}_G(A^{-1}).$$

Nun ist

$$\lim_{w\to\infty} \tilde{f}(w) = \lim_{w\to\infty} \big(\mathrm{X}_G^{-}(A^{-1}\varphi)\big)(w) = 0,$$

und (40) liefert

$$\mathrm{X}_{\mathbb{C}}^{+}\,\tilde{f} \equiv 0,$$

und dies bedeutet

$$\tilde{f} \in \mathrm{HiP}_G(A^{-1}, 0).$$

Falls nun, wie in ii$^+$) gefordert, $\tilde{f} = \mathrm{X}_G^{-}(A^{-1}\varphi) = 0$ ist, so haben wir

$$\mathrm{Liw}_{\partial G}^{-}\,\tilde{f} = \mathrm{Liw}_{\partial G}^{-}\big(\mathrm{X}_G^{-}(A^{-1}\varphi)\big) = \mathrm{LiX}_G^{-}(A^{-1}\varphi) = 0,$$

mit (124) folgt

$$0 = A \cdot \mathrm{LiX}_G^-(A^{-1}\varphi) = -g|_{\partial G} + \mathrm{LiX}_G^+\varphi.$$

Die Gleichung $\mathrm{LiX}_G^+ - \mathrm{LiX}_G^- = I$ aus (43) liefert

$$g|_{\partial G} = \mathrm{LiX}_G^+\varphi = \varphi + \mathrm{LiX}_G^-\varphi,$$

also

$$\varphi = g|_{\partial G} - \mathrm{LiX}_G^-\varphi = \mathrm{Liw}_{\partial G}^- g - \mathrm{Liw}_{\partial G}^-(\mathrm{X}_G\varphi) = \mathrm{Liw}_{\partial G}^-(g - \mathrm{X}_G\varphi),$$

wobei nach Satz 21

$$f := g - \mathrm{X}_G^-\varphi \in H^d(\mathbb{C}\backslash\overline{G}) \cap C^0(\mathbb{C}\backslash G).$$

Zudem gilt nach Satz 22 ii) die Identität

$$A^{-1}\varphi = \mathrm{LiX}_G^+(A^{-1}\varphi) = \mathrm{Liw}_{\partial G}^+\big(\mathrm{X}_G(A^{-1}\varphi)\big),$$

d.h. $A^{-1}\varphi$ sind die Randwerte der holomorphen Innenfunktion

$$f^+ := \mathrm{X}_G^+(A^{-1}\varphi) \in H^d(G) \cap C^0(\overline{G}).$$

Zwischen f und f^+ besteht also die Linienwertbeziehung

$$\mathrm{Liw}_{\partial G}^- f = \mathrm{Liw}_{\partial G}^-(g - \mathrm{X}_G\varphi) = \varphi = A \cdot A^{-1}\varphi = A \cdot \mathrm{Liw}_{\partial G}^+\big(\mathrm{X}_G^+(A^{-1}\varphi)\big) = A \cdot \mathrm{Liw}_{\partial G}^+ f^+.$$

(35) und (40) ergeben für f den Hauptteil

$$\mathrm{X}_{\mathbb{C}}^+ f = \mathrm{X}_{\mathbb{C}}^+\big(g - \mathrm{X}_G^-\varphi\big) = \mathrm{X}_{\mathbb{C}}^+ g - \mathrm{X}_{\mathbb{C}}^+(\mathrm{X}_G^-\varphi) = g - 0 = g.$$

Dies bedeutet schließlich

$$f = g - \mathrm{X}_G^-\varphi \in \mathrm{HiP}_G(A, g).$$

i^-) und ii^-): Im Fall $\varphi \in \mathrm{Fred}_{\partial G}(-J_A, 0)$ gibt o) die Gleichung

$$\mathrm{LiX}_G^-\varphi = A \cdot \mathrm{LiX}_G^+(A^{-1}\varphi).$$

Mit Satz 21 erhalten wir

$$f := \mathrm{X}_G^-\varphi \in H^d(\mathbb{C}\backslash\overline{G}) \cap C^0(\mathbb{C}\backslash G, \mathbb{C}^d) \quad \text{und} \quad f^+ := \mathrm{X}_G^+(A^{-1}\varphi) \in H^d(G) \cap C^0(\overline{G}, \mathbb{C}^d)$$

sowie die Linienwertgleichung

$$\begin{aligned}\mathrm{Liw}_{\partial G}^- f &= \mathrm{Liw}_{\partial G}^-(\mathrm{X}_G^-\varphi) = \mathrm{LiX}_G^-\varphi = A \cdot \mathrm{LiX}_G^+(A^{-1}\varphi) = A \cdot \mathrm{Liw}_{\partial G}^+\big(\mathrm{X}_G^+(A^{-1}\varphi)\big)\\ &= A \cdot \mathrm{Liw}_{\partial G}^+ f^+.\end{aligned}$$

(40) ergibt

$$f = \mathrm{X}_G^-\varphi \in \mathrm{HiP}_G(A, 0).$$

Falls nun $f = \mathrm{X}_G^-\varphi = 0$, wie in ii^- gefordert, so liefert Satz 22 ii) unmittelbar die Gleichung

$$\varphi = \mathrm{LiX}_G^+\varphi.$$

Q.e.d.

Mit dem Fredholm'schen Auflösbarkeitssatz 45 wird uns der Nachweis der Existenz von nichttrivialen Hilbert-Plemelj-Lösungen $0 \neq f \in \mathrm{HiP}_G(A)$ gelingen. Wir berechnen noch den zu J_A aus (119) transponierten Kern $J_A^\dagger$ gemäß (80):

$$J_A^\dagger(w,z) = J_A(z,w)^T = \left[\frac{1}{2\pi i}\frac{A(z)A^{-1}(w) - \mathbb{I}_d}{w-z}\right]^T = \frac{1}{2\pi i}\frac{A^{-1}(w)^T A(z)^T - \mathbb{I}_d^T}{w-z}$$
$$= -\frac{1}{2\pi i}\frac{[(A^T)^{-1}](w)[(A^T)^{-1}]^{-1}(z) - \mathbb{I}_d}{z-w} = -J_{(A^T)^{-1}}(w,z).$$

Wir erhalten also

$$J_A^\dagger = -J_{(A^T)^{-1}} \quad \text{für alle } A \in C^1(\partial G, \mathrm{GL}_d). \tag{125}$$

Satz 74. *Seien $G \in \mathcal{C}^1$ ein reguläres C^1-Gebiet, ein innerer Punkt $w \in G$, zu $\alpha \in (0,1]$ eine Matrixfunktion $\tilde{A} \in C^1_\alpha(\partial G, \mathrm{GL}_d)$ und eine ganze holomorphe Vektorfunktion $\tilde{g} \in H^d(\mathbb{C})$ beliebig vorgegeben. Dann gibt es eine Zahl $\kappa = \kappa(G, \tilde{A}) \in \mathbb{N}_0$, so dass für alle $k \in \mathbb{N}_0$ mit $k \geq \kappa$ die Relation*

$$\mathrm{Fred}_{\partial G}(J_{\ell_w^{-k}\tilde{A}}, \tilde{g}) \neq \varnothing$$

richtig ist und jede Fredholm-Lösung $\varphi \in \mathrm{Fred}_{\partial G}(J_{\ell_w^{-k}\tilde{A}}, \tilde{g})$ eine Hilbert-Plemelj-Lösung

$$f := \ell_w^k(\tilde{g} - \mathrm{X}_G^- \varphi) \in \mathrm{HiP}_G(\tilde{A})$$

erzeugt.

Beweis: Wenn $\tilde{A} \in C^1_\alpha(\partial G, \mathrm{GL}_d)$, dann sind auch

$$\tilde{A}^T,\ \tilde{A}^{-1},\ (\tilde{A}^T)^{-1} \in C^1_\alpha(\partial G, \mathrm{GL}_d).$$

Nach Satz 70 sind die Vektorräume $\mathrm{HiP}_G(A,0)$ für $A = \tilde{A}, \tilde{A}^T, \tilde{A}^{-1}, (\tilde{A}^T)^{-1}$ allesamt endlichdimensional. Insbesondere folgt

$$\kappa = \kappa(G,\tilde{A}) := \max\Big\{\dim\big(\mathrm{HiP}_G(\tilde{A}^{-1},0)\big),\ \dim\big[\mathrm{HiP}_G\big((\tilde{A}^T)^{-1},0\big)\big]\Big\} \in \mathbb{N}_0. \tag{126}$$

Wir wählen eine natürliche Zahl $k \geq \kappa$ und halten diese fest. Die Anwendung des Hilfssatzes 71 liefert mit dem inneren Punkt $w \in G$ die Identitäten

$$\mathrm{HiP}_G\big((\ell_w^{-k}\tilde{A})^{-1},0\big) = \mathrm{HiP}_G(\ell_w^k\tilde{A}^{-1},0) = \{0\} \tag{127}$$

und

$$\mathrm{HiP}_G\big(((\ell_w^{-k}\tilde{A})^T)^{-1},0\big) = \mathrm{HiP}_G\big(\ell_w^k(\tilde{A}^T)^{-1},0\big) = \{0\}. \tag{127'}$$

Nach (125) hat der zum Übergangsverhalten $\ell_w^{-k}\tilde{A} \in C^1_\alpha(\partial G, \mathrm{GL}_d)$ gehörige Integralkern $J_{\ell_w^{-k}\tilde{A}}$ den transponierten Kern

$$J^\dagger_{\ell_w^{-k}\tilde{A}} = -J_{((\ell_w^{-k}\tilde{A})^T)^{-1}} = -J_{\ell_w^k(\tilde{A}^T)^{-1}}.$$

Wenden wir nun auf

$$A = ((\ell_w^{-k}\tilde{A})^T)^{-1} = \ell_w^k(\tilde{A}^T)^{-1} \in C^1_\alpha(\partial G, \mathrm{GL}_d)$$

den Satz 72 i$^-$) an, so gilt für eine beliebige homogene Fredholm-Lösung

$$\psi \in \mathrm{Fred}_{\partial G}\big(J^{\dagger}_{\ell_w^{-k}\tilde{A}}, 0\big) = \mathrm{Fred}_{\partial G}\big(-J_{((\ell_w^{-k}\tilde{A})^T)^{-1}}, 0\big)$$

die Relation

$$\mathrm{X}_G^- \psi \,\mathrm{HiP}_G\big(((\ell_w^{-k}\tilde{A})^T)^{-1}, 0\big),$$

mit (127') also

$$\mathrm{X}_G^- \psi = 0.$$

Dann folgt mit Satz 72 ii$^-$) die Gleichung

$$\psi = \mathrm{LiX}_G^+ \psi = \mathrm{Liw}_{\partial G}^+(\mathrm{X}_G^+ \psi),$$

d.h. ψ entspricht den Randwerten der holomorphen Innenfunktion

$$\mathrm{X}_G^+ \psi \in H^d(G) \cap C^0(\overline{G}, \mathbb{C}^d).$$

Mit der Bilinearform $b_{\partial G}$ gemäß (79) erhalten für unsere ganze holomorphe Funktion $\tilde{g} \in H^d(\mathbb{C})$ unter Verwendung des Cauchy'schen Integralsatzes die Gleichung

$$b_{\partial G}(\psi, \tilde{g}) = \int\limits_{z \in \partial G} \psi(z)^T \tilde{g}(z)\, dz = \int\limits_{z \in \partial G} (\mathrm{X}_G^+ \psi)(z)^T \tilde{g}(z)\, dz = 0.$$

Da dies für alle $\psi \in \mathrm{Fred}_{\partial G}\big(J^{\dagger}_{\ell_w^{-k}\tilde{A}}, 0\big)$ richtig ist, gilt nach Satz 45

$$\mathrm{Fred}_{\partial G}\big(J_{\ell_w^{-k}\tilde{A}}, \tilde{g}\big) \neq \varnothing.$$

Wir finden also eine Fredholm-Lösung $\varphi \in \mathrm{Fred}_{\partial G}\big(J_{\ell_w^{-k}\tilde{A}}, \tilde{g}\big)$. Anwendung von Satz 72 i$^+$) auf

$$A = \ell_w^{-k}\tilde{A} \in C^1_\alpha(\partial G, \mathrm{GL}_d) \quad \text{und} \quad g = \tilde{g} \in H^d(\mathbb{C})$$

ergibt

$$\mathrm{X}_G^-\big((\ell_w^{-k}\tilde{A})^{-1}\varphi\big) \in \mathrm{HiP}_G\big((\ell_w^{-k}\tilde{A})^{-1}, 0\big).$$

Wegen (127) folgt

$$\mathrm{X}_G^-\big((\ell_w^{-k}\tilde{A})^{-1}\varphi\big) = 0,$$

und Satz 38 ii$^+$) liefert

$$\tilde{g} - \mathrm{X}_G^- \varphi \in \mathrm{HiP}_G(\ell_w^{-k}\tilde{A}, \tilde{g}).$$

Mit Satz 61 iii) erhalten wir schließlich

$$\ell_w^k(\tilde{g} - \mathrm{X}_G^- \varphi) \in \mathrm{HiP}_G(\ell_w^k \ell_w^{-k}\tilde{A}) = \mathrm{HiP}_G(\tilde{A}).$$

Q.e.d.

Zu vorgegebenem Gebiet $G \in \mathcal{C}^1$ und Übergangsverhalten $\tilde{A} \in C^1_\alpha(\partial G, \mathrm{GL}_d)$ bestimmen wir die Zahl $\kappa = \kappa(G, A) \in \mathbb{N}_0$ aus (126). Wir wählen einen inneren Punkt $w \in G$ und die Einheitsvektoren des $\mathbb{C}^d$ als (konstante) ganze Vektorfunktionen $\tilde{g} := e^{(j)} \in H^d(\mathbb{C})$, $j = 1, \ldots, d$. Dann gibt es nach Satz 74 für $j = 1, \ldots, d$ jeweils Fredholm-Lösungen

$$\varphi^{(j)} \in \mathrm{Fred}_{\partial G}(J_{\ell_w^{-\kappa}\tilde{A}}, e^{(j)}) \neq \varnothing,$$

mit denen wir Hilbert-Plemelj-Lösungen

$$0 \neq f^{(j)} := \ell_w^{\kappa}(e^{(j)} - \mathrm{X}_G^{-}\varphi^{(j)}) \in \mathrm{HiP}_G(\tilde{A}) \tag{128}$$

erhalten. Diese haben im unendlich fernen Punkt offenbar alle die Ordnung

$$\mathrm{Ord}_{\infty}(f^{(j)}) = \kappa,$$

ferner hat die Laurent-Reihe von $f^{(j)}$ um ∞ den führenden Koeffizienten $e^{(j)}$.

3.5 Allgemeine Plemelj'sche Fundamentalsysteme

Es ist in gewissen Vektorräumen $\mathcal{F} \subseteq \dot{H}^d(\infty)$ von im unendlich fernen Punkt punktiert holomorphen Funktionen möglich, eine Anzahl $\delta \in \mathbb{N}(d)$ von ausgezeichneten Basiselementen auszuwählen, mit denen sich alle Funktionen des Vektorraums $\mathcal{F}$ mit endlicher Ordnung in ∞ in einfacher Weise durch polynomielle Linearkombination darstellen lassen. Ein solches System von Basiselementen nennen wir ein Plemelj'sches Fundamentalsystem. In diesem Abschnitt arbeiten wir den allgemeinen Begriff eines Plemelj'schen Fundamentalsystems heraus, sowie die Voraussetzungen an $\mathcal{F}$ für dessen Existenz. Im nächsten Abschnitt werden wir sehen, dass die Lösungsräume $\mathrm{HiP}_G(A)$ des Hilbert-Plemelj-Problems sowie des Riemann'schen Problems $\mathrm{Rie}_G^{\varrho}(\zeta, U)$ diese Voraussetzungen erfüllen.

Definition 75. *Für eine im unendlich fernen Punkt meromorphe Vektorfunktion*

$$f \in M^d(\infty)$$

mit $\mathrm{Ord}_{\infty}(f) \in \mathbb{Z}$, *d.h.* $f \not\equiv 0$, *nennen wir den führenden Koeffizienten ihrer Laurent-Reihe um* ∞ *ihren Alphakoeffizienten und schreiben*

$$\alpha(f) := \big([f]_{\infty}\big)_{\mathrm{Ord}_{\infty}(f)} \in \mathbb{C}^d \backslash \{0\}.$$

Dabei ist $[f]_{\infty} \in \mathrm{Abb}(\mathbb{Z}, \mathbb{C}^d)$ *gemäß (25) zu verstehen. Im Fall* $\mathrm{Ord}_{\infty}(f) = -\infty$, *d.h.* $f \equiv 0$, *setzen wir*

$$\alpha(f) = \alpha(0) := 0.$$

Für eine nichtleere Menge $\varnothing \neq X \subseteq M^d(\infty)$ *von im unendlich fernen Punkt meromorphen Vektorfunktionen bezeichne*

$$\alpha X = \alpha(X) := \Big\{\alpha(f) : \ f \in X\Big\} \subseteq \mathbb{C}^d$$

die zugehörige Menge der Alphakoeffizienten.

Bemerkungen: Offenbar ist zwar

$$\alpha(\lambda f) = \lambda \alpha(f) \quad \text{für alle } f \in M^d(\infty) \text{ und alle } \lambda \in \mathbb{C}, \tag{129}$$

aber

$$\text{NICHT } \big[\alpha(f+g) = \alpha(f) + \alpha(g) \text{ für alle } f, g \in M^d(\infty)\big].$$

Der α-Operator ist demnach nicht linear auf $M^d(\infty)$. Daher besitzt die Menge der Alphakoeffizienten $\alpha X \subseteq \mathbb{C}^d$ im Allgemeinen keine Vektorraumstruktur, selbst dann nicht, wenn X selbst eine solche besitzt und einen Untervektorraum von $M^d(\infty)$ bildet.

Definition 76. *Zu einer Menge* $\varnothing \neq X \subseteq \dot{H}^d(\infty)$ *von in* ∞ *punktiert holomorphen Vektorfunktionen und einer Größe*

$$m \in \{-\infty\} \cup \mathbb{Z} \cup \{+\infty\}$$

bezeichne

$$\mathbb{O}(X, m) := \Big\{ f \in X : \operatorname{Ord}_\infty(f) < +\infty \text{ und } \operatorname{Ord}_\infty(f) \leq m \Big\} \tag{130}$$

die Menge derjenigen Funktionen in der Menge X*, welche im unendlich fernen Punkt von endlicher, und im Fall* $m < +\infty$ *höchstens von der Ordnung* m *sind.*

Augenscheinlich gelten

$$\mathbb{O}(X, m) \subseteq M^d(\infty) \quad \text{für alle } m \in \{-\infty\} \cup \mathbb{Z}$$

sowie für alle Zahlen $m \in \mathbb{Z}$ die Inklusionskette

$$X \cap \{0\} = \mathbb{O}(X, -\infty) \subseteq \mathbb{O}(X, m) \subseteq \mathbb{O}(X, m+1) \subseteq \mathbb{O}(X, +\infty) \subseteq X. \tag{131}$$

Wenn die Teilmenge $X = \mathcal{F} \subseteq \dot{H}^d(\infty)$ Vektorraumstruktur besitzt, bildet $\mathbb{O}(\mathcal{F}, m)$ wegen

$$\operatorname{Ord}_\infty(\lambda f + \mu g) \leq \max\big\{\operatorname{Ord}_\infty(f), \operatorname{Ord}_\infty(g)\big\} \quad \text{für alle } f, g \in \dot{H}^d(\infty) \text{ und alle } \lambda, \mu \in \mathbb{C}$$

für beliebiges $m \in \{-\infty\} \cup \mathbb{Z} \cup \{+\infty\}$ einen Vektorraum und ist damit insbesondere nichtleer. Dagegen wird wegen der Nichtlinearität des α-Operators die Menge $\alpha\mathbb{O}(\mathcal{F}, m) \subseteq \mathbb{C}^d$ für $m \in \mathbb{Z}$ im Allgemeinen kein Vektorraum sein. Es gilt jedoch folgender

Hilfssatz 77. *Wenn* $\mathcal{F} \subseteq \dot{H}^d(\infty)$ *ein Untervektorraum von* $\dot{H}^d(\infty)$ *ist, welcher der Bedingung*

$$\big(f \in \mathcal{F} \quad \Longrightarrow \quad \ell \cdot f \in \mathcal{F}\big) \quad \text{für alle } f \tag{132}$$

genügt, so ist $\alpha\mathbb{O}(\mathcal{F}, m) \subseteq \mathbb{C}^d$ *für alle* $m \in \mathbb{Z}$ *ein Unterverktorraum von* $\mathbb{C}^d$*. Dabei bezeichnet* ℓ *gemäß (27') den Linearfaktor* $\ell(z) := z$*.*

Beweis: Wegen der Vektorraumeigenschaft von $\mathbb{O}(\mathcal{F}, m)$ und (129) erhalten wir für alle f und λ zunächst

$$a \in \alpha\mathbb{O}(\mathcal{F}, m), \; \lambda \in \mathbb{C} \quad \Longrightarrow \quad \lambda a \in \alpha\mathbb{O}(\mathcal{F}, m).$$

Aus (132) ergibt sich induktiv die Aussage

$$\big(f \in \mathcal{F}, \; k \in \mathbb{N}_0 \quad \Longrightarrow \quad \ell^k \cdot f \in \mathcal{F}\big) \quad \text{für alle } f \text{ und alle } k. \tag{133}$$

Seien $a, b \in \alpha\mathbb{O}(\mathcal{F}, m)$ beliebig. Dann gibt es Funktionen $f, g \in \mathbb{O}(\mathcal{F}, m)$, so dass

$$a = \alpha(f) \quad \text{und} \quad b = \alpha(g).$$

O.B.d.A gelte

$$-\infty < \operatorname{Ord}_\infty(f) \leq \operatorname{Ord}_\infty(g).$$

Wir können also einen Exponenten $k \in \mathbb{N}_0$ finden, so dass

$$\operatorname{Ord}_\infty(\ell^k f) = \operatorname{Ord}_\infty(g) \leq m.$$

Wegen (133) ist $\ell^k f \in \mathcal{F}$ und damit $\ell^k f \in \mathbb{O}(\mathcal{F}, m)$. Außerdem gilt

$$a = \alpha(f) = \alpha(L^k f).$$

Da $\mathbb{O}(\mathcal{F}, m)$ Vektorraumstruktur hat, gelten $0 \in \mathbb{O}(\mathcal{F}, m)$ sowie $\ell^k f + g \in \mathbb{O}(\mathcal{F}, m)$. Folglich ist entweder

$$a + b = 0 = \alpha(0) \in \alpha\mathbb{O}(\mathcal{F}, m)$$

oder

$$a + b = \alpha(\ell^k f) + \alpha(g) = \alpha(\ell^k f + g) \in \alpha\mathbb{O}(\mathcal{F}, m), \quad \text{falls } a + b \neq 0.$$

Q.e.d.

Auch die folgende Beobachtung sehen wir leicht ein:

Hilfssatz 78. *Es sei $\mathcal{F} \subseteq \dot{H}^d(\infty)$ ein Vektorraum. Dann gilt für alle $m \in \mathbb{Z}$ die Implikation*

$$\dim\big[\mathbb{O}(\mathcal{F}, m)\big] < +\infty \quad \Longrightarrow \quad \dim\big[\mathbb{O}(\mathcal{F}, m+1)\big] \leq \dim\big[\mathbb{O}(\mathcal{F}, m)\big] + d.$$

Beweis: Sei $m \in \mathbb{Z}$ eine Zahl, für die $\mathbb{O}(\mathcal{F}, m)$ endlichdimensional ist, und bezeichne

$$D := \dim\big[\mathbb{O}(\mathcal{F}, m)\big] \in \mathbb{N}_0.$$

Wir weisen die lineare Abhängigkeit eines beliebigen $(D + d + 1)$-Tupels

$$\big(f^{(1)}, \ldots, f^{(D+d+1)}\big) \in \big[\mathbb{O}(\mathcal{F}, m+1)\big]^{D+d+1} \tag{134}$$

nach, was die gewünschte Dimensionsabschätzung beweist. Die $f^{(j)} \in \mathbb{O}(\mathcal{F}, m+1)$ wollen wir als so indiziert voraussetzen, dass

$$\mathrm{Ord}_\infty(f^{(j)}) \leq \mathrm{Ord}_\infty(f^{(j+1)}) \quad \text{für alle } j = 1, \ldots, D + d.$$

Wegen (131) gibt es einen Index $J \in \{0, \ldots, D + d + 1\}$, so dass

$$f^{(j)} \in \mathbb{O}(\mathcal{F}, m) \quad \text{für alle } j = 1, \ldots, J$$

sowie

$$f^{(j)} \in \mathbb{O}(\mathcal{F}, m+1) \setminus \mathbb{O}(\mathcal{F}, m) \quad \text{für alle } j = J + 1, \ldots, D + d + 1.$$

Im Fall $J > D$ ist bereits das J-Tupel

$$\big(f^{(1)}, \ldots, f^{(J)}\big) \in \big[\mathbb{O}(\mathcal{F}, m)\big]^J$$

linear abhängig, damit natürlich auch das größere Tupel (134).

Im Fall $J \leq D$ seien die Funktionenvektoren $f^{(j)} \in \mathbb{O}(\mathcal{F}, m+1) \setminus \mathbb{O}(\mathcal{F}, m)$ so indiziert, dass

$$\mathrm{Lin}\big\{\alpha(f^{(J+1)}), \ldots \alpha(f^{J+d})\big\} = \mathrm{Lin}\big\{\alpha(f^{(J+1)}), \ldots, \alpha(f^{D+d+1})\big\} \subseteq \mathbb{C}^d.$$

Dann gibt es $D + 1 - J \geq 1$ komplexe Vektoren

$$\lambda^{(1)}, \ldots, \lambda^{(D+1-J)} \in \mathbb{C}^d,$$

so dass für alle $j = 1, \dots, D+1-J$ lineare Darstellungen

$$\alpha(f^{(J+d+j)}) = \sum_{l=1}^{d} \lambda_l^{(j)} \alpha(f^{(J+l)})$$

und somit

$$g^{(j)} := f^{(J+d+j)} - \sum_{l=1}^{d} \lambda_l^{(j)} f^{(J+l)} \in \mathbb{O}(\mathcal{F}, m)$$

richtig sind. Nun ist das $(D+1)$-Tupel

$$\left(f^{(1)}, \dots, f^{(J)}, g^{(1)}, \dots, g^{(D+1-J)}\right) \in \left[\mathbb{O}(\mathcal{F}, m)\right]^{D+1}$$

jedenfalls linear abhängig. Damit sehen wir schließlich die lineare Abhängigkeit des Tupels (134) ein. Q.e.d.

Mit (131) und Hilfssatz 78 ergibt sich durch vollständige Induktion unmittelbar der

Hilfssatz 79. *Sei $\mathcal{F} \subseteq \dot{H}^d(\infty)$ ein Vektorraum. Dieser besitze folgende Eigenschaft:*

$$\text{es gibt eine Zahl } m^* \in \mathbb{Z}, \text{ so dass } \dim\left[\mathbb{O}(\mathcal{F}, m^*)\right] < +\infty. \tag{135}$$

Dann folgt

$$\dim\left[\mathbb{O}(\mathcal{F}, m)\right] < +\infty \text{ für alle } m \in \mathbb{Z}.$$

Hilfssatz 80. *Wenn der Vektorraum $\mathcal{F} \subseteq \dot{H}^d(\infty)$ sowohl der Bedingung (135) als auch der Bedingung*

$$\text{es gibt eine Zahl } m^{**} \in \mathbb{Z}, \text{ so dass } \dim\left[\mathbb{O}(\mathcal{F}, m^{**})\right] > 0 \tag{136}$$

genügt, so existiert die ganze Zahl

$$\mu = \mu(\mathcal{F}) := \min_{f \in \mathcal{F} \setminus \{0\}} \operatorname{Ord}_\infty(f) \in \mathbb{Z}. \tag{137}$$

Beweis: Zunächst existiert wegen (136) ein Vektor

$$f \in \mathcal{F} \setminus \{0\} \quad \text{mit} \quad -\infty < \operatorname{Ord}_\infty(f) \leq m^{**}.$$

Damit gilt schon

$$\mu(\mathcal{F}) \leq m^{**} < +\infty.$$

Hilfssatz 79 liefert wegen (135)

$$D := \dim\left[\mathbb{O}(\mathcal{F}, m^{**})\right] < +\infty.$$

Damit muss die Menge

$$\mathcal{N}(\mathcal{F}) := \left\{\operatorname{Ord}_\infty(f) : \ f \in \mathcal{F} \setminus \{0\}\right\} \subseteq \mathbb{Z} \cup \{+\infty\}$$

nach unten beschränkt sein. Wäre dies nämlich nicht so, könnten wir jedenfalls $D+1$ Vektoren

$$f^{(j)} \in \mathcal{F} \setminus \{0\}, \quad j = 1, \dots, D+1,$$

finden, so dass

$$m^{**} \geq \operatorname{Ord}_\infty(f^{(j)}) > \operatorname{Ord}_\infty(f^{(j+1)}) > -\infty \quad \text{für alle } j = 1, \ldots, D.$$

Dann ist das $(D+1)$-Tupel

$$(f^{(1)}, \ldots, f^{(D+1)}) \in \left[\mathbb{O}(\mathcal{F}, m^{**})\right]^{D+1}$$

zum Einen linear unabhängig, zum Anderen jedoch wegen $D + 1 > D = \dim[\mathbb{O}(\mathcal{F}, m^{**})]$ linear abhängig. Dies ist gleichzeitig offenbar nicht möglich. $\mathcal{N}(\mathcal{F})$ ist also nach unten beschränkt und wir erhalten

$$-\infty < \min \mathcal{N}(\mathcal{F}) = \mu(\mathcal{F}) < +\infty.$$

Q.e.d.

Hilfssatz 81. *Seien $\mathcal{F} \subseteq \dot{H}^d(\infty)$ ein Vektorraum mit Eigenschaft (132) und $m \in \mathbb{Z}$. Dann gilt für beliebiges*

$$f \in \mathbb{O}(\mathcal{F}, m) \quad \textit{mit} \quad \alpha(f) \in \alpha\mathbb{O}(\mathcal{F}, m-1)$$

eine Darstellung

$$f = g^{(1)} + \ell g^{(2)}, \quad \textit{wobei} \quad g^{(1)}, g^{(2)} \in \mathbb{O}(\mathcal{F}, m-1).$$

Beweis: Falls sogar $f \in \mathbb{O}(\mathcal{F}, m-1)$ ist, sehen wir mit $g^{(1)} := f$ und $g^{(2)} := 0$ die obige Aussage sofort ein. Wir betrachten also den Fall

$$f \in \mathbb{O}(\mathcal{F}, m) \setminus \mathbb{O}(\mathcal{F}, m-1),$$

d.h.

$$\operatorname{Ord}_\infty(f) = m.$$

Nun gibt es eine Funktion $g^{(2)} \in \mathbb{O}(\mathcal{F}, m-1)$, so dass

$$\alpha(f) = \alpha(g^{(2)}).$$

Wegen (132) (bzw. (133)) können wir o.B.d.A. sofort

$$\operatorname{Ord}_\infty(g^{(2)}) = m - 1$$

annehmen. Dann folgt

$$\operatorname{Ord}_\infty\big(f - \ell g^{(2)}\big) \leq m - 1,$$

und damit

$$g^{(1)} := f - \ell g^{(2)} \in \mathbb{O}(\mathcal{F}, m-1).$$

Q.e.d.

Unter der Bedingung, dass die Mengen

$$\alpha\mathbb{O}(\mathcal{F}, m) \subseteq \mathbb{C}^d$$

der führenden Koeffizienten der Laurent-Entwicklungen aller Funktionen in $\mathcal{F}$ bis zur Ordnung m allesamt Untervektorräume von $\mathbb{C}^d$ bilden, was nach Hilfssatz 77 dann der Fall ist, wenn $\mathcal{F}$ der Bedingung (132) genügt, sind die Dimensionszahlen

$$\delta_m = \delta(\mathcal{F}, m) := \dim\big[\alpha\mathbb{O}(\mathcal{F}, m)\big], \quad m \in \mathbb{Z}, \tag{138}$$

wohlbestimmt und es gilt

$$\delta(\mathcal{F}, m) = \dim\big[\alpha\mathbb{O}(\mathcal{F}, m)\big] \leq \dim\big[\mathbb{O}(\mathcal{F}, m)\big] \quad \text{für alle } m \in \mathbb{Z}.$$

Wegen (131) ist ferner

$$\alpha\mathbb{O}(\mathcal{F}, m) \subseteq \alpha\mathbb{O}(\mathcal{F}, m+1)$$

und damit

$$0 \leq \delta(\mathcal{F}, m) \leq \delta(\mathcal{F}, m+1) \leq d \quad \text{für alle } m \in \mathbb{Z}. \tag{139}$$

Die Folge der Dimensionszahlen δ_m ist aufsteigend und besitzt höchstens d Sprungstellen. Folglich existiert die Zahl

$$\delta = \delta(\mathcal{F}) := \lim_{m\to\infty} \delta(\mathcal{F}, m) = \max_{m\in\mathbb{Z}} \delta(\mathcal{F}, m) \in \{0, \ldots, d\}. \tag{140}$$

Wir kommen nun zum Begriff des Plemelj'schen Fundamentalsystems eines Vektorraums $\mathcal{F} \subseteq \dot{H}^d(\infty)$, welcher in dieser Form vom Autor stammt:

Definition 82. *Seien $\mathcal{F} \subseteq \dot{H}^d(\infty)$ ein Vektorraum und die Zahlen $\delta_m = \delta(\mathcal{F}, m)$ und $\delta = \delta(\mathcal{F})$ gemäß (138) bzw. (140) bezeichnet. Dann nennen wir eine Matrixfunktion*

$$\Pi = \big(\Pi^{(1)}, \ldots, \Pi^{(\delta)}\big) \in M^{d\times\delta}(\infty)$$

mit den Spalten

$$\Pi^{(j)} \in M^d(\infty), \quad j = 1, \ldots, \delta,$$

ein Plemelj'sches Fundamentalsystem des Vektorraums $\mathcal{F}$, falls für alle Zahlen $m \in \mathbb{Z}$ folgendes gilt:

i) Es ist

$$\Pi^{(j)} \in \mathbb{O}(\mathcal{F}, m) \setminus \mathbb{O}(\mathcal{F}, m-1) \quad \textit{für alle } j = \delta_{m-1}+1, \ldots, \delta_m.$$

ii) Das δ_m-Tupel komplexer Vektoren (bzw. die komplexe $d \times \delta_m$-Matrix) der Alphakoeffizienten

$$\Big(\alpha(\Pi^{(1)}), \ldots, \alpha(\Pi^{(\delta_m)})\Big) \in \big[\mathbb{C}^d\big]^{\delta_m} \cong \mathbb{C}^{d\times\delta_m}$$

ist linear unabhängig (bzw. hat vollen Rang) und bildet eine Vektorraumbasis von $\alpha\mathbb{O}(\mathcal{F}, m)$.

Die Ordnungen der Basisfunktionen $\Pi^{(j)}$ sind genau die Sprungordnungen der Folge $(\delta_m)_{m\in\mathbb{Z}}$, und deren führende Koeffizienten sind linear unabhängig. Offensichtlich ist der Begriff des Plemelj'schen Fundamentalsystems von $\mathcal{F}$ nur dann sinnvoll, wenn die Mengen $\alpha\mathbb{O}(\mathcal{F}, m) \subseteq \mathbb{C}^d$ allesamt Vektorraumstruktur besitzen und $\delta > 0$ ausfällt.

Hilfssatz 83. *Ein Plemelj'sches Fundamentalsystem*

$$\Pi = \left(\Pi^{(1)}, \ldots, \Pi^{(\delta)}\right) \in M^{d\times\delta}(\infty)$$

eines Vektorraums $\mathcal{F} \subseteq \dot{H}^d(\infty)$ *ist polynomiell linear unabhängig im Sinne der Implikation*

$$\varphi \in \mathrm{Poly}^\delta \quad \textit{und} \quad \Pi\varphi = 0 \quad \Longrightarrow \quad \varphi = 0.$$

Beweis: Sei $\varphi \in \mathrm{Poly}^\delta$ mit $\Pi\varphi = 0$. Wäre nun

$$\varphi \neq 0 \in \mathrm{Poly}^\delta$$

richtig, so gibt es eine positive Anzahl $r \in \mathbb{N}$ von Vektoren

$$c^{(j)} \in \mathbb{C}^\delta \setminus \{0\}, \quad j = 1, \ldots, r, \tag{141}$$

und Potenzen

$$k_j \in \mathbb{N}_0, \ j = 1, \ldots, r, \quad \text{mit} \quad k_1 < \ldots < k_r,$$

so dass

$$\varphi = \sum_{j=1}^{r} c^{(j)} \ell^{k_j}.$$

Dann folgt

$$\Pi\varphi = \Pi \cdot \Big(\sum_{j=1}^{r} c^{(j)}\ell^{k_j}\Big) = \sum_{j=1}^{r} \ell^{k_j}\Pi c^{(j)} = \sum_{j=1}^{r} \ell^{k_j} \sum_{l=1}^{\delta} \Pi^{(l)} c_l^{(j)} = \sum_{l=1}^{\delta}\Big(\sum_{j=1}^{r} c_l^{(j)}\ell^{k_j}\Big)\Pi^{(l)}.$$

Somit beobachten wir

$$\alpha(\Pi\varphi) = \alpha\left(\sum_{l=1}^{\delta}\Big(\sum_{j=1}^{r} c_l^{(j)}\ell^{k_j}\Big)\Pi^{(l)}\right) = \sum_{l=1}^{\delta} \tilde{c}_l \alpha(\Pi^{(l)}) = \alpha\Pi \cdot \tilde{c},$$

wobei $\alpha\Pi$ das linear unabhängige δ-Tupel bzw. die vollrangige $d \times \delta$-Matrix

$$\alpha\Pi := \left(\alpha(\Pi^{(1)}), \ldots, \alpha(\Pi^{(\delta)})\right) \in \left[\mathbb{C}^d\right]^\delta \cong \mathbb{C}^{d\times\delta}$$

sowie $\tilde{c}$ den komplexen Vektor

$$\tilde{c} = \left(\tilde{c}_1, \ldots, \tilde{c}_\delta\right)^T \in \mathbb{C}^\delta$$

bezeichnen, und es gibt wegen (141) wenigstens einen Index $l^* \in \mathbb{N}(\delta)$ und ein $\tilde{j} \in \mathbb{N}(r)$, so dass

$$\tilde{c}_{l^*} = c_{l^*}^{(\tilde{j})} \neq 0.$$

Das heißt, es ist $\tilde{c} \neq 0$ und folglich

$$\alpha(\Pi\varphi) = \alpha\Pi \cdot \tilde{c} \neq 0.$$

Gleichzeitig folgt aus $\Pi\varphi = 0$ jedoch

$$\alpha(\Pi\varphi) = 0.$$

Die Annahme $\varphi \neq 0$ führt also auf einen Widerspruch. Q.e.d.

Für $k \in \mathbb{N}_0$, $l \in \mathbb{N}_0$ sei folgender Unterraum von $\mathbb{C}^k$ bezeichnet:

$$\mathbb{C}_l^k := \Big\{ c = (c_1, \dots, c_k) \in \mathbb{C}^k : \ c_j = 0 \text{ für alle } j = l+1, \dots, k \Big\}.$$

Offenbar gelten

$$\mathbb{C}_0^k = \{0\} \quad \text{und} \quad \mathbb{C}_l^k = \mathbb{C}^k \text{ für alle } l \geq k.$$

Zusätzlich zur Menge Poly^k aller k-dimensionalen komplexen Polynome aus (28) führen wir den Teilraum

$$\mathrm{Poly}_l^k := \left\{ \sum_{j=0}^{n} c^{(j)} \ell^j : \ c^{(j)} \in \mathbb{C}_l^k, \ j = 0, \dots, n, \ n \in \mathbb{N}_0 \right\}$$

ein und kommen zum Hauptsatz dieses Abschnitts:

Hauptsatz 84. (Allgemeiner Plemelj'scher Darstellungssatz) *Sei $\mathcal{F} \subseteq \dot{H}^d(\infty)$ ein Vektorraum, der den Bedingungen (132), (135) und (136) genügt. Es bezeichnen $\delta_m = \delta(\mathcal{F}, m)$ und $\delta = \delta(\mathcal{F})$ die Zahlen aus (138) und (140). Dann besitzt $\mathcal{F}$ ein Plemelj'sches Fundamentalsystem*

$$\Pi = \big(\Pi^{(1)}, \dots, \Pi^{(\delta)}\big) \in \mathcal{F}^\delta \cap M^{d \times \delta}(\infty)$$

im Sinne von Definition 82, wobei

$$\Pi^{(1)}, \dots, \Pi^{(\delta)} \in \mathbb{O}(\mathcal{F}, m) \quad \textit{für alle } m \in \mathbb{Z} \textit{ mit } \delta_m = \delta,$$

und es gelten folgende Aussagen:

i) Für alle $\varphi \in \mathrm{Poly}^\delta$ gilt $\Pi\varphi \in \mathbb{O}(\mathcal{F}, +\infty)$.

ii) Für alle $f \in \mathbb{O}(\mathcal{F}, +\infty)$ gibt es ein

$$\varphi = \sum_{k=0}^{n} c^{(k)} \ell^k \in \mathrm{Poly}^\delta,$$

so dass

$$f = \Pi\varphi = \sum_{k=0}^{n} \ell^k \Pi c^{(k)} = \sum_{k=0}^{n} \ell^k \sum_{l=1}^{\delta} \Pi^{(l)} c_l^{(k)} = \sum_{l=1}^{\delta} \Big(\sum_{k=0}^{n} c_l^{(k)} \ell^k \Big) \Pi^{(l)}.$$

Dabei ist das Polynom φ eindeutig bestimmt, und es gilt die Implikation

$$\mathrm{Ord}_\infty(f) \leq m \quad \Longrightarrow \quad \varphi \in \mathrm{Poly}_{\delta_m}^\delta . \tag{142}$$

Beweis: Wir zeigen zunächst die Existenz eines Plemelj'schen Fundamentalsystems $\Pi \in M^{d \times \delta}(\infty)$. Mit (132) und Hilfssatz 77 erhalten wir die Vektorraumeigenschaft aller Mengen $\alpha\mathbb{O}(\mathcal{F}, m)$ und die Wohlbestimmtheit der Dimensionen $\delta_m = \delta(\mathcal{F}, m)$ für alle $m \in \mathbb{Z} \cup \{+\infty\}$. Hilfssatz 80 liefert wegen (135) und (136) die Existenz der Zahl

$$\mu = \mu(\mathcal{F}) \in \mathbb{Z}.$$

Dann gilt

$$\delta_\mu > 0 \quad \text{und} \quad \delta_m = 0 \text{ für alle } m < \mu.$$

Daher und wegen (139) hat die nichtfallende Dimensionenfolge $\delta_m = \delta(\mathcal{F}, m)$ eine positive endliche Anzahl von Sprüngen, genauer gibt es eine Anzahl $N \in \mathbb{N}(\delta)$ von Stellen $m_1, \ldots, m_N \in \mathbb{Z}$ mit

$$\mu = m_1 < \ldots < m_N < +\infty,$$

so dass

$$\delta_{m_j - 1} < \delta_{m_j} \quad \text{für } j = 1, \ldots, N,$$

und

$$\delta_{m-1} = \delta_m \quad \text{für alle } m \in \mathbb{Z} \setminus \{m_1 \ldots, m_N\}.$$

Insbesondere ergibt sich

$$\delta_m = \delta_{m_N} = \delta(\mathcal{F}) = \delta \quad \Longleftrightarrow \quad m \geq m_N.$$

Wir können also für $j = 1, \ldots, N$ jeweils die positive Anzahl $\delta_{m_j} - \delta_{m_j - 1} \in \mathbb{N}$ komplexer Vektoren

$$a^{(l)} \in \alpha\mathbb{O}(\mathcal{F}, m_j) \setminus \alpha\mathbb{O}(\mathcal{F}, m_j - 1), \quad l = \delta_{m_j - 1} + 1, \ldots, \delta_{m_j},$$

derart auswählen, dass das δ_{m_j}-Tupel

$$\left(a^{(1)}, \ldots, a^{(\delta_{m_j})}\right) \in \left[\mathbb{C}^d\right]^{\delta_{m_j}}$$

linear unabhängig ist und damit eine Basis von $\alpha\mathbb{O}(\mathcal{F}, m_j)$ bildet. Per definitionem finden wir zu den $a^{(l)}$ schließlich Funktionen

$$\Pi^{(l)} \in \mathbb{O}(\mathcal{F}, m_j) \setminus \mathbb{O}(\mathcal{F}, m_j - 1) \subset \mathcal{F} \cap M^d(\infty), \quad l = \delta_{m_j - 1} + 1, \ldots, \delta_{m_j},$$

mit

$$\alpha(\Pi^{(l)}) = a^{(l)} \quad \text{für } l = \delta_{m_j - 1} + 1, \ldots, \delta_{m_j}.$$

Das auf diese Weise in endlich vielen Schritten entstehende δ-Tupel

$$\Pi = \left(\Pi^{(1)}, \ldots, \Pi^{(\delta)}\right) \in \mathcal{F}^\delta \cap \left(M^d(\infty)\right)^\delta \cong \mathcal{F}^\delta \cap M^{d \times \delta}(\infty)$$

ergibt offenbar ein Plemelj'sches Fundamentalsystem von $\mathcal{F}$. Ist $m \in \mathbb{Z}$ eine Zahl, für die $\delta_m = \delta$ ist, so muss $m \geq m_N$ sein und folglich

$$\Pi^{(1)}, \ldots, \Pi^{(\delta)} \in \mathbb{O}(\mathcal{F}, m_N) \subseteq \mathbb{O}(\mathcal{F}, m).$$

Aussage i) ist wegen (132) und der Vektorraumeigenschaft von $\mathcal{F}$ offensichtlich, daher wenden wir uns der Aussage ii) zu. Für $m \in \mathbb{Z}$ bezeichne $\mathcal{A}(m)$ folgende Aussage:

$$\mathcal{A}(m) :\Longleftrightarrow \text{ für alle } f \in \mathbb{O}(\mathcal{F}, m) \text{ gibt es ein } \varphi \in \mathrm{Poly}^\delta_{\delta_m}, \text{ so dass } f = \Pi\varphi.$$

Mittels vollständiger Induktion zeigen wir, dass $\mathcal{A}(m)$ für alle $m \in \mathbb{Z}$ richtig ist:

Sei zunächst $m < \mu$. Dann haben wir

$$\mathbb{O}(\mathcal{F}, m) = \{0\},$$

also

$$\alpha\mathbb{O}(\mathcal{F},m) = \{0\}$$

bzw.

$$\delta_m = \dim\big[\alpha\mathbb{O}(\mathcal{F},m)\big] = 0.$$

Wenn also $f \in \mathbb{O}(\mathcal{F},m)$, so ist f in diesem Fall stets die Nullfunktion $f = 0 \in \mathcal{F}$. Mit

$$\varphi = 0 \in \mathrm{Poly}_0^\delta = \mathrm{Poly}_{\delta_m}^\delta$$

erhalten wir die Darstellung

$$f = \Pi\varphi.$$

Somit gilt $\mathcal{A}(m)$ schon für alle $m < \mu$.

Sei nun $m^* \in \mathbb{Z}$ eine beliebige Zahl, so dass $\mathcal{A}(m^*-1)$ richtig ist. Wir wählen ein beliebiges Element

$$f \in \mathbb{O}(\mathcal{F},m^*)$$

und weisen die Darstellbarkeit von f durch $f = \Pi\varphi$ mit einem $\varphi \in \mathrm{Poly}_{\delta_{m^*}}^\delta$ nach. Dazu können wir o.B.d.A.

$$f \in \mathbb{O}(\mathcal{F},m^*) \setminus \mathbb{O}(\mathcal{F},m^*-1)$$

voraussetzen (denn wegen $\mathcal{A}(m^*-1)$ haben wir obige Darstellung bereits im Fall $f \in \mathbb{O}(\mathcal{F},m^*-1)$). Dann ist

$$\alpha(f) \in \alpha\mathbb{O}(\mathcal{F},m^*).$$

Wegen der Eigenschaft von Π, ein Plemelj'sches Fundamentalsystem zu sein, bildet das δ_{m^*}-Tupel

$$\big(\alpha(\Pi^{(1)}),\ldots,\alpha(\Pi^{(\delta_{m^*})})\big) \in \big[\mathbb{C}^d\big]^{\delta_{m^*}}$$

eine Basis von $\alpha\mathbb{O}(\mathcal{F},m^*)$. Also können wir $\alpha(f)$ linear darstellen gemäß

$$\alpha(f) = \sum_{j=1}^{\delta_{m^*}} c_j\alpha(\Pi^{(j)}),$$

mit Zahlen $c_1,\ldots,c_{\delta_{m^*}} \in \mathbb{C}^{\delta_{m^*}}$. Nun sind

$$\Pi^{(j)} \in \mathbb{O}(\mathcal{F},m^*-1) \quad \text{für alle } j = 1,\ldots,\delta_{m^*-1},$$

sowie

$$\Pi^{(j)} \in \mathbb{O}(\mathcal{F},m^*) \setminus \mathbb{O}(\mathcal{F},m^*-1) \quad \text{für alle } j = \delta_{m^*-1}+1,\ldots,\delta_{m^*},$$

das heißt

$$\mathrm{Ord}_\infty(\Pi^{(j)}) = \mathrm{Ord}_\infty(f) = m^* \quad \text{für alle } j = \delta_{m^*-1}+1,\ldots,\delta_{m^*}.$$

Wir betrachten die Funktion

$$g := f - \sum_{j=\delta_{m^*-1}+1}^{\delta_{m^*}} c_j\Pi^{(j)} \in \mathbb{O}(\mathcal{F},m^*)$$

und stellen fest, dass

$$\alpha(g) \in \alpha\mathbb{O}(\mathcal{F},m^*-1). \tag{143}$$

Es ist nämlich entweder $\text{Ord}_\infty(g) < m^*$ oder $\text{Ord}_\infty(g) = m^*$. Im ersten Fall ist

$$g \in \mathbb{O}(\mathcal{F}, m^* - 1)$$

und wir erhalten sofort

$$\alpha(g) \in \alpha\mathbb{O}(\mathcal{F}, m^* - 1),$$

im zweiten Fall

$$\alpha(g) = \alpha(f) - \sum_{j=\delta_{m^*-1}+1}^{\delta_{m^*}} c_j \alpha(\Pi^{(j)}) = \sum_{j=1}^{\delta_{m^*-1}} c_j \alpha(\Pi^{(j)}) \in \alpha\mathbb{O}(\mathcal{F}, m^* - 1).$$

Wegen (143) finden wir mit Hilfssatz 81 Funktionen $g^{(1)}, g^{(2)} \in \mathbb{O}(\mathcal{F}, m^* - 1)$, so dass

$$g = g^{(1)} + \ell g^{(2)}.$$

Da nach Voraussetzung die Aussage $\mathcal{A}(m^* - 1)$ gilt, gibt es Polynome

$$\varphi^{(\kappa)} \in \text{Poly}^{\delta}_{\delta_{m^*-1}},$$

so dass

$$g^{(\kappa)} = \Pi\varphi^{(\kappa)}, \quad \kappa = 1, 2.$$

Dann folgt

$$\begin{aligned} f = g + \sum_{j=\delta_{m^*-1}+1}^{\delta_{m^*}} c_j \Pi^{(j)} &= \Pi\varphi^{(1)} + \ell\Pi\varphi^{(2)} + \sum_{j=\delta_{m^*-1}+1}^{\delta_{m^*}} c_j \Pi^{(j)} = \Pi\varphi^{(1)} + \Pi(\ell\varphi^{(2)}) + \Pi\tilde{c} \\ &= \Pi \cdot \left(\varphi^{(1)} + \ell\varphi^{(2)} + \tilde{c}\right), \end{aligned}$$

wobei der Vektor $\tilde{c} \in \mathbb{C}^\delta$ aus den Einträgen

$$\tilde{c}_j = 0 \text{ für } j = 1, \ldots, \delta_{m^*-1}, \delta_{m^*} + 1, \ldots, \delta \quad \text{und} \quad \tilde{c}_j = c_j \text{ für } j = \delta_{m^*-1} + 1, \ldots, \delta_{m^*}$$

besteht. Mit dem Polynom

$$\varphi := \tilde{c} + \varphi^{(1)} + \ell\varphi^{(2)} \in \text{Poly}^{\delta}_{\delta_{m^*}}$$

erhalten wir schließlich die Darstellung

$$f = \Pi\varphi,$$

und es ist die Aussage $\mathcal{A}(m^*)$ richtig. Damit ist $\mathcal{A}(m)$ für alle $m \in \mathbb{Z}$ gezeigt.

Die Eindeutigkeit des Polynoms φ für die obige Darstellung ergibt sich unmittelbar aus Hilfssatz 83. Damit ist Hauptsatz 84 vollständig bewiesen. Q.e.d.

3.6 Fundamentalsysteme von $\mathrm{HiP}_G(A)$

Wir kombinieren jetzt die Erkenntnisse aus den Abschnitten 3.3, 3.4, 3.5 und wenden diese auf die Vektorräume

$$\mathcal{F} = \mathrm{HiP}_G(A) \subseteq \dot{H}^d(\infty) \quad \text{bzw.} \quad \mathcal{F} = \mathrm{Rie}^r_G(\zeta, U) \subseteq \dot{H}^d(\infty)$$

an. Wir beginnen mit dem

Satz 85. *Seien $G \in C^1$, das Übergangsverhalten $A \in C^1(\partial G, \mathrm{GL}_d)$ sowie der innere Punkt $w \in G$ und die ganze Zahl $n \in \mathbb{Z}$ beliebig vorgegeben. Dann gilt mit den Bezeichnungen (121) und (130) die Gleichung*

$$\mathbb{O}\big(\mathrm{HiP}_G(A), n\big) = \Big\{\ell_w^{n+1} f : \; f \in \mathrm{HiP}_G(\ell_w^{-(n+1)} A, 0)\Big\}. \tag{144}$$

Beweis: Wir zeigen die Inklusion $\subseteq$: Wenn $\tilde{f} \in \mathbb{O}\big(\mathrm{HiP}_G(A), n\big)$, so heißt das gemäß (130)

$$\tilde{f} \in \mathrm{HiP}_G(A) \quad \text{und} \quad \mathrm{Ord}_\infty(\tilde{f}) \leq n.$$

Mit Satz 61 iii) folgt

$$\ell_w^{-(n+1)} \tilde{f} \in \mathrm{HiP}_G(\ell_w^{-(n+1)} A),$$

wegen $\mathrm{Ord}_\infty(\tilde{f}) \leq n$ ist

$$\lim_{z\to\infty} \big(\ell_w^{-(n+1)}(z)\tilde{f}(z)\big) = \lim_{z\to\infty} \frac{\tilde{f}(z)}{(z-w)^{n+1}} = 0.$$

Nach (40) hat $\ell_w^{-(n+1)} \tilde{f}$ somit den Hauptteil $\mathrm{X}^+_{\mathbb{C}}(\ell_w^{-(n+1)} \tilde{f}) = 0$ und es ist

$$f := \ell_w^{-(n+1)} \tilde{f} \in \mathrm{HiP}_G(\ell_w^{-(n+1)} A, 0).$$

$\tilde{f}$ hat demnach die Darstellung

$$\tilde{f} = \ell_w^{n+1} \ell_w^{-(n+1)} \tilde{f} = \ell_w^{n+1} f, \quad \text{mit} \quad f \in \mathrm{HiP}_G(\ell_w^{-(n+1)} A, 0).$$

Wir zeigen $\supseteq$: Sei $f \in \mathrm{HiP}_G(\ell_w^{-(n+1)} A, 0)$, d.h.

$$f \in \mathrm{HiP}_G(A) \quad \text{und} \quad \mathrm{X}^+_{\mathbb{C}} f = 0.$$

Dann liefert Satz 61 iii)

$$\ell_w^{n+1} f \in \mathrm{HiP}_G(\ell_w^{n+1} \ell_w^{-(n+1)} A) = \mathrm{HiP}_G(A),$$

(40) ergibt $\lim_{z\to\infty} f(z) = 0$, d.h. f hat in ∞ eine Ordnung $\mathrm{Ord}_\infty(f) \leq -1$. Dann folgt offenbar

$$\mathrm{Ord}_\infty(\ell_w^{n+1} f) \leq -1 + (n+1) = n,$$

was schließlich

$$\ell_w^{n+1} f \in \mathbb{O}\big(\mathrm{HiP}_G(A), n\big)$$

bedeutet. Q.e.d.

Für $n = -1$ wird Gleichung (144) zu

$$\mathbb{O}\big(\mathrm{HiP}_G(A), -1\big) = \mathrm{HiP}_G(A, 0). \tag{144'}$$

Nach Satz 70 gilt

$$\dim\big[\mathbb{O}\big(\mathrm{HiP}_G(A), -1\big)\big] = \dim\big[\mathrm{HiP}_G(A, 0)\big] < +\infty.$$

Anwendung des abstrakten Hilfssatzes 79 liefert unmittelbar den folgenden

Satz 86. *Wenn $G \in \mathcal{C}^1$ und $A \in C^1(\partial G, \mathrm{GL}_d)$, so gilt*

$$\dim\big[\mathbb{O}\big(\mathrm{HiP}_G(A), m\big)\big] < +\infty \quad \textit{für alle } m \in \mathbb{Z}.$$

Satz 87. *Es seien $G \in \mathcal{C}^1$ ein reguläres C^1-Gebiet und $\tilde{A} \in C^1_\alpha(\partial G, \mathrm{GL}_d)$ ein auf ∂G Hölder-stetig differenzierbares Übergangsverhalten, $\alpha \in (0, 1]$. Zudem bezeichne*

$$\kappa = \kappa(G, \tilde{A}) \in \mathbb{N}_0$$

die Zahl aus (126). Dann besitzt der Lösungsraum $\mathrm{HiP}_G(\tilde{A})$ des Hilbert-Plemelj-Problems auf G zum Übergangsverhalten $\tilde{A}$ ein Plemelj'sches Fundamentalsystem

$$\Pi = (\Pi^{(1)}, \ldots, \Pi^{(d)}) \in \big[\mathrm{HiP}_G(\tilde{A})\big]^d \cap M^{d\times d}(\infty)$$

im Sinne von Definition 82, wobei die Spalten die Relation

$$\Pi^{(1)}, \ldots, \Pi^{(d)} \in \mathbb{O}\big(\mathrm{HiP}_G(\tilde{A}), \kappa\big) \tag{145}$$

erfüllen, und es gilt

$$\mathbb{O}\big(\mathrm{HiP}_G(\tilde{A}), +\infty\big) = \Big\{\Pi\varphi : \ \varphi \in \mathrm{Poly}^d\Big\}. \tag{146}$$

Beweis: Wegen der Sätze 61 ii) und 86 erfüllt der Vektorraum $\mathcal{F} = \mathrm{HiP}_G(\tilde{A})$ schon die Bedingungen (132) und (135). Nun haben wir für $j = 1, \ldots, d$ die Hilbert-Plemelj-Lösungen

$$f^{(j)} = \ell_w^\kappa(e^{(j)} - \mathrm{X}_G^- \varphi^{(j)}) \in \mathrm{HiP}_G(\tilde{A})$$

aus (128), die wir nach Satz 74 mittels Fredholm-Lösungen

$$\varphi^{(j)} \in \mathrm{Fred}_{\partial G}(J_{\ell_w^{-\kappa}\tilde{A}}, e^{(j)}) \neq \varnothing$$

bilden können. Es gelten

$$\mathrm{Ord}_\infty(f^{(j)}) = \kappa \quad \text{und} \quad \alpha(f^{(j)}) = e^{(j)}, \quad j = 1, \ldots, d.$$

Damit folgt nicht nur

$$\dim\big[\mathbb{O}\big(\mathrm{HiP}_G(\tilde{A}), \kappa\big)\big] > 0,$$

also Eigenschaft (136) für $V = \mathrm{HiP}_G(\tilde{A})$, sondern sogar

$$e^{(j)} \in \alpha\mathbb{O}\big(\mathrm{HiP}_G(\tilde{A}), \kappa\big) \quad \text{für alle } j = 1, \ldots, d,$$

d.h.

$$\alpha\mathbb{O}\big(\mathrm{HiP}_G(\tilde{A}),\kappa\big) = \mathbb{C}^d \quad \text{bzw.} \quad \delta_\kappa = \delta\big(\mathrm{HiP}_G(\tilde{A}),\kappa\big) = \dim\big[\alpha\mathbb{O}\big(\mathrm{HiP}_G(\tilde{A}),\kappa\big)\big] = d.$$

Für die Zahl $\delta = \delta\big(\mathrm{HiP}_G(\tilde{A})\big)$ gemäß (140) gilt somit

$$\delta = d = \delta_\kappa.$$

Der allgemeine Hauptsatz 84 liefert nun für $\mathcal{F} = \mathrm{HiP}_G(\tilde{A})$ ein Plemelj'sches Fundamentalsystem

$$\Pi = (\Pi^{(1)},\ldots,\Pi^{(d)}) \in \big[\mathrm{HiP}_G(\tilde{A})\big]^d \cap M^{d\times d}(\infty)$$

mit

$$\Pi^{(1)},\ldots,\Pi^{(d)} \in \mathbb{O}\big(\mathrm{HiP}_G(\tilde{A}),\kappa\big).$$

Die Identität (146) folgt unmittelbar durch Anwendung der Aussagen i) und ii) von Hauptsatz 84 auf unsere konkrete Situation. Q.e.d.

Bemerkung zu Satz 87: Wählen wir einen inneren Punkt $w \in G$ und wenden Satz 85 mit $A = \tilde{A}$ an, so finden wir

$$\mathbb{O}\big(\mathrm{HiP}_G(\tilde{A}),\kappa\big) = \Big\{\ell_w^{\kappa+1} f:\ f \in \mathrm{HiP}_G(\ell_w^{-(\kappa+1)}\tilde{A},0)\Big\}.$$

Anschließende Anwendung von Hauptsatz 73 mit $A = \ell_w^{-(\kappa+1)}\tilde{A}$ und $g = 0$ führt schließlich zu

$$\mathbb{O}\big(\mathrm{HiP}_G(\tilde{A}),\kappa\big) = \Big\{\ell_w^{\kappa+1}\,\mathrm{X}_G^-\varphi:\ \varphi \in \mathrm{Fred}_{\partial G}\big(J_{\ell_w^{-(\kappa+1)}\tilde{A}},0\big),\ \mathrm{X}_G^-(\ell_w^{\kappa+1}\tilde{A}^{-1}\varphi) = 0\Big\}, \qquad (147)$$

mit dem Integralkern J_A aus (119). Den Teilraum $\mathbb{O}\big(\mathrm{HiP}_G(\tilde{A}),\kappa\big)$ derjenigen Hilbert-Plemelj-Lösungen, die in ∞ höchstens die Ordnung κ haben, können wir somit durch Lösung einer homogenen Fredholm'schen Integralgleichung bestimmen. Gemäß (145) entnehmen wir dem Raum $\mathbb{O}\big(\mathrm{HiP}_G(\tilde{A}),\kappa\big)$, wie im Beweis von Hauptsatz 84 durchgeführt, in einem Auswahlprozess das Plemelj'sche Fundamentalsystem Π. Alle Lösungen des Hilbert-Plemelj-Problems, sofern sie in ∞ von endlicher Ordnung sind, sind dann durch polynomielle Linearkombination mit Π gemäß (146) darstellbar.

3.7 Fundamentalsysteme für $\mathcal{F} \subseteq \mathrm{Rie}_G^r(\zeta,U)$

Wir zeigen nun, dass auch der Lösungsraum $\mathcal{F} = \mathrm{Rie}_G^{-1}(\zeta,U)$ des Riemann'schen Problems die Bedingungen (132), (135), (136) und damit die Voraussetzungen des allgemeinen Plemelj'schen Darstellungssatzes erfüllt, zumindest dann, wenn die Fundamentalsubstitutionen $Y^{(j)} = U^{(j+1)}(U^{(j)})^{-1}$ diagonalisierbar sind. Eigenschaft (132) erhalten wir sehr einfach. Diese folgt unmittelbar aus Satz 55 ii). Für (135) und (136) benötigen wir den Hauptsatz 68, daher müssen dessen Voraussetzungen erfüllt sein.

Satz 88. *Seien $\zeta \in \mathbb{C}^m_{\neq}$, das stückweise reguläre C^1-Gebiet $G \in \mathcal{C}^1(\zeta)$ mit Ecken in ζ sowie das Matrizentupel $U \in \mathrm{GL}_d^m$ derart vorgegeben, dass die $Y^{(j)} = U^{(j+1)}(U^{(j)})^{-1}$ allesamt diagonalisierbar sind. Dann ist folgendes richtig:*

i) Der Teilraum

$$\mathbb{O}\big(\mathrm{Rie}_G^{-1}(\zeta,U),-1\big) \subseteq \mathrm{Rie}_G^{-1}(\zeta,U) \subseteq \mathrm{Rie}_G(\zeta,U)$$

derjenigen Riemann-Lösungen, die in den ζ_j höchstens die Wachstumsordnung -1 im Sinne von Definition 66, und in ∞ höchstens die Ordnung -1 haben, ist endlichdimensional, d.h.

$$\dim\big[\mathbb{O}\big(\mathrm{Rie}_G^{-1}(\zeta,U),-1\big)\big] < +\infty.$$

ii) Es gibt eine Zahl $m \in \mathbb{Z}$ mit $m \geq -1$, so dass

$$\dim\big[\mathbb{O}\big(\mathrm{Rie}_G^{-1}(\zeta,U),m\big] > 0.$$

iii) Ein jeder Teilraum $\mathcal{F} \subseteq \mathrm{Rie}_G^{-1}(\zeta,U)$, der die Bedingungen (132) und (136) erfüllt, besitzt ein Plemelj'sches Fundamentalsystem

$$\Xi = (\Xi^{(1)},\ldots,\Xi^{(\delta)}) \in \mathcal{F}^\delta \cap M^{d\times\delta}(\infty)$$

im Sinne von Definition 82 und es gilt

$$\mathbb{O}(\mathcal{F},+\infty) = \Big\{\Xi\varphi :\ \varphi \in \mathrm{Poly}^\delta\Big\}.$$

Beweis i): Sei

$$(f^{(1)},\ldots,f^{(n)}) \in \big[\mathbb{O}\big(\mathrm{Rie}_G^{-1}(\zeta,U),-1\big)\big]^n$$

ein linear unabhängiges n-Tupel von Riemann-Lösungen in besagtem Teilraum. Wir wenden den Hauptsatz 68 an. Nach Punkt II.v) desselben gibt es ein (auch in den ζ_j reguläres) Gebiet Γ gemäß (101), so dass

$$\mathcal{W}^{-1}\mathcal{U}\mathcal{V} \in C^1_\alpha(\partial\Gamma,\mathrm{GL}_d),$$

wobei $\mathcal{W} = \mathrm{Liw}^-_{\partial\Gamma} W$ und $\mathcal{V} = \mathrm{Liw}^+_{\partial\Gamma} V$ die Randwerte der Ansatzfunktionen W und V gemäß (102), und $\mathcal{U}$ die stückweise konstante Randfunktion auf $\partial\Gamma$ mit den Werten $U^{(j)}$ gemäß (103) bezeichnen. Nach Punkt II.vi) von Hauptsatz 68 gibt es ein festes skalarwertiges Polynom $\chi \in \mathrm{Poly}$, so dass mit dem Adaptor $\mathbb{D}_G^\Gamma$ aus Defintion 57 die Relationen

$$\chi W^{-1}\mathbb{D}_G^\Gamma f^{(j)} \in \mathrm{HiP}_\Gamma(\mathcal{W}^{-1}\mathcal{U}\mathcal{V}), \quad j=1,\ldots,n,$$

richtig sind. Wir kürzen für $j=1,\ldots,n$ jeweils

$$\tilde{f}^{(j)} := \mathbb{D}_G^\Gamma f^{(j)}$$

ab. Dann haben wir nach Satz 58

$$f^{(j)} = \mathbb{D}_\Gamma^G(\mathbb{D}_G^\Gamma f^{(j)}) = \mathbb{D}_\Gamma^G \tilde{f}^{(j)},$$

wobei $\mathbb{D}_\Gamma^G$ eine lineare Abbildung ist. Folglich ist auch das n-Tupel

$$(\tilde{f}^{(1)},\ldots,\tilde{f}^{(n)}) \in \big[\mathbb{O}\big(\mathrm{Rie}_\Gamma^{-1}(\zeta,U),-1\big)\big]^n$$

linear unabhängig. Nun ist

$$\chi W^{-1} \in H^{d\times d}(\mathbb{C}\backslash\Gamma) \cap M^{d\times d}(\infty).$$

Für alle φ gilt die Implikation

$$\varphi \in \dot{H}^d(\infty) \quad \text{und} \quad \chi W^{-1}\varphi = 0 \quad \Longrightarrow \quad \varphi = 0, \tag{148}$$

denn eine Funktion $\varphi \neq 0 \in \dot{H}^d(\infty)$ besitzt wegen ihres analytischen Charakters höchstens isolierte Nullstellen. Dies gilt ebenso für die Determinante

$$\det(\chi W^{-1}) = \frac{\chi^d}{\det \mathcal{W}}$$

und damit für $\chi W^{-1}\varphi$. Mit (148) folgt aus

$$\dot{H}^d(\infty) \ni 0 = \sum_{j=1}^{n} c_j \chi W^{-1} \tilde{f}^{(j)} = \chi W^{-1} \cdot \Big(\sum_{j=1}^{n} c_j \tilde{f}^{(j)}\Big)$$

die Identität

$$\sum_{j=1}^{n} c_j \tilde{f}^{(j)} = 0 \in \dot{H}^d(\infty).$$

Die lineare Unabhängigkeit der $\tilde{f}^{(j)}$ liefert $c_1 = \ldots = c_n = 0$. Es ist also auch das n-Tupel

$$\big(\chi W^{-1}\tilde{f}^{(1)}, \ldots, \chi W^{-1}\tilde{f}^{(n)}\big) \in \big[\mathrm{HiP}_\Gamma(\mathcal{W}^{-1}\mathcal{U}\mathcal{V})\big]^n$$

linear unabhängig. Wegen

$$\mathrm{Ord}_\infty(\tilde{f}^{(j)}) = \mathrm{Ord}_\infty(f^{(j)}) \leq -1, \ j = 1, \ldots, n,$$

finden wir eine Zahl $m \in \mathbb{Z}$, so dass

$$\chi W^{-1}\tilde{f}^{(j)} \in \mathbb{O}\big(\mathrm{HiP}_\Gamma(\mathcal{W}^{-1}\mathcal{U}\mathcal{V}), m\big), \quad j = 1, \ldots, n.$$

Nach Satz 86 ist $\mathbb{O}(\mathrm{HiP}_\Gamma(\mathcal{W}^{-1}\mathcal{U}\mathcal{V}), m)$ endlichdimensional, die Anzahl n kann dessen Dimension also nicht überschreiten, d.h. es ist

$$\dim\big[\mathbb{O}\big(\mathrm{Rie}_G^{-1}(\zeta, U), -1\big)\big] \leq \dim\big[\mathbb{O}\big(\mathrm{HiP}_\Gamma(\mathcal{W}^{-1}\mathcal{U}\mathcal{V}), m\big)\big] < +\infty.$$

ii): Der Satz 87 gibt uns ein Plemelj'sches Fundamentalsystem

$$\Pi = (\Pi^{(1)}, \ldots, \Pi^{(d)}) \in \big[\mathrm{HiP}_\Gamma(\mathcal{W}^{-1}\mathcal{U}\mathcal{V})\big]^d \cap M^{d\times d}(\infty)$$

von $\mathrm{HiP}_\Gamma(\mathcal{W}^{-1}\mathcal{U}\mathcal{V})$, wobei mit der Zahl $\kappa = \kappa(\Gamma, \mathcal{W}^{-1}\mathcal{U}\mathcal{V}) \in N_0$ aus (126)

$$\mathrm{Ord}_\infty(\Pi^{(j)}) \leq \kappa \quad \text{für alle } j = 1, \ldots, d$$

richtig ist. Insbesondere sind $\Pi^{(j)} \neq 0 \in \dot{H}^d(\infty)$. Nach Hauptsatz 68 II.vii) gibt es ein Polynom $\psi \in \mathrm{Poly}$, so dass

$$f := \mathbb{D}_\Gamma^G(\psi W \Pi^{(1)}) \in \mathrm{Rie}_G^{-1}(\zeta, U).$$

Offenbar ist $f \neq 0 \in \dot{H}^d(\infty)$ und

$$-\infty < m := \mathrm{Ord}_\infty(f) < +\infty,$$

d.h.

$$f \in \mathbb{O}\big(\mathrm{Rie}_G^{-1}(\zeta, U), m\big) \neq \{0\}.$$

iii): Der Teilraum $\mathcal{F} \subseteq \mathrm{Rie}_G^{-1}(\zeta, U)$ genügt wegen i) schon der Bedingung (135). Demnach ist iii) eine unmittelbare Folge des Hauptsatzes 84. Q.e.d.

Bemerkung zu Satz 88: Für jedes $f \in \mathrm{Rie}_G^{-1}(\zeta, U)$ gilt nach Hauptsatz 68 II.vi) mit einem festen skalarwertigen Polynom $\chi \in \mathrm{Poly}$ die Relation

$$\chi \mathcal{W}^{-1}\mathbb{D}_G^\Gamma f \in \mathrm{HiP}_\Gamma(\mathcal{W}^{-1}\mathcal{U}\mathcal{V}).$$

Falls

$$\mathrm{Ord}_\infty(f) < +\infty$$

ausfällt, gilt offenbar auch

$$\mathrm{Ord}_\infty(\chi W^{-1}\mathbb{D}_G^\Gamma f) < +\infty,$$

d.h.

$$\chi W^{-1}\mathbb{D}_G^\Gamma f \in \mathbb{O}\big(\mathrm{HiP}_\Gamma(\mathcal{W}^{-1}\mathcal{U}\mathcal{V}), +\infty\big).$$

Dann ist mit einem Vektorpolynom $\varphi \in \mathrm{Poly}^d$ und einem Plemelj'schen Fundamentalsystem Π von $\mathrm{HiP}_\Gamma(\mathcal{W}^{-1}\mathcal{U}\mathcal{V})$ die Darstellung

$$\chi W^{-1}\mathbb{D}_G^\Gamma f = \Pi\varphi,$$

bzw.

$$f = \mathbb{D}_\Gamma^G\Big(\frac{1}{\chi}W\Pi\varphi\Big) \tag{149}$$

richtig. $W\Pi$ bildet dabei eine in $\mathbb{C}\backslash\overline{\Gamma}$ reguläre Matrixfunktion

$$W\Pi \in H^{d\times d}(\mathbb{C}\backslash\overline{\Gamma}) \cap C^0\big(\mathbb{C}\backslash(\Gamma \cup Z), \mathbb{C}^{d\times d}\big).$$

Das Vektorpolynom φ in (149) muss nun gewisse Bedingungen erfüllen, da der Ausdruck

$$\frac{1}{\chi}W\Pi\varphi$$

offenbar nicht für jedes $\varphi \in \mathrm{Poly}^d$ ein Element des $\mathrm{Rie}_\Gamma^{-1}(\zeta, U)$ ergibt. In der Tat muss φ so beschaffen sein, dass $\frac{1}{\chi}W\Pi\varphi$ keine Singularitäten im Bereich $\mathbb{C}\backslash\overline{\Gamma}$ und eine maximale Wachstumsordnung von -1 in den ζ_j, sowie die korrespondierende Innenfunktion $\frac{1}{\chi}V\Pi^+\varphi$ keine Singularitäten in Γ aufweisen. φ muss also zum Einen eventuelle Singularitäten von $\frac{1}{\chi}W\Pi$ und $\frac{1}{\chi}V\Pi^+$ beheben. Diese können nur in den Nullstellen des Polynoms χ auftauchen, welche nach Konstruktion gleichzeitig die Nullstellen der Determinanten $\det W$ und $\det V$ sind, mit zugehörigen Vielfachheiten. Diese Nullstellen w_k liegen nicht auf $\partial\Gamma$. Zum Anderen muss φ die Wachstumsordnung von $W\Pi$ bzw. $V\Pi^+$ auf ≥ -1 erhöhen. Demnach muss das Vektorpolynom φ eine Form

$$\varphi = \Big(\prod_{j=1}^{m} \ell_{\zeta_j}^{m_j}\Big) \cdot \Big(\sum_{l=1}^{d} \prod_{k=1}^{K+N} \ell_{w_k}^{n_k^{(l)}} p_l e^{(l)}\Big), \quad p_l \in \mathrm{Poly}, \tag{150}$$

mit gewissen Exponenten $m_j, n_k^{(l)} \in \mathbb{N}_0$ haben.

4 Das Riemann'sche Problem und die Minimalvektoren von Marx und Shiffman

Wir wenden nun den Satz 88 an, um einen konstruktiven Zugang zur Lösung des Variationsproblems von Marx und Shiffman durch Integralgleichungen zu erhalten. Dieses Variationsproblem hängt eng zusammen mit einem gewissen elliptischen Randwertproblem, welches wir hier das Heinz'sche Randwertproblem nennen.

4.1 Variationsproblem und Randwertaufgabe

Es mögen $\langle\cdot,\cdot\rangle$ das gewöhnliche Skalarprodunkt und $|\cdot|$ die induzierte euklidische Norm im $\mathbb{R}^d$ bedeuten. Ferner sei die Einheitssphäre im $\mathbb{R}^d$ mit

$$\Sigma := \{x \in \mathbb{R}^d : \; |x| = 1\}$$

bezeichnet. Zu $(P, \xi, x) \in \mathbb{C}^d \times \mathbb{C}^d \times \mathbb{C}^d$ erklären wir den Ausdruck

$$T(P, \xi, x) := P - (x - P) + 2\langle x - P, \xi\rangle\xi. \tag{151}$$

Für einen festen Aufpunkt $P \in \mathbb{R}^d$ und festen normierten Vektor $\xi \in \Sigma$ erhalten wir in

$$T(P, \xi, \cdot)\colon \mathbb{R}^d \longrightarrow \mathbb{R}^d$$

eine affin-lineare Abbildung, welche die Spiegelung des Vektors x an der Geraden

$$\{P + t\xi : \; t \in \mathbb{R}\}$$

beschreibt. Offenbar gilt für alle $(P, \xi, x) \in \mathbb{R}^d \times \Sigma \times \mathbb{R}^d$ die Äquivalenz

$$x = T(P, \xi, x) \quad \Longleftrightarrow \quad x \in \{P + t\xi : \; t \in \mathbb{R}\}. \tag{152}$$

Für $P = 0$ erhalten wir

$$T(0, \xi, x) = -x + 2\langle x, \xi\rangle\xi.$$

Wir können die skalare Multiplikation von $\langle x, \xi\rangle$ mit ξ auch als Produkt der $d \times 1$-Matrix $\xi \in \mathbb{R}^{d\times 1}$ und der 1×1-Matrix $\langle x, \xi\rangle = x^T\xi \in \mathbb{R}^{1\times 1}$ auffassen und erhalten

$$\langle x, \xi\rangle\xi = \xi \cdot x^T\xi = \xi\xi^T \cdot x.$$

Demnach lässt sich $T(0, \xi, x)$ auch schreiben als

$$T(0, \xi, x) = -x + 2\xi\xi^T x = (-\mathbb{I}_d + 2\xi\xi^T)x = S(\xi) \cdot x.$$

Für festes $\xi \in \Sigma$ ist $T(0, \xi, \cdot)$ eine lineare Abbildung, welche durch die symmetrische, orthogonale Matrix

$$S(\xi) := -\mathbb{I}_d + 2\xi\xi^T \tag{153}$$

gegeben ist.

Nach diesen Vereinbarungen formulieren wir die

Definition 89. *Zu $m \in \mathbb{N}$ definieren wir folgende Teilmenge des $\mathbb{R}^m$:*

$$\mathcal{T}^m := \Big\{\tau = (\tau_1, \ldots, \tau_m) \in \mathbb{R}^m : \ 0 \leq \tau_1 < \ldots < \tau_m < 2\pi\Big\}.$$

Seien $\tau \in \mathcal{T}^m$ sowie ein m-Tupel von paarweise verschiedenen Punkten

$$Q = (Q^{(1)}, \ldots, Q^{(m)}) \in (\mathbb{R}^d)^m_{\neq}$$

vorgeschrieben. Für $j = 1, \ldots, m$ jeweils bezeichnet $c_j \in \bar{\mathcal{E}}^1$ das Kreisbogenstück zwischen $e^{i\tau_{j-1}}$ und $e^{i\tau_j}$, d.h.

$$c_j(t) := e^{i[\tau_{j-1}+t(\tau_j-\tau_{j-1})]}, \quad t \in [0,1],$$

sowie $\xi^{(j)}$ den normierten Richtungvektor von $Q^{(j-1)}$ nach $Q^{(j)}$, also

$$\xi^{(j)} := \frac{Q^{(j)} - Q^{(j-1)}}{|Q^{(j)} - Q^{(j-1)}|} \in \Sigma.$$

Die Indizierung der τ_j und $Q^{(j)}$ denken wir uns zyklisch fortgesetzt gemäß (85).

I) *Wir nennen eine vektorwertige Funktion $x\colon B \longrightarrow \mathbb{R}^d$ auf $B = \{x \in \mathbb{C} : \ |x| < 1\}$ eine Lösung des Marx-Shiffman'schen Variationsproblems (bzw. Marx-Shiffman'schen Minimalvektor) zu den Parametern τ, Q und schreiben*

$$x \in \mathrm{MSh}(\tau, Q),$$

falls folgendes gilt:

a) *Es ist*

$$x \in \mathcal{D}(\tau, Q) := \left\{ y \in C^2(B) \cap C^0(\overline{B}) : \begin{array}{l} T\big(Q^{(j-1)}, \xi^{(j)}, y(w)\big) = y(w) \\ \text{für alle } w \in (c_j), \ j = 1, \ldots, m \end{array} \right\}.$$

b) *Mit dem Dirichlet-Integral $D = D_B$ aus (1) gilt*

$$D(x) \leq D(y) \quad \text{für alle } y \in \mathcal{D}(\tau, Q).$$

II) *Wir nennen eine vektorwertige Funktion $x\colon B \longrightarrow \mathbb{R}^d$ eine Lösung des Heinz'schen Randwertproblems zu den Parametern τ, Q und schreiben*

$$x \in \mathrm{Hei}(\tau, Q),$$

falls folgendes richtig ist:

a) *Mit $Z := \{e^{i\tau_1}, \ldots, e^{i\tau_m}\}$ gilt*

$$x \in C^2(B) \cap C^1(\overline{B} \backslash Z) \cap C^0(\overline{B}).$$

b) *$x = x(w) = x(u,v)$ ist harmonisch in B, d.h.*

$$\Delta x(u,v) := \frac{\partial^2 x}{\partial u^2}(u,v) + \frac{\partial^2 x}{\partial v^2}(u,v) = 0 \quad \text{für alle } (u,v) \in B.$$

c) Denken wir uns x stetig auf $\overline{B}$ sowie dessen radiale Ableitung $\frac{\partial x}{\partial r}$ stetig auf $\overline{B}\backslash Z$ fortgesetzt, so gelten auf dem offenen Bogen (c_j) für $j = 1, \ldots, m$ jeweils die Bedingungen

$$T\big(Q^{(j-1)}, \xi^{(j)}, x(w)\big) = x(w) \quad \textit{und} \quad \Big\langle \frac{\partial x}{\partial r}(w), \xi^{(j)} \Big\rangle = 0, \quad w \in (c_j).$$

Bemerkung: Die Bedingung $T\big(Q^{(j-1)}, \xi^{(j)}, x(w)\big) = x(w)$, $w \in (c_j)$, ist wegen (152) äquivalent mit

$$x(w) \in \big\{Q^{(j-1)} + t\xi^{(j)} : \ t \in \mathbb{R}\big\} \quad \text{für alle } w \in (c_j).$$

Die Probleme $\mathrm{MSh}(\tau, Q)$ und $\mathrm{Hei}(\tau, Q)$ hat Heinz bereits eingehend untersucht. In [H] zeigt er, dass beide Lösungsmengen für eine beliebige feste Parameterkonfiguration (τ, Q) gemäß Definition 89 jeweils genau ein Element enthalten, und zwar ein und dasselbe $x_{\tau,Q}$, d.h. es gilt

$$\mathrm{MSh}(\tau, Q) = \mathrm{Hei}(\tau, Q) = \{x_{\tau,Q}\}.$$

Dies jedenfalls dann, wenn alle Paare benachbarter Richtungsvektoren (ξ_j, ξ_{j+1}) linear unabhängig sind. Darüber hinaus hängt die Lösung $x_{\tau,Q}$ analytisch vom Parameter τ ab. Genauer gibt es zu festem Q und festem $\tilde{\tau} \in \mathcal{T}^m$ ein $\varepsilon > 0$ und eine analytische Funktion

$$\mathcal{P} = \mathcal{P}(w, \tau) = \mathcal{P}(w, \tau_1, \ldots, \tau_m) \colon B \times B_\varepsilon(\tilde{\tau}_1) \times \ldots \times B_\varepsilon(\tilde{\tau}_m) \longrightarrow \mathbb{C}^d$$

derart, dass

$$x_{\tau,Q}(w) = \mathcal{P}(w, \tau) \quad \text{für alle } (w, \tau) \in B \times \big[B_\varepsilon(\tilde{\tau}_1) \times \ldots \times B_\varepsilon(\tilde{\tau}_m) \cap \mathcal{T}^m\big].$$

Auch hat Heinz in [H] auf einen Zusammenhang zwischen der Heinz'schen Randwertaufgabe und dem Riemann'schen Problem hingewiesen (Satz 91 i). Wir gehen nun genauer auf diesen Zusammenhang ein und entwickeln mittels der entwickelten Lösungstheorie für das Riemann'sche Problem einen Zugang zur Heinz-Lösung $x_{\tau,Q}$.

4.2 Heinz und Riemann

In der komplexen Variablen $w = u + iv$ werden die Wirtinger'schen Differentialoperatoren aus (9) zu

$$\frac{\partial}{\partial w} = \frac{1}{2}\Big(\frac{\partial}{\partial u} - i\frac{\partial}{\partial v}\Big) \quad \text{und} \quad \frac{\partial}{\partial \overline{w}} = \frac{1}{2}\Big(\frac{\partial}{\partial u} + i\frac{\partial}{\partial v}\Big).$$

Seien $\Omega, \Theta \subseteq \mathbb{C}$ offene Mengen und die Funktionen $x = x(w) \in C^1(\Theta)$ in der Variablen $w = u + iv$ sowie $f = f(z) \in C^1(\Omega, \Theta)$ in der Variablen $z = a + ib$ gegeben. Dann gilt die Identität

$$\overline{f_z} = \frac{1}{2}\overline{(f_a - if_b)} = \frac{1}{2}(\overline{f_a} + i\overline{f_b}) = \frac{1}{2}\big((\overline{f})_a + i(\overline{f})_b\big) = (\overline{f})_{\overline{z}}, \tag{154}$$

und man rechnet leicht die Kettenregeln

$$\begin{aligned} (x \circ f)_z &= (x_w \circ f) \cdot f_z + (x_{\overline{w}} \circ f) \cdot (\overline{f})_z, \\ (x \circ f)_{\overline{z}} &= (x_w \circ f) \cdot f_{\overline{z}} + (x_{\overline{w}} \circ f) \cdot (\overline{f})_{\overline{z}} \end{aligned} \tag{155}$$

nach. Ferner gilt

$$\frac{\partial}{\partial w}\frac{\partial}{\partial \overline{w}} = \frac{1}{2}\Big(\frac{\partial}{\partial u} - i\frac{\partial}{\partial v}\Big)\frac{1}{2}\Big(\frac{\partial}{\partial u} + i\frac{\partial}{\partial v}\Big) = \frac{1}{4}\Big(\frac{\partial^2}{\partial u^2} + \frac{\partial^2}{\partial v^2}\Big) = \frac{1}{4}\Delta.$$

Ist also $x = x(w) \in C^2(\Theta)$ harmonisch in Θ, so folgt

$$0 \equiv \Delta x = x_{w\overline{w}} = \big(x_w\big)_{\overline{w}} \quad \text{in } \Theta.$$

Dies bedeutet $x_w \in H^d(\Theta)$.

Hilfssatz 90. *Seien $\Omega, \Theta \subseteq \mathbb{C}$ offen. Sind $x = x(w) \in C^2(\Theta)$ in Θ harmonisch und $f = f(z)\colon \Omega \longrightarrow \Theta$, mit $f \in H(\Omega)$ oder $\overline{f} \in H(\Omega)$, so ist die Kombination $x \circ f$ harmonisch in Ω.*

Beweis: Für holomorphes f ist $f_{\overline{z}} = 0$, damit wegen (154) auch $(\overline{f})_z = \overline{f_{\overline{z}}} = 0$. Mit (155) berechnen wir

$$\begin{aligned}\frac{\partial}{\partial z}\frac{\partial}{\partial \overline{z}}(x \circ f) &= \frac{\partial}{\partial z}(x \circ f)_{\overline{z}} = \frac{\partial}{\partial z}\big[(x_w \circ f)\cdot f_{\overline{z}} + (x_{\overline{w}} \circ f)\cdot(\overline{f})_{\overline{z}}\big] = \frac{\partial}{\partial z}\big[(x_{\overline{w}} \circ f)\cdot(\overline{f})_{\overline{z}}\big]\\ &= (x_{\overline{w}} \circ f)_z \cdot (\overline{f})_{\overline{z}} + (x_{\overline{w}} \circ f)\cdot(\overline{f})_{\overline{z}z} = (x_{\overline{w}} \circ f)_z \cdot (\overline{f})_{\overline{z}}\\ &= \big[(x_{\overline{w}w} \circ f)\cdot f_z + (x_{\overline{w}\overline{w}} \circ f)\cdot(\overline{f})_z\big]\cdot\overline{f_z} = (x_{w\overline{w}} \circ f)\cdot f_z\overline{f_z},\end{aligned}$$

also

$$\Delta(x \circ f) = 4(x \circ f)_{z\overline{z}} = 4(x_{w\overline{w}} \circ f)\cdot f_z\overline{f_z} = [(\Delta x)\circ f]\cdot|f_z|^2 = 0.$$

Im antiholomorphen Fall haben wir $(\overline{f})_{\overline{z}} = 0$ sowie $f_z = \overline{(\overline{f})_{\overline{z}}} = 0$. Wir berechnen

$$\begin{aligned}\frac{\partial}{\partial z}\frac{\partial}{\partial \overline{z}}(x \circ f) &= \frac{\partial}{\partial z}(x \circ f)_{\overline{z}} = \frac{\partial}{\partial z}\big[(x_w \circ f)\cdot f_{\overline{z}} + (x_{\overline{w}} \circ f)\cdot(\overline{f})_{\overline{z}}\big] = \frac{\partial}{\partial z}\big[(x_w \circ f)\cdot f_{\overline{z}}\big]\\ &= (x_w \circ f)_z \cdot f_{\overline{z}} + (x_w \circ f)\cdot f_{\overline{z}z} = (x_w \circ f)_z \cdot f_{\overline{z}}\\ &= \big[(x_{ww} \circ f)\cdot f_z + (x_{w\overline{w}} \circ f)\cdot(\overline{f})_z\big]\cdot f_{\overline{z}} = (x_{w\overline{w}} \circ f)\cdot f_{\overline{z}}\overline{f_{\overline{z}}},\end{aligned}$$

d.h.

$$\Delta(x \circ f) = 4(x \circ f)_{z\overline{z}} = 4(x_{w\overline{w}} \circ f)\cdot f_{\overline{z}}\overline{f_{\overline{z}}} = [(\Delta x)\circ f]\cdot|f_{\overline{z}}|^2 = 0.$$

Q.e.d.

Bei Transformation der polaren Variablen (r, φ) in die (kartesische) komplexe Variable $w = u + iv$ durch $w = re^{i\varphi}$ gelten die Differentialrelationen

$$\frac{\partial}{\partial r} = e^{i\varphi}\frac{\partial}{\partial w} + e^{-i\varphi}\frac{\partial}{\partial \overline{w}} \quad \text{und} \quad \frac{\partial}{\partial \varphi} = ir\Big(e^{i\varphi}\frac{\partial}{\partial w} - e^{-i\varphi}\frac{\partial}{\partial \overline{w}}\Big), \tag{156}$$

bzw. umgekehrt

$$\frac{\partial}{\partial w} = e^{-i\varphi}\frac{1}{2}\Big(\frac{\partial}{\partial r} - i\frac{1}{r}\frac{\partial}{\partial \varphi}\Big) \quad \text{und} \quad \frac{\partial}{\partial \overline{w}} = e^{i\varphi}\frac{1}{2}\Big(\frac{\partial}{\partial r} + i\frac{1}{r}\frac{\partial}{\partial \varphi}\Big). \tag{156'}$$

Es besteht nun der folgende Zusammenhang zwischen dem Heinz'schen und dem Riemann'schen Problem, welchen wir als Hauptergebnis der vorliegenden Arbeit ansehen:

Hauptsatz 91. *Seien die Parameter τ und Q wie in Definition 89 gegeben sowie die dortigen Bezeichnungen gültig. Dann können wir mit den normierten Richtungsvektoren $\xi^{(j)} \in \Sigma$ gemäß (153) die Matrizen $S(\xi^{(j)}) \in \mathrm{GL}_d$ bilden. Fassen wir*

$$\zeta = e^{i\tau} := (e^{i\tau_1}, \ldots, e^{i\tau_m}) \in \mathbb{C}^m_{\neq} \quad \textit{und} \quad \mathcal{S} := \big(S(\xi^{(1)}), \ldots, S(\xi^{(m)})\big) \in \mathrm{GL}_d^m$$

zusammen, so haben wir $B \in \mathcal{C}^1(e^{i\tau}) \cap \mathcal{C}^1$ und es bildet die Riemann'sche Lösungsmenge

$$\mathcal{F} := \bigcup_{r \in (-1, +\infty)} \mathrm{Rie}_B^r(e^{i\tau}, \mathcal{S})$$

einen Unterraum $\mathcal{F} \subseteq \mathrm{Rie}_B^{-1}(e^{i\tau}, \mathcal{S})$.

i) Ist nun $x = x(w) \in \mathrm{Hei}(\tau, Q)$ eine Heinz-Lösung und mit $\overline{\sigma}(z) = \overline{z}^{-1}$ (vgl. (22)) die Spiegelung am Einheitskreis bezeichnet, so gilt

$$f := (x \circ \overline{\sigma})_z \in \mathbb{O}(\mathcal{F}, -2).$$

Die Wirtinger-Ableitung $(x \circ \overline{\sigma})_z$ einer über den Einheitskreis nach außen gespiegelten Heinz-Lösung x zu den Parametern τ und Q gibt also eine Lösung des Riemann'schen Problems auf B zum Übergangsverhalten $(e^{i\tau}, \mathcal{S})$. Die mit f korrespondierende Innenfunktion ist $f^+ = x_w$, wobei die Beziehung besteht

$$f^+ = x_w = -\sigma^{-2} \cdot (\overline{f} \circ \overline{\sigma}).$$

Für $j = 1, \ldots, m$ gilt auf dem Bogen (c_j) jeweils die Gleichung

$$\overline{f}(e^{i\varphi}) = -e^{2i\varphi} S(\xi^{(j)}) \cdot f(e^{i\varphi}) \quad \textit{für alle } \varphi \in (\tau_{j-1}, \tau_j). \tag{157}$$

ii) Sei $f \in \mathbb{O}(\mathcal{F}, -2)$ eine Riemann-Lösung auf B, welche wir uns stetig auf $\mathbb{C} \setminus (B \cup Z)$ fortgesetzt denken. Dann ist die holomorphe Funktion

$$h := -\sigma^{-2} \cdot (\overline{f} \circ \overline{\sigma}) \in H^d(B)$$

auf $\overline{B}$ integrabel. Falls zudem f für $j = 1, \ldots, m$ jeweils die Gleichung (157) erfüllt und eine Stammfunktion X von h den Bedingungen

$$2 \,\mathrm{Re}\, X(e^{i\tau_j}) = Q^{(j)}, \quad j = 1, \ldots, m,$$

genügt, so erhalten wir in

$$x := 2 \,\mathrm{Re}\, X$$

eine Heinz-Lösung $x \in \mathrm{Hei}(\tau, Q)$.

iii) Der Vektorraum $\mathcal{F}$ besitzt ein Plemelj'sches Fundamentalsystem

$$\Xi = (\Xi^{(1)}, \ldots, \Xi^{(\delta)}) \in \mathcal{F}^\delta \times M^{d \times \delta}(\infty)$$

und es gibt ein Vektorpolynom

$$p = (p_1, \ldots, p_\delta)^T \in \mathrm{Poly}^\delta_{\delta-2},$$

so dass für die Ableitung $f = (x \circ \overline{\sigma})_z$ der nach außen gespiegelten Heinz-Lösung $x \in \mathrm{Hei}(\tau, Q)$ die Darstellung

$$f = \Xi p = \sum_{l=1}^{\delta_{-2}} p_l \Xi^{(l)}$$

richtig ist. Dabei bezeichnen $\delta_{-2} = \delta(\mathcal{F}, -2)$ und $\delta = \delta(\mathcal{F})$ die Zahlen aus (138) und (140).

Bemerkung: Die Aussage i) von Hauptsatz 91 (ohne die Gleichungen (157)) findet sich bereits in [H]. Wir erweitern die Heinz'sche Erkenntnis um die Aussagen ii) und iii).

Beweis von Hauptsatz 91 i): Teil i.1: Die reelle Heinz-Lösung $x = x(w)$ ist harmonisch in B. Dann ist

$$x_w \in H^d(B) \cap C^1(\overline{B} \backslash Z),$$

und wegen $x = \overline{x}$ haben wir

$$x_{\overline{w}} = \overline{x_w}.$$

Die Spiegelung am Einheitskreis $\overline{\sigma} \colon \mathbb{C} \backslash \overline{B} \longrightarrow B$ ist antiholomorph. Nach Hilfssatz 90 ist $x \circ \overline{\sigma}$ harmonisch in $\mathbb{C} \backslash \overline{B}$ und damit $(x \circ \overline{\sigma})_z$ holomorph in $\mathbb{C} \backslash \overline{B}$, d.h.

$$f := (x \circ \overline{\sigma})_z \in H^d(\mathbb{C} \backslash \overline{B}) \cap C^1\big(\mathbb{C} \backslash (B \cup Z)\big).$$

Mit (155) berechnen wir

$$\begin{aligned} f(z) = (x \circ \overline{\sigma})_z(z) &= (x_w \circ \overline{\sigma})(z) \cdot \overline{\sigma}_z(z) + (x_{\overline{w}} \circ \overline{\sigma})(z) \cdot \sigma_z(z) = (x_{\overline{w}} \circ \overline{\sigma})(z) \cdot \sigma_z(z) \\ &= -z^{-2} x_{\overline{w}}(\overline{z}^{-1}) = -z^{-2} \overline{x_w}(\overline{z}^{-1}), \quad z \in \mathbb{C} \backslash (B \cup Z). \end{aligned} \tag{158}$$

Dann folgen umgekehrt

$$\overline{x_w}(w) = -\big(\overline{w}^{-1}\big)^2 f(\overline{w}^{-1}) = -\overline{w}^{-2} f(\overline{w}^{-1}), \quad w \in \overline{B} \setminus Z$$

beziehungsweise

$$x_w(w) = -w^{-2} \overline{f}(\overline{w}^{-1}) = -\sigma^{-2}(w) (\overline{f} \circ \overline{\sigma})(w), \quad w \in \overline{B} \setminus Z, \tag{159}$$

wobei $\overline{f} \circ \overline{\sigma} \in H^d(B)$. Mit (158) und (159) erhalten wir

$$f(e^{i\varphi}) = -e^{-2i\varphi} \overline{x_w}(e^{i\varphi}) \quad \text{für alle } \varphi \in [0, 2\pi) \setminus \{\tau_1, \ldots, \tau_m\}. \tag{160}$$

Auf der Einheitskreislinie außerhalb Z erhalten wir mit (156') für x_w und $x_{\overline{w}} = \overline{x_w}$ die Darstellungen

$$x_w(e^{i\varphi}) = e^{-i\varphi} \frac{1}{2} \big(x_r(e^{i\varphi}) - i x_\varphi(e^{i\varphi})\big)$$

sowie

$$x_{\overline{w}}(e^{i\varphi}) = \overline{x_w}(e^{i\varphi}) = e^{i\varphi} \frac{1}{2} \big(x_r(e^{i\varphi}) + i x_\varphi(e^{i\varphi})\big).$$

Wegen Bedingung iii a) in Definition 89 gilt jeweils für alle $j = 1, \ldots, m$ die Gleichung

$$\begin{aligned} x(e^{i\varphi}) &= T\big(Q^{(j-1)}, \xi^{(j)}, x(e^{i\varphi})\big) \\ &= Q^{(j-1)} - \big(x(e^{i\varphi}) - Q^{(j-1)}\big) + 2\big\langle x(e^{i\varphi}) - Q^{(j-1)}, \xi^{(j)} \big\rangle \xi^{(j)}, \quad \varphi \in (\tau_{j-1}, \tau_j). \end{aligned}$$

Dann folgt

$$\begin{aligned}
x_\varphi(e^{i\varphi}) = \frac{\partial}{\partial\varphi}x(e^{i\varphi}) &= \frac{\partial}{\partial\varphi}\Big[Q^{(j-1)} - \big(x(e^{i\varphi}) - Q^{(j-1)}\big) + 2\big\langle x(e^{i\varphi}) - Q^{(j-1)}, \xi^{(j)}\big\rangle \xi^{(j)}\Big] \\
&= -x_\varphi(e^{i\varphi}) + 2\big\langle x_\varphi(e^{i\varphi}), \xi^{(j)}\big\rangle \xi^{(j)} = T\big(0, \xi^{(j)}, x_\varphi(e^{i\varphi})\big).
\end{aligned}$$

Dies bedeutet

$$x_\varphi(e^{i\varphi}) \in \{t\xi^{(j)} : t \in \mathbb{R}\} \quad \Longleftrightarrow \quad x_\varphi(e^{i\varphi}) = \big\langle x_\varphi(e^{i\varphi}), \xi^{(j)}\big\rangle \xi^{(j)} \quad \text{für alle } \varphi \in (\tau_{j-1}, \tau_j).$$

Zudem gibt Definition 89 iii b)

$$\big\langle x_r(e^{i\varphi}), \xi^{(j)}\big\rangle = 0 \quad \text{für alle } \varphi \in (\tau_{j-1}, \tau_j).$$

Damit berechnen wir auf dem Bogen (c_j) für $j = 1, \ldots, m$ jeweils

$$\begin{aligned}
2\big\langle x_w(e^{i\varphi}), \xi^{(j)}\big\rangle \xi^{(j)} &= 2\Big\langle e^{-i\varphi}\frac{1}{2}\big(x_r(e^{i\varphi}) - ix_\varphi(e^{i\varphi})\big), \xi^{(j)}\Big\rangle \xi^{(j)} \\
&= e^{-i\varphi}\Big[\big\langle x_r(e^{i\varphi}), \xi^{(j)}\big\rangle - i\big\langle x_\varphi(e^{i\varphi}), \xi^{(j)}\big\rangle\Big]\xi^{(j)} \\
&= -ie^{-i\varphi}x_\varphi(e^{i\varphi}) = -ie^{-i\varphi}i\big(e^{i\varphi}x_w(e^{i\varphi}) - e^{-i\varphi}x_{\overline{w}}(e^{i\varphi})\big) \\
&= x_w(e^{i\varphi}) - e^{-2\varphi i}\overline{x_w}(e^{i\varphi}), \quad \varphi \in (\tau_{j-1}, \tau_j).
\end{aligned}$$

Mit (160) ergibt sich

$$\begin{aligned}
S(\xi^{(j)}) \cdot x_w(e^{i\varphi}) = T\big(0, \xi^{(j)}, x_w(e^{i\varphi})\big) &= -x_w(e^{i\varphi}) + 2\big\langle x_w(e^{i\varphi}), \xi^{(j)}\big\rangle \xi^{(j)} \\
&= -x_w(e^{i\varphi}) + x_w(e^{i\varphi}) - e^{-2\varphi i}\overline{x_w}(e^{i\varphi}) \\
&= -e^{-2i\varphi}\overline{x_w}(e^{i\varphi}) \\
&= f(e^{i\varphi}), \quad \varphi \in (\tau_{j-1}, \tau_j).
\end{aligned}$$

Dies ist gleichbedeutend mit

$$\mathrm{Liw}^-_{c_j} f = S(\xi^{(j)}) \cdot \mathrm{Liw}^+_{c_j} x_w, \quad j = 1, \ldots, m.$$

Die holomorphe Außenfunktion f geht auf den Bögen (c_j) jeweils in $S(\xi^{(j)})x_w$ über, mit der holomorphen Innenfunktion x_w und der konstanten Matrix $S(\xi^{(j)}) \in \mathrm{GL}_d$. f ist also eine Lösung des Riemann'schen Problems auf B zum Übergangsverhalten $(e^{i\tau}, \mathcal{S})$, d.h.

$$f = (x \circ \overline{\sigma})_z \in \mathrm{Rie}_B(e^{i\tau}, \mathcal{S}),$$

mit korrespondierender Innenfunktion $x_w = -\sigma^{-2} \cdot (\overline{f} \circ \overline{\sigma})$ im Sinne von Definition 49. Beachten wir (160), so erhalten wir für $j = 1, \ldots, m$ jeweils

$$\begin{aligned}
f(e^{i\varphi}) = S(\xi^{(j)}) \cdot x_w(e^{i\varphi}) &= S(\xi^{(j)}) \cdot \big[-e^{-2i\varphi}\overline{f}(e^{i\varphi})\big] \\
&= -e^{-2i\varphi}S(\xi^{(j)})\overline{f}(e^{i\varphi}), \quad \varphi \in (\tau_{j-1}, \tau_j),
\end{aligned}$$

woraus wir (157) erhalten. Wegen $x \in C^0(\overline{B})$ wachsen $|x_w|$ und $|f|$ in den singulären Punkten $\zeta_j = e^{i\tau_j}$ höchstens in der Größenordnung $|w - \zeta_j|^{-1}$ bzw. $|z - \zeta_j|^{-1}$. Gemäß Definition 66 ist also $f \in \mathrm{Rie}_B^{-1}(e^{i\tau}, \mathcal{S})$. An (158) erkennen wir schließlich noch

$$\mathrm{Ord}_\infty(f) \leq -2.$$

Teil i.2: Die zu

$$\mathcal{S} = \big(S(\xi^{(1)}), \ldots, S(\xi^{(m)})\big)$$

gehörigen Fundamentalsubstitutionen

$$Y^{(j)} = S(\xi^{(j+1)})S(\xi^{(j)})^{-1}$$

sind offenbar alle orthogonal, denn wegen Symmetrie und Orthogonalität der $S(\xi^{(j)})$ ist

$$Y^{(j)} = S(\xi^{(j+1)})S(\xi^{(j)})^{-1} = S(\xi^{(j+1)})S(\xi^{(j)}),$$

und damit

$$\begin{aligned}(Y^{(j)})^{-1} &= \big(S(\xi^{(j+1)})S(\xi^{(j)})\big)^{-1} = S(\xi^{(j)})^{-1}S(\xi^{(j+1)})^{-1} = S(\xi^{(j)})^T S(\xi^{(j+1)})^T \\ &= \big(S(\xi^{(j+1)})S(\xi^{(j)})\big)^T = (Y^{(j)})^T, \quad j = 1, \ldots, m.\end{aligned}$$

Die Eigenwerte $\lambda_k \in \mathbb{C}$ einer orthogonalen Matrix Y haben offenbar alle den Betrag $|\lambda_k| = 1$ und damit eine Darstellung

$$\lambda_k = e^{2\pi i \varrho_k}, \quad \text{mit } \varrho_k \in [0, 1).$$

Zudem erfüllt Y die Bedingung

$$YY^T = \mathbb{I}_d = Y^T Y$$

und ist unitär diagonalisierbar. Es gibt also zu jedem $j = 1, \ldots, m$ jeweils einen Vektor

$$\varrho^{(j)} = (\varrho_1^{(j)}, \ldots, \varrho_d^{(j)}) \in [0, 1)^d$$

und eine unitäre Matrix $C^{(j)} = (C_1^{(j)}, \ldots, C_d^{(j)}) \in \mathrm{GL}_d$ mit

$$\overline{C^{(j)}}^T = C^{(j)},$$

so dass mit der Diagonalmatrix $R^{(j)} := \mathrm{Diag}(\varrho^{(j)})$ die Darstellung

$$S(\xi^{(j+1)})S(\xi^{(j)}) = Y^{(j)} = C^{(j)} \exp(2\pi i R^{(j)})(C^{(j)})^{-1}$$

richtig ist. Für die Riemann-Lösung

$$f = (x \circ \overline{\sigma})_z \in \mathrm{Rie}_B^{-1}(e^{i\tau}, \mathcal{S})$$

erhalten wir mit Satz 67 in der Nähe des singulären Punktes $\zeta_j = e^{i\tau_j}$ eine Darstellung

$$f(z) = C^{(j)} Q_{c_j}^{R^{(j)} + n^{(j)}\mathbb{I}_d}(z) \cdot \varphi^{(j)}(z) = \sum_{k=1}^{d} Q_{c_j}^{\varrho_k^{(j)} + n^{(j)}}(z)\varphi_k^{(j)}(z) C_k^{(j)}, \quad z \in (\mathbb{C} \backslash \overline{B}) \cap B_\varepsilon(\zeta_j),$$

mit $n^{(j)} \in \mathbb{Z}$ und einer in ζ_j holomorphen Vektorfunktion $\varphi^{(j)} = (\varphi_1^{(j)}, \ldots, \varphi_d^{(j)})^T \in H^d(\zeta_j)$. Sei die Indexmenge

$$K^{(j)} := \Big\{ k \in \mathbb{N}(d) : \ \varphi_k^{(j)} \not\equiv 0 \in H(\mathbb{C}) \Big\}$$

erklärt. Dann ist für alle Indizes $k \in K^{(j)}$ die Ordnung

$$m_k^{(j)} := \operatorname{Ord}_{\zeta_j}(\varphi_k^{(j)}) \in \mathbb{N}_0$$

eine endliche nichtnegative Zahl und damit

$$\tilde{\varphi}_k^{(j)} := Q_{c_j}^{-m_k^{(j)}} \varphi_k^{(j)} \in H^d(\zeta_j), \quad \text{wobei} \quad \tilde{\varphi}_k^{(j)}(\zeta_j) \neq 0.$$

Somit erscheint

$$\begin{aligned} f(z) &= \sum_{k\in K^{(j)}} Q_{c_j}^{\tilde{\varrho}_k^{(j)}}(z)\tilde{\varphi}_k^{(j)}(z)C_k^{(j)} \\ &= \sum_{k\in K^{(j)}} \left(\frac{z-\zeta_j}{z-\zeta_{j-1}}\right)^{\tilde{\varrho}_k^{(j)}}(z)\tilde{\varphi}_k^{(j)}(z)C_k^{(j)}, \quad z\in(\mathbb{C}\backslash\overline{B})\cap B_\varepsilon(\zeta_j), \end{aligned} \tag{161}$$

mit

$$\tilde{\varrho}_k^{(j)} := \varrho_k^{(j)} + n^{(j)} + m_k^{(j)}.$$

Da $f = (x\circ\overline{\sigma})_z$ integrabel und $x\circ\overline{\sigma}\in C^0(\mathbb{C}\backslash B)$ ist, müssen

$$\tilde{\varrho}_k^{(j)} > -1, \quad k = 1,\dots,d,$$

ausfallen. Wäre in (161) nämlich ein $\tilde{\varrho}_k^{(j)} \leq -1$, so besäße $x\circ\overline{\sigma}$ in ζ_j offenbar eine Unstetigkeit. Es gilt also

$$f \in \mathcal{F} = \bigcup_{r\in(-1,+\infty)} \operatorname{Rie}_B^r(e^{i\tau},\mathcal{S}).$$

Wegen (98) bildet $\mathcal{F}$ einen Unterraum $\mathcal{F} \subseteq \operatorname{Rie}_B^{-1}(e^{i\tau},\mathcal{S})$.

ii): Es sei nun umgekehrt $f \in \mathbb{O}(\mathcal{F},-2)$. Dann ist zunächst

$$h = -\sigma^{-2}\cdot(\overline{f}\circ\sigma) \in H^d(B)$$

in B regulär und auf $\overline{B}$ integrabel. Seien

$$X \in H^d(B)\cap C^0(\overline{B})$$

eine beliebige Stammfunktion von h und

$$x := 2\operatorname{Re} X$$

gesetzt. Dann ist $x\in C^2(B)\cap C^1(\overline{B}\backslash Z)\cap C^0(\overline{B})$ schon harmonisch. Ferner gelten

$$x_w = 2\cdot\frac{1}{2}X_w = X' = h = -\sigma^{-2}\cdot(\overline{f}\circ\overline{\sigma}) \quad \text{und} \quad x_{\overline{w}} = \overline{x_w} = -\overline{\sigma}^{-2}\cdot(f\circ\overline{\sigma}),$$

bzw.

$$x_w(w) = -w^{-2}\overline{f}(\overline{w}^{-1}) \quad \text{und} \quad x_{\overline{w}}(w) = -\overline{w}^{-2}f(\overline{w}^{-1}), \quad w\in\overline{B}\setminus Z.$$

Mit (156) berechnen wir auf $\partial B\backslash Z$ (also $\varphi\in[0,2\pi)\backslash\{\tau_1,\dots,\tau_m\}$) die radiale Ableitung

$$x_r(e^{i\varphi}) = e^{i\varphi}x_w(e^{i\varphi}) + e^{-i\varphi}x_{\overline{w}}(e^{i\varphi}) = -e^{-i\varphi}\overline{f}(e^{i\varphi}) - e^{i\varphi}f(e^{i\varphi})$$

sowie die tangentiale Ableitung

$$x_\varphi(e^{i\varphi}) = i\big[e^{i\varphi}x_w(e^{i\varphi}) - e^{-i\varphi}x_{\overline{w}}(e^{i\varphi})\big] = i\big[-e^{-i\varphi}\overline{f}(e^{i\varphi}) + e^{i\varphi}f(e^{i\varphi})\big].$$

Wenn nun für $j = 1, \ldots, m$ jeweils die Bedingung (157) richtig ist, also

$$\overline{f}(e^{i\varphi}) = -e^{2i\varphi}S(\xi^{(j)}) \cdot f(e^{i\varphi}) \quad \text{für alle } \varphi \in (\tau_{j-1}, \tau_j),$$

so berechnen wir

$$\begin{aligned} x_r(e^{i\varphi}) = -e^{-i\varphi}\overline{f}(e^{i\varphi}) - e^{i\varphi}f(e^{i\varphi}) &= e^{i\varphi}S(\xi^{(j)}) \cdot f(e^{i\varphi}) - e^{i\varphi}f(e^{i\varphi}) \\ &= 2e^{i\varphi}\big[-f(e^{i\varphi}) + \langle f(e^{i\varphi}), \xi^{(j)}\rangle\xi^{(j)}\big], \quad \varphi \in (\tau_{j-1}, \tau_j), \end{aligned}$$

und

$$\begin{aligned} x_\varphi(e^{i\varphi}) = i\big[-e^{-i\varphi}\overline{f}(e^{i\varphi}) + e^{i\varphi}f(e^{i\varphi})\big] &= i\big[e^{i\varphi}S(\xi^{(j)}) \cdot f(e^{i\varphi}) + e^{i\varphi}f(e^{i\varphi})\big] \\ &= 2ie^{i\varphi}\langle f(e^{i\varphi}), \xi^{(j)}\rangle\xi^{(j)}, \quad \varphi \in (\tau_{j-1}, \tau_j). \end{aligned}$$

Damit folgt

$$\langle x_r(e^{i\varphi}), \xi^{(j)}\rangle = \Big\langle 2e^{i\varphi}\big[-f(e^{i\varphi}) + \langle f(e^{i\varphi}), \xi^{(j)}\rangle\xi^{(j)}\big], \xi^{(j)}\Big\rangle = 0, \quad \varphi \in (\tau_{j-1}, \tau_j),$$

sowie

$$\begin{aligned} \langle x_\varphi(e^{i\varphi}), \xi^{(j)}\rangle\xi^{(j)} &= \Big\langle 2ie^{i\varphi}\langle f(e^{i\varphi}), \xi^{(j)}\rangle\xi^{(j)}, \xi^{(j)}\Big\rangle\xi^{(j)} = 2ie^{i\varphi}\langle f(e^{i\varphi}), \xi^{(j)}\rangle\xi^{(j)} \\ &= x_\varphi(e^{i\varphi}), \quad \varphi \in (\tau_{j-1}, \tau_j), \end{aligned}$$

was wiederum äquivalent ist mit

$$x_\varphi(e^{i\varphi}) \in \{t\xi^{(j)} : \; t \in \mathbb{R}\}, \quad \varphi \in (\tau_{j-1}, \tau_j).$$

Wir erhalten

$$\begin{aligned} x(e^{i\vartheta}) - x(e^{i\tau_{j-1}}) &= \int\limits_{\varphi=\tau_{j-1}}^{\vartheta} x_\varphi(e^{i\varphi})\, d\varphi = \int\limits_{\varphi=\tau_{j-1}}^{\vartheta} \langle x_\varphi(e^{i\varphi}), \xi^{(j)}\rangle\xi^{(j)}\, d\varphi \\ &= \Big\langle \int\limits_{\varphi=\tau_{j-1}}^{\vartheta} x_\varphi(e^{i\varphi})\, d\varphi, \xi^{(j)}\Big\rangle\xi^{(j)} = \langle x(e^{i\vartheta}) - x(e^{i\tau_{j-1}}), \xi^{(j)}\rangle\xi^{(j)}, \end{aligned}$$

d.h.

$$2\big(x(e^{i\vartheta}) - x(e^{i\tau_{j-1}})\big) = 2\big\langle x(e^{i\vartheta}) - x(e^{i\tau_{j-1}}), \xi^{(j)}\big\rangle\xi^{(j)},$$

was gemäß (151) gleichbedeutend ist mit

$$\begin{aligned} x(e^{i\vartheta}) &= x(e^{i\tau_{j-1}}) - \big(x(e^{i\vartheta}) - x(e^{i\tau_{j-1}})\big) + 2\big\langle x(e^{i\vartheta}) - x(e^{i\tau_{j-1}}), \xi^{(j)}\big\rangle\xi^{(j)} \\ &= T\big(x(e^{i\tau_{j-1}}), \xi^{(j)}, x(e^{i\vartheta})\big), \quad \vartheta \in (\tau_{j-1}, \tau_j). \end{aligned}$$

Für $x(e^{i\tau_{j-1}}) = Q^{(j-1)}$ erhalten wir

$$x(e^{i\vartheta}) = T\big(Q^{(j-1)}, \xi^{(j)}, x(e^{i\vartheta})\big) \quad \text{für alle } \vartheta \in (\tau_{j-1}, \tau_j),$$

womit wir in x eine Heinz'sche Lösung $x \in \mathrm{Hei}(\tau, Q)$ im Sinne von Definition 89 vor uns haben.

iii): Der Raum $\mathcal{F} \subseteq \mathrm{Rie}_B^{-1}(e^{i\tau}, \mathcal{S})$ genügt nach Satz 55 ii) wieder der Bedingung (132). Ferner ist

$$f \in \mathbb{O}(\mathcal{F}, -2) \supsetneqq \{0\},$$

$\mathcal{F}$ erfüllt also (136). Der Satz 88 iii) liefert ein Plemelj'sches Fundamentalsystem

$$\Xi = (\Xi^{(1)}, \ldots, \Xi^{(\delta)}) \in \mathcal{F}^\delta \cap M^{d\times\delta}(\infty),$$

so dass

$$\mathbb{O}(\mathcal{F}, +\infty) = \left\{\Xi\varphi : \ \varphi \in \mathrm{Poly}^\delta\right\}.$$

Nach i) gilt $f = (x \circ \overline{\sigma})_z \in \mathcal{F}$ und erscheint nun in einer Form

$$f = \Xi p,$$

mit einem Vektorpolynom

$$p = (p_1, \ldots, p_\delta)^T \in \mathrm{Poly}^\delta .$$

(142) liefert wegen $\mathrm{Ord}_\infty(f) \leq -2$ sogar

$$p \in \mathrm{Poly}^\delta_{\delta_{-2}},$$

mit der Zahl $\delta_{-2} = \delta(\mathcal{F}, -2)$ gemäß (138). Folglich gilt

$$f = \sum_{l=1}^{\delta_{-2}} p_l \Xi^{(l)}.$$

Es genügt zur Darstellung von f demnach, ein Plemelj'sches Fundamentalsystem von $\mathcal{F}$ bis zur Ordnung -2, d.h.

$$(\Xi^{(1)}, \ldots, \Xi^{(\delta_{-2})})$$

zu bestimmen, welches aus der Lösungsmenge $\mathbb{O}(\mathcal{F}, -2)$ ausgewählt werden kann. Da die führenden Laurent-Koeffizienten der $\Xi^{(l)}$ linear unabhängig sind, haben wir

$$\mathrm{Ord}_\infty(p_l\Xi^{(l)}) \leq -2 \quad \text{für alle } l = 1, \ldots, \delta_{-2},$$

woraus wir bei konkreter Kenntnis der $\Xi^{(1)}, \ldots, \Xi^{(\delta_{-2})}$ den maximalen Grad der Polynome p_l abschätzen können. Q.e.d.

Abschließende Bemerkung: Haben wir ein Plemelj'sches Fundamentalsystem Ξ des Raums $\mathcal{F}$ bis zur Ordnung -2, so kann die Heinz-Lösung x bestimmt werden durch den Ansatz

$$f = \sum_{l=1}^{\delta_{-2}} p_l \Xi^{(l)},$$

mit skalarwertigen Polynomen

$$p_l = \sum_{k=0}^{n} c_{lk} \ell^k \in \mathrm{Poly}, \quad l = 1, \ldots, \delta_{-2},$$

von gewissem maximalen Grad $n \in \mathbb{N}_0$. Wir suchen dann, die Koeffizienten $c_{lk} \in \mathbb{C}$ so zu bestimmen, dass die Ansatzfunktion f den Bedingungen in Hauptsatz 91 ii) genügt. Dies führt offenbar auf reelle lineare Gleichungssysteme für $\operatorname{Re} c_{lk}$ und $\operatorname{Im} c_{lk}$.

Durch die Ausdrücke (149), mit (150), erhalten wir den Raum $\mathbb{O}(\mathcal{F}, +\infty)$, für den wir durch einen Auswahlprozess, wie wir ihn allgemein im Beweis von Hauptsatz 84 durchgeführt haben, ein Plemelj'sches Fundamentalsystem gewinnen können. Wir wir gesehen haben, genügt es bereits, $\mathbb{O}(\mathcal{F}, -2)$ zu kennen. In (149) tauchen die Potenzansatzfunktionen (102) sowie ein Plemelj'sches Fundamentalsystem für die Lösungsmenge des zugehörigen Hilbert-Plemelj-Problems auf, welches wir einmal mehr durch den bekannten Prozess aus (147) auswählen können.

Damit haben wir die Lösung des Heinz'schen Randwertproblems zurückgeführt auf die Lösung Fredholm'scher Integralgleichungen, welche mit der in Kapitel 2 behandelten Theorie letztlich wiederum auf lineare Gleichungssysteme führen.

Es sei noch angemerkt, dass das beschriebene Verfahren keinen alternativen Beweis für die Existenz einer Lösung der Heinz'schen Randwertaufgabe liefert. Es bietet lediglich einen konstruktiven Zugang unter Voraussetzung der Existenz.

Literatur

[BS] Heinrich Behnke, Friedrich Sommer: *Theorie der analytischen Funktionen einer komplexen Veränderlichen.* Springer-Verlag Berlin, Heidelberg, New York, 3. Auflage 1965

[CH] Richard Courant, David Hilbert: *Methoden der mathematischen Physik.* Springer-Verlag Berlin, Heidelberg, New York, 4. Auflage 1993

[H] Erhard Heinz: *Über die analytische Abhängigkeit der Lösungen eines linearen elliptischen Randwertproblems von Parametern.* Nachrichten der Akademie der Wissenschaften in Göttingen, II. mathematisch-physikalische Klasse **1** (1979) 1-20

[Heu] Harro Heuser: *Funktionalanalysis. Theorie und Anwendung.* B.G. Teubner Verlag, 4. Auflage 2006

[Hil] David Hilbert: *Grundzüge einer allgemeinen Theorie der linearen Integralgleichungen.* BiblioLife, Unveränderter Nachdruck der 1912 im B.G.Teubner Verlag erschienenen Ausgabe

[K] Hellmuth Kneser: *Funktionentheorie.* Vandenhoeck & Ruprecht Verlag Göttingen, 2. Auflage 1966

[P] Josip Plemelj: *Riemannsche Funktionenscharen mit gegebener Monodromiegruppe.* Monatshefte für Mathematik und Physik **19** (1908) 211-245

[P2] Josip Plemelj: *Ein Ergänzungssatz zur Cauchy'schen Integraldarstellung analytischer Funktionen, Randwerte betreffend.* Monatshefte für Mathematik und Physik **19** (1908) 205-210

[S1] Friedrich Sauvigny: *Partielle Differentialgleichungen der Geometrie und der Physik. Grundlagen und Integraldarstellungen.* Springer-Verlag Berlin, Heidelberg, New York 2004

[S2] Friedrich Sauvigny: *Partielle Differentialgleichungen der Geometrie und der Physik 2. Funktionalanalytische Lösungsmethoden.* Springer-Verlag Berlin, Heidelberg, New York 2005

Symbolverzeichnis

Vitae tabula

Name:	Michael Hilschenz
Geburt:	23. Mai 1982 in Altdöbern, ehem. DDR
Wohnort:	03042 Cottbus, Brandenburg

Schulzeit

09/1988 bis 11/1990	Adolf-Hennecke-Oberschule Senftenberg
12/1990 bis 07/1991	5. Oberschule Großräschen
08/1991 bis 07/1994	3. Grundschule Großräschen
08/1994 bis 06/2001	Gymnasium Großräschen
06/2001	Allgemeine Hochschulreife

Hochschulzeit

10/2001 bis 03/2008	Brandenburgische Technische Universität (BTU) Cottbus: Studium der Mathematik mit Nebenfach Physik, Spezialisierung in der Theorie partieller Differentialgleichungen
03/2008	Diplom bei Herrn Prof. Sauvigny zum Thema „Analytische Parameterabhängigkeit der Lösung eines elliptischen Randwertproblems“

Bisherige Tätigkeiten

06/2005 bis 09/2005	Praktikum am Institut für Weiterbildung e.V. der Fachhochschule Lausitz (FHL): Ausarbeitung eines Skriptums und Lehrtätigkeit im Rahmen eines Mathematik-Kurses für Studienanfänger
08/2006, 08/2007, 01/2008	Weitere Mathematik-Kurse an der FHL
07/2008 bis 11/2008	Wissenschaftlicher Mitarbeiter am Fachbereich Informatik, Elektrotechnik, Maschinenbau der FHL, Fachgebiet: Fertigungstechnik / Tribologie: Modellierung elektromagnetisch induzierter Wärmeentwicklung
seit 04/2009	Akademischer Mitarbeiter am Lehrstuhl Analysis der BTU Cottbus

Vitae tabula